VENTILAÇÃO

Blucher

Ennio Cruz da Costa

VENTILAÇÃO

Ventilação
© 2005 Ennio Cruz da Costa
1ª edição – 2005
4ª reimpressão – 2019
Editora Edgard Blücher Ltda.

Blucher

Rua Pedroso Alvarenga, 1245, 4º andar
04531-934 – São Paulo – SP – Brasil
Tel.: 55 11 3078-5366
contato@blucher.com.br
www.blucher.com.br

É proibida a reprodução total ou parcial por quaisquer meios, sem autorização escrita da Editora.

Todos os direitos reservados pela Editora Edgard Blücher Ltda.

FICHA CATALOGRÁFICA

Costa, Ennio Cruz da,
  Ventilação/ Ennio Cruz da Costa – São Paulo: Blucher, 2005.

  Bibliografia.
  ISBN 978-85-212-0353-7

  1. Calor – Transmissão 2. Construção 3. Mecânica dos fluidos 4. Termodinâmica 5. Ventilação I. Título

04-7835   CDD-697.92

Índices para catálogo sistemático:
1. Construções: Ventilação: Tecnologia   697.92
2. Ventilação: Construções: Tecnologia   697.92

Prefácio

O atual conhecimento sobre ventilação permitiu o desenvolvimento de processos da engenharia que se tornaram indispensáveis na moderna técnica das construções, visando sempre o necessário conforto ambiental, especialmente nas construções de caráter industrial, onde é comum o surgimento de desconfortos adicionais, provocados pela produção de calor e de contaminantes.

O estudo mais completo da ventilação se baseia nos princípios da Termodinâmica e nos conhecimentos dos fenômenos de transporte, de calor, de massa e de quantidades de movimento (Mecânica dos Fluidos). Levando em conta tal dependência – embora o objetivo deste trabalho seja eminentemente prático, buscando a solução direta de problemas e projetos que ocorrem na área – e tendo em vista o aspecto didático, é dado um embasamento teórico em Termodinâmica, transmissão de calor e Mecânica dos Fluidos a todos os elementos de cálculo que serviram de ponto partida ao desenvolvimento do texto.

São analisadas com detalhes as técnicas para a ventilação natural por termossifão – tão negligenciada por nossos engenheiros –, a ventilação mecânica geral e a ventilação local exaustora, muito solicitada pela nossa legislação ambiental. E, enquanto técnica relacionada com a ventilação, há também um capítulo especialmente elaborado sobre o transporte pneumático, matéria atual de grande interesse técnico. Face ao tratamento bastante objetivo dessa matéria – que inclui 56 tabelas e 27 exemplos – estamos certos de que a presente publicação será de grande valia para os engenheiros que se dedicam à higiene ambiental e áreas técnicas afins.

Conteúdo

Sistema de unidades XI

Símbolos adotados XIII

1 Generalidades 1
   1.1 Definições 1
   1.2 Modificações físicas e químicas do ar ambiente 2
      1.2.1 Pressão 2
      1.2.2 Temperatura, umidade e deslocamento 6
           Energia e vida 6
           Metabolismo humano 6
           Regulação térmica 8
           Temperatura efetiva 11
      1.2.3 Oxigênio 14
      1.2.4 Contaminantes e suas fontes 14
           Partículas sólidas 14
           Partículas líquidas – *mist* e *fog* 14
           Gases e vapores 14
           Organismos vivos 15
           Fontes de contaminação 15
   1.3 Quantidade de ar necessária à ventilação 23
      1.3.1 Índice de CO_2 24
      1.3.2 Conceito de ração de ar 31
      1.3.3 Temperatura do ambiente 32
      1.3.4 Índice de renovação do ar 33
   1.4 Classificação dos sistemas de ventilação 34

2 Ventilação natural 35
   2.1 Ventilação por ação dos ventos 35
   2.2 Ventilação por diferenças de temperatura 38
      2.2.1 Cálculo da ventilação por termossifão 43
      2.2.2 Termossifão para diluição do calor ambiente 44
      2.2.3 Termossifão para arrasto do calor das coberturas 49
           Transmissão de calor 49
           Insolação 54
           Proteção contra insolação 57
           Cálculo de aberturas para ventilação de forros 61
      2.2.4 Termossifão para diluir o calor ambiente e arrastar o calor de insolação da cobertura 65

VIII

3   VENTILAÇÃO MECÂNICA DILUIDORA 75
    3.1.   Generalidades 75
          3.1.1   Distribuição para baixo 77
          3.1.2   Distribuição do ar para baixo e para cima 78
          3.1.3   Distribuição para cima 79
          3.1.4   Distribuição cruzada 79
          3.1.5   Distribuição mista 80
          3.1.6   Distribuição em minas 80
                  Exaustão 80
                  Insuflamento 80
                  Modo misto 80
                  Insuflamento pela entrada 80
    3.2   Cálculo de instalações de ventilação mecânica 81
          3.2.1   Bocas de insuflamento 83
          3.2.2   Canalizações 90
          3.2.3   Bocas de saída e tomadas de ar exterior 115
          3.2.4   Filtros 116
          3.2.5   Ventiladores 117

4   VENTILAÇÃO LOCAL EXAUSTORA 139
    4.1   Generalidades 139
    4.2   Captores 140
          4.2.1   Generalidades 140
          4.2.2   Tipos de captores 141
          4.2.3   Velocidade de captura 145
          4.2.4   Vazão de ar nos captores 148
          4.2.5   Perda de carga nos captores 149
    4.3   Canalizações 152
          4.3.1   Generalidades 152
          4.3.2   Velocidade do ar nas canalizações 153
          4.3.3   Cálculo de canalizações de exaustão 154
    4.4   Coletores 158
          4.4.1   Generalidades 158
          4.4.2   Câmaras gravitacionais 159
          4.4.3   Câmaras inerciais 165
          4.4.4   Ciclones 167
          4.4.5   Coletores úmidos 178
                  Lavadores de ar 178
                  Torres com enchimento 179
                  Ciclones úmidos 179
                  Rotoclones úmidos 180
                  Tipo orifício 180
                  Misturadores tipo ventúri 180
                  Misturadores mecânicos 181
                  Lavadores de espuma 181
          4.4.6   Filtros de tecidos 182
          4.4.7   Filtros eletrostáticos 183
          4.4.8   Filtros de materiais absorventes 185

		4.4.9 Filtros de materiais adsorventes	185
		4.4.10 Eliminadores de combustão	186
		4.4.11 Coletores de condensação	187
		4.4.12 Seleção dos coletores	188
	4.5	VENTILADORES E EJETORES	190

5	TRANSPORTE PNEUMÁTICO		213
	5.1	GENERALIDADES	213
	5.2	ELEMENTOS DE CÁLCULO	216
		5.2.1 Relação em peso	216
		5.2.2 Velocidades	217
		5.2.3 Vazão de ar	219
		5.2.4 Perdas de carga	219
		Entrada do ar no sistema	219
		Inércia do material	220
		Desnível	220
		Condutos de transporte	220
		Canalizações de ar puro	221
		Separador	222
		Ventúri	223
		5.2.5 Potência da instalação	223
	5.3	VENTILADORES E COMPRESSORES	224
		5.3.1 Ventiladores com pás voltadas para trás	224
		5.3.2 Ventiladores com pás radiais	224
		5.3.3 Compressor de engrenagens	225
	5.4	VENTÚRI	226
	5.5	PROJETO DE INSTALAÇÕES DE TRANSPORTE PNEUMÁTICO	229

ÍNDICE DOS EXEMPLOS	249
ÍNDICE DAS TABELAS	251
ÍNDICE REMISSIVO	253
BIBLIOGRAFIA	256

Sistema de Unidades

Ao desenvolver o formulário básico deste volume, tínhamos em mente o Sistema Internacional de Unidades de Medida (SI), do qual empregamos as seguintes unidades fundamentais:

- comprimento – metro (m);
- tempo – segundo (s);
- massa – quilograma (kg)
- força – newton (N), kg•m/s^2;
- energia – joule (J), N•m;
- potência – watt (W), J/s,

juntamente com suas unidades derivadas de velocidade (m/s), de aceleração (m/s^2), de pressão (N/m^2), etc.

Na realidade, todas fórmulas deduzidas neste compêndio são dimensionalmente homogêneas, podendo, portanto, ser usadas com qualquer sistema de unidades. Entretanto equações empíricas contendo não-adimensionais – assim como tabelas e diagramas, que foram mantidas em seu aspecto original – só podem ser usadas com o sistema de unidades para os quais foram elaboradas.

Desses sistemas de unidades, o mais arraigado na técnica da engenharia é o MKfS, cujas unidades fundamentais comumente empregadas são:

- comprimento – metro (m);
- tempo – segundo (s);
- força – quilograma-força (kgf);
- energia – quilograma-força•metro (kgfm);
  - quilocaloria (kcal);
- potência – quilograma-força•metro por segundo (kgfm/s);
  - cavalo vapor (75 kgfm/s),

juntamente com suas unidades derivadas de velocidade (m/s), de aceleração (m/s^2), de pressão(kgf/m^2), etc.

As únicas divergências desse sistema em relação ao SI está na adoção da unidade de força vinculada ao peso – e portanto à atração da gravidade – e da unidade de energia calorífica vinculada ao aquecimento da água. Surgem daí dois fatores de transformação que identificam todas as unidades desses sistemas:

- a aceleração da gravidade normal – g = 9,80665 m/s^2;
- o equivalente calorífico do trabalho mecânico – A = 426,935 kgfm/kcal = 4.186,8 J/kcal.

XII

Assim, com base nas relações entre grandezas definidas pela Física:

- força = massa × aceleração;
- trabalho = força × deslocamento;
- potência = trabalho/tempo,

podemos estabelecer a correlação entre todas as unidades dos dois sistemas apresentados:

- kgf = kg•g = kg × 9,80665 m/s^2 = 9,80665 N;
- kgfm = 9,80665 Nm = 9,80665 J;
- kgf/s = 9,80665 Nm/s = 9,80665 J/s = 9,80665 W;
- cv = 75 kgfm/s = 75 × 9,80665 Nm/s = 735,5 W = 0,7355 kW;
- kcal = 426,935 kgfm = 426,935 × 9,80665 Nm = 4.186,8 J;
- kcal/h = 4.186,8 J/h = 1,163 J/s = 1,163 W;
- W = 0,86 kcal/h;
- kW = 860 kcal/h.

A unidade de massa do sistema MKfS é a *unidade técnica de massa* (utm = 0,102 kg), muito pouco usada. Assim, nas aplicações desse sistema em que aparece a unidade massa, é preferível substituí-la pela relação entre o peso ou a força e a aceleração da gravidade. Desse modo, substituiremos:

- a massa por $m = G/g$; e
- a massa específica por $\rho = m/V = \gamma/g$.

Nas operações com ar úmido e psicrometria de uma maneira geral, é usual ainda a unidade de pressão em *coluna de mercúrio* (mm Hg), que, por coerência com a tecnologia vigente nessa área, ainda aparece no presente trabalho:

- mm Hg = 13,595 mm H$_2$O = 13,595 kgf/m^2 = 133,3 N/m^2,

de modo que a pressão atmosférica normal seria:

- p_0 = 760 mm Hg = 10.332,3 mm H$_2$O = 10.332,3 kgf/m^2 = 101.324,3 N/m^2.

SÍMBOLOS ADOTADOS

A	Equivalente calorífico do trabalho mecânico
$A \times B$	Dimensões da seção retangular de um ventúri
C_v	Calor específico a volume constante
C_p	Calor específico a pressão constante
D	Diâmetro
D_e	Diâmetro equivalente
D_h	Diâmetro hidráulico
E	Empuxo
F	Força
G	Peso, descarga em peso
H	Altura
J	Perda de carga no escoamento do ar
K	Coeficiente geral da transmissão de calor, constante
K_v	Coeficiente de vazão de um ventilador
K_m	Coeficiente de potência de um ventilador
K_p	Coeficiente de pressão de um ventilador
L	Lado, largura de um ventilador centrífugo, comprimento
$L \times H$	Dimensões da seção retangular de uma canalização
N	Número, número de rotações por minuto
P_m	Potência mecânica
Q	Quantidade de calor, calor liberado por hora, carga térmica
Q_l	Calor latente
Q_s	Calor sensível
R	Constante dos gases, raio
Re	Número de Reynolds
R_e	Raio externo
R_i	Raio interno
R_t	Resistência térmica
S	Superfície
T	Temperatura absoluta, em kelvins (K)
T_0	Temperatura absoluta correspondente a 0°C
V	Volume, vazão
V_s	Vazão em m^3/s
V_r, V_a	Volume de um ambiente em m^3
a	Coeficiente de absorção do calor
a_l	Coeficiente de área livre de uma abertura
a_e	Coeficiente de área efetiva de uma abertura
c	Velocidade, velocidade equivalente a uma diferença de pressão total (ventiladores)

c'	Velocidade de captura
c_{ar}	Velocidade do ar
c_f	Velocidade de flutuação
c_m	Velocidade do material no transporte pneumático
c_{2m}	Velocidade meridiana de saída de um ventilador centrífugo
d	Dimensão de uma partícula
d_m	Dimensão das partículas do material no transporte pneumático
$d_{\mu m}$	Dimensão das partículas em micrometros.
e	Base dos logaritmos neperianos
g	Aceleração da gravidade (9,80665 m/s^2)
g	Componente gravimétrica do ar
h	Dimensão, altura
i	Perda de carga por unidade de comprimento de uma canalização
k	Coeficiente de transmissão de calor por condutividade interna, índice de CO_2
k	Coeficiente de Poisson dos gases
l	Comprimento, espessura
l_e	Comprimento equivalente de um acessório de canalização
l_2	Largura na periferia do rotor de um ventilador centrífugo
m	Massa, massa molecular
n	Índice de renovação do ar, índice politrópico da transformação de um gás
p	Pressão
p_c	Pressão dinâmica devido à velocidade, pressão dos ventos
p_v	Pressão parcial do vapor de água no ar
p_s	Pressão de saturação do vapor de água
r	Calor latente de vaporização da água, coeficiente de reflexão do calor
r_p	Relação em peso
t	Temperatura em °C, coeficiente de transparência ao calor
t_0	Temperatura a 0°C
t_e	Temperatura externa
t_r	Temperatura interna, temperatura do recinto
t_s	Temperatura do bulbo seco
t_u	Temperatura do bulbo úmido
t_{un}	Temperatura de bulbo úmido natural
t_g	Temperatura de globo
t_p	Temperatura da parede
t_m	Temperatura média
u_2	Velocidade periférica do rotor de um ventilador centrífugo
v	Volume específico
Δt	Diferença de temperatura
Δp	Diferença de pressão
Δp_t	Diferença de pressão total
Ω	Seção
Ω'	Seção da área de captura
Ω_0	Seção da boca do captor
Σ	Somatório
$\Sigma \lambda$	Somatório dos coeficientes de atrito de vários acessórios
α	Coeficiente de transmissão de calor por condutividade externa
α_c	Coeficiente de transmissão de calor por convecção

α_i	Coeficiente de transmissão de calor por irradiação
β_2	Ângulo de saída das pás de um ventilador centrífugo
γ	Peso específico
δ	Densidade
η	Rendimento
η_a	Rendimento adiabático
η_h	Rendimento hidráulico
η_m	Rendimento mecânico
η_t	Rendimento total
η_e	Rendimento estático
λ	Coeficiente de atrito
λ_a	Coeficiente de atrito de um acessório
λ_c	Coeficiente de atrito do conduto
λ_m	Coeficiente de atrito do ar com o material em suspensão
π	Pi (3,1416)
θ	Componente volumétrica do ar
ρ	Massa específica
σ_n	Constante de irradiação do corpo negro
ξ	Coeficiente de evaporação

CAPÍTULO 1

GENERALIDADES

1.1 Definições

Dá-se o nome de *ventilação* ao processo de renovação do ar de um recinto. O objetivo fundamental da ventilação é controlar a pureza e o deslocamento do ar em um ambiente fechado, embora, dentro de certos limites, a substituição do ar também possa controlar a temperatura e a umidade do ambiente.

O ar constitui a atmosfera, massa gasosa que envolve nosso planeta, que tem uma espessura superior a 500 km.

Recebe o nome de *ar respirável* aquele próximo ao nível do mar, numa camada correspondente a 1 ou 2% da espessura total da atmosfera.

A composição média aproximada do ar atmosférico respirável (ar puro), em condições normais, é, em volume (composição volumétrica), importante por caracterizar a proporção das pressões parciais dos diversos componentes da mistura:

- θ N_2, 78,03%;
- θ O_2, 20,99%;
- θ CO_2, 0,03%;
- θ H_2O, 0,47%;
- θ outros gases, 0,48%.

Ou, ainda, em peso (composição gravimétrica):

- gN_2, 76,45%;
- gO_2, 22,72%;
- gCO_2, 0,05%;
- gH_2O, 0,30%;
- g outros gases, 0,49%,

além dos inevitáveis odores, poeiras e bactérias.

O peso da camada de ar, que circunda o globo terrestre, exerce pressão sobre as camadas inferiores da atmosfera, e toma o nome de *pressão atmosférica*. Ao nível do mar, a pressão atmosférica em média normalmente vale 101.322 N/m^2 (10.332 kgf/m^2).

É para a pressão atmosférica ao nível do mar que são definidas as características do ar atmosférico, ditas "normais", as quais, para a temperatura de referência de 0°C, valem:

- constante, R = 287,02 Nm/kg·K (29,27 m/K);
- massa molecular, m = 28,96 kg/mol;
- massa específica, ρ = 1,2928 kg/m^3 (0,1318 utm/m^3);
- peso específico, γ = 12,6780 N/m^3 (1,2928 kgf/m^3);
- calor específico a pressão constante, C_p = 1,00902 kJ/kg·°C (0,241 kcal/kgf °C);
- calor específico a volume constante, C_v = 0,72013 kJ/kg°C (0,172 kcal/kgf °C);
- coeficiente de Poisson, $k = C_p/C_v$ = 1,4.

O ar contido em recintos fechados destinados à habitação toma o nome de *ar ambiente*. Este, naturalmente, não tem a mesma composição do ar puro, podendo em muitos casos apresentar alterações substanciais que o tornam inadequado para a respiração.

Diz-se que um ambiente é *salubre* quando o ar nele contido apresenta propriedades físicas (pressão, temperatura, umidade e movimentação) e químicas tais que possibilitam favoravelmente a vida em seu meio.

1.2 Modificações físicas e químicas do ar ambiente

1.2.1 Pressão

Modificações sensíveis da pressão atmosférica normal ocorrem quando nos afastamos verticalmente do nível tomado como referência, que é o nível do mar.

Modificações físicas e químicas do ar ambiente

Como a pressão atmosférica é uma decorrência do peso da camada de ar que envolve nosso planeta, ela sofre uma redução ou um aumento quando nos elevamos ou baixamos em relação à superfície da Terra.

A pressão atmosférica em um ponto qualquer (p), com referência à pressão atmosférica normal (p_0 = 10.332 mm de coluna de água), pode ser calculada com boa aproximação por meio da antiga *fórmula de Laplace*:

$$\log p \text{ mm c.a.} = \log p_0 \frac{H \text{ km}}{18,4 + 0,067 t_m}, \quad [1.1]$$

sendo:
t_m a temperatura média do ar na zona compreendida entre o nível do mar e o ponto considerado; e
H a altura, em quilômetros, do ponto considerado em relação ao nível do mar.

Por outro lado, com a variação da pressão atmosférica segundo a altitude, a temperatura do ar também sofre uma variação de mesmo sentido. Dá-se o nome de *grau aerotérmico* à variação de altitude, em metros, que ocasiona a variação de um grau centígrado (1°C) na temperatura do ar atmosférico (dH/dT m/°C).

Lembremos que, na atmosfera, a energia envolvida na variação da pressão do ar em relação à altitude deve ser igual ao trabalho da gravidade. Isto é:

- no sistema MKfS, por quilograma-força de peso,

$$\frac{dp}{\gamma} = -dH, \quad [1.2]$$

sendo γ o peso específico;

- ou, no Sistema Internacional (SI), por quilograma de massa,

$$v \, dp = \frac{dp}{\rho} = -g \, dH, \quad [1.3]$$

sendo ρ a massa específica e ν (=1/ρ) o volume específico.

Assim, podemos calcular tanto a variação da pressão como da temperatura, conforme a altitude, considerando que essas variações se dêem de acordo com uma transformação politrópica de índice n, tal que [para maiores detalhes, ver Costa (9), Termodinâmica I]:

$$pv^n = \frac{p}{\rho^n} = \text{constante}, \quad [1.4]$$

de modo que podemos escrever:

$$\frac{dp}{\rho} = -g \, dH = \frac{nR \, dT}{n-1};$$

(R é a constante dos gases) ou, ainda:

$$\frac{dH}{dT} = -\frac{nR}{g(n-1)}. \qquad [1.5]$$

O grau aerotérmico, determinado experimentalmente, vale, com boa aproximação:

$$\frac{dH}{dT} = -154 \text{ m}/^\circ\text{C} \, (6{,}5^\circ\text{C}/\text{km}),$$

de modo que podemos calcular o expoente politrópico n, que caracteriza a compressão das camadas de ar que constituem a atmosfera. Isto é, segundo a equação anterior:

$$n = 1{,}236.$$

Fazendo $n=1{,}236$ na Eq. [1.4],

$$\frac{p}{\rho^n} = \frac{p}{\rho^{1,236}} = \frac{p_0}{\rho_0^{1,236}} = \text{constante},$$

podemos calcular:

$$\rho = \left(\frac{\rho_0^{1,236}}{p_0} p\right)^{\frac{1}{1,236}}.$$

Esse valor, substituído na Eq. [1.3], nos fornece:

$$\left(\frac{p_0}{\rho_0^{1,236} p}\right)^{\frac{1}{1,236}} dp = -g \, dH,$$

equação cuja integral, entre os limites p_0, H_0 (correspondentes ao nível do mar) e p, H (correspondentes a uma altitude qualquer), fornece a expressão:

$$p = p_0 \left[1 - 0{,}191 g \frac{\rho_0}{p_0}(H - H_0)\right]^{5,2356}, \qquad [1.6]$$

que, para as condições $t = 15^\circ\text{C}$, $p_0 = 101.322 \text{ N/m}^2$, $\rho_0 = 1{,}226 \text{ kg/m}^3$ e nível do mar ($H_0 = 0$ m), reproduz com boa aproximação os valores que constam da atmosfera padrão da Agência Espacial Norte-Americana, Nasa (Tab. 1.1).

Quando a pressão atmosférica atinge valores muito inferiores à normal (101.322 N/m² = 10.332 kgf/m²), a pressão parcial do oxigênio do ar (que é diretamente proporcional à pressão total da mistura e à componente volumétrica do oxigênio, isto é, $p_{O_2} = \theta_{O_2} p$) torna-se insuficiente para oxigenar a hemoglobina sangüínea nos pulmões. A respiração torna-se difícil e começam a se manifestar os transtornos conhecidos como "mal-das-montanhas".

Assim, a cerca de 3.300 m de altitude, a pressão atmosférica cai para dois terços de seu valor ao nível do mar, e pessoas não-habituadas a essas alturas podem se sentir mal.

Tabela 1.1
Atmosfera padrão segundo a Nasa

H (m)	T (°C)	p (N/m²)	p (kgf/m²)	p (mm Hg)	ρ (kg/m³)	C_{som} (m/s)
−1.000	21,5	113.934	11.618	854,5	1,3474	344,2
0	15,0	101.322	10.332	760,0	1,2249	340,4
1.000	8,5	89.878	9.165	674,1	1,1121	336,6
2.000	2,0	79.493	8.106	596,3	1,0062	332,7
3.000	−4,5	70.108	7.149	525,9	0,9091	328,7
4.000	−11,0	61.645	6.286	462,3	0,8189	324,7
5.000	−17,5	54.015	5.508	405,2	0,7365	320,7
6.000	−24,0	47.180	4.811	353,9	0,6600	316,6
7.000	−30,5	41.060	4.187	308,0	0,5894	312,4
8.000	−37,0	35.598	3.630	267,0	0,5256	308,2
9.000	−43,5	30.744	3.135	230,6	0,4668	303,9
10.000	−50,0	26.439	2.696	198,3	0,4129	299,6
11.000	−56,5	22.634	2.308	169,7	0,3638	295,2

Acima de 11.000 m, a temperatura da atmosfera se mantém praticamente constante, até altitudes superiores a 20 km.

Casos especiais de variação da pressão do ar que respiramos são aqueles em que a atividade humana transcorre com auxílio de ar comprimido (atividades hiperbáricas), como as realizadas em câmaras pressurizadas ou com equipamentos de mergulho. Em tais situações, embora cuidados especiais devam ser tomados com relação à qualidade do ar, que deve ser puro e conter um mínimo de 20% de oxigênio em volume, o aspecto mais importante diz respeito à variação da pressão.

Desse modo, o limite máximo de 333.426 N/m² (3,4 kgf/cm², ou seja, 34 m de coluna de água) para a pressão deve ser respeitado. A compressão deve ser progressiva e não exceder 68.647 N/m² (0,7 kgf/cm², ou seja, 7 m de coluna de água) por minuto, e não se realizará mais do que uma compressão a cada 24 horas. Maiores cuidados são exigidos pela descompressão, que deve ser lenta, sem jamais exceder 39.227 N/m² (0,4 kgf/cm², ou seja, 4 m de coluna de água) por minuto.

1.2.2 Temperatura, umidade e deslocamento

Esses três fatores do meio externo são os responsáveis pelas trocas de calor efetuadas pelo corpo humano com o ambiente, e somente em conjunto podem caracterizar a verdadeira receptividade térmica deste, conforme analisaremos a seguir.

Energia e vida

Os vegetais transformam a energia solar em energia química latente (fotossíntese), a qual é facilmente assimilada pelos organismos animais. A matéria viva (protoplasma) é, portanto, um reservatório de energia química latente que, sob certos efeitos excitantes, é libertada sob a forma de energia cinética (mecânica, calorífica ou mesmo elétrica ou luminosa), verificando-se nesse processo a perfeita equivalência entre a energia química consumida e a soma das energias liberadas.

Dessa forma, a vida vegetal e a vida animal se completam, estabelecendo-se entre a matéria viva e o meio externo uma verdadeira circulação da energia solar, a qual é, assim, a responsável por toda a dinâmica da vida terrestre

Seja qual for o modo pelo qual os organismos animais transformam a energia química dos alimentos, o que sabemos ao certo é que tudo se passa como se houvesse a combustão das substâncias ingeridas, e que o resultado final é a excreção dos produtos da oxidação e, no domínio energético, uma produção de trabalho e de calor. Resulta daí que os organismos animais são verdadeiras fontes de calor, necessitando, para desenvolver sua atividade vital, um desnível térmico em relação ao meio externo, como qualquer máquina térmica.

Metabolismo humano

Ao conjunto de transformações de matéria e energia que se relacionam com os processos vitais, dá-se a designação geral de *metabolismo*.

A energia produzida pelo organismo humano na unidade de tempo, a qual pode ser avaliada facilmente em função do oxigênio consumido na respiração (1 kg $O_2 \to$ 13.649 kJ = 3.260 kcal), depende de vários fatores:

- natureza, constituição, raça, sexo, idade, massa, altura;
- clima, habitação, vestuário;
- saúde, nutrição, atividade.

A energia mínima consumida pelo organismo humano por metro quadrado de superfície do corpo - obtida com o indivíduo em jejum a 12 h, deitado, em repouso absoluto, normalmente vestido, sem agasalhos, num ambiente a uma temperatura tal que não sinta frio nem calor - recebe o nome de *metabolismo básico*.

O metabolismo básico corresponde às despesas do serviço fisiológico puro ou despesas de fundo, e vale em média, para um indivíduo adulto, de 150 a 167,5 kJ/m²•h (36 a 40 kcal/m²•h). Nessas condições, calculando a superfície do corpo humano por meio da fórmula prática de Dubois:

$$S_{m^2} = 0{,}203 G_{kg}^{0,4255} \cdot H_m^{0,7246},$$

[1.7]

podemos considerar, para um indivíduo normal, de 1,80 m de altura e 75 kg de massa, com uma superfície corporal de 1,98 m^2, um consumo de energia mínimo entre 300 e 330 kJ/h (de 70 a 80 kcal/h), ou seja, cerca de 4,2 kJ/h (1 kcal/h) para cada quilograma de massa.

Além disso, o metabolismo humano, em kcal/h·kg, varia:

- Com a idade: é o dobro para uma criança de 5 anos, mantendo-se praticamente constante dos 20 aos 40 anos.

- Durante a digestão: sofre um acréscimo apreciável, dependendo da substância ingerida (é pequeno para os açúcares e gorduras, e elevado para as proteínas).

- Nos estados de desnutrição: diminui.

- Nos estados patológicos: de uma maneira geral aumenta, o que constitui indicação clínica valiosa para a medicina.

- Em condições ambientes adversas, tanto de frio como de calor: aumenta em virtude da entrada em operação do mecanismo de regulação térmica do organismo.

- Com a atividade: aumenta com qualquer esforço físico (trabalho mecânico), já que os fisiologistas são acordes em que o trabalho intelectual não influi praticamente sobre o consumo da energia.

Assim, no Brasil, a *Consolidação das leis do trabalho* (Título II, Capítulo V, Normas Regulamentadoras NR-15, aprovadas em 08/06/78) estabelece (Anexo 3, Quadro 3) as taxas de metabolismo a serem consideradas por tipo de atividade e por pessoa, que são as reproduzidas na Tab. 1.2.

TABELA 1.2
Taxas de metabolismo humano, segundo a ABNT

Tipo de atividade	kcal/h
• Em repouso Sentado	100
• Trabalho leve Sentado, movimentos moderados com braços e tronco (datilografia) Sentado, movimentos moderados com braços e pernas (dirigir) De pé, trabalho leve em máquina ou bancada, com os braços	125 150 150
• Trabalho moderado Sentado, movimentos vigorosos com braços e pernas De pé, trabalho leve em máquina ou bancada, com movimentação De pé, trabalho moderado em máquina ou bancada, com movimentação Em movimento, trabalho moderado de empurrar ou levantar	180 175 220 300
• Trabalho pesado Trabalho intermitente de levantar, ou arrastar pesos (remoção com pá) Trabalho fatigante	440 550

Regulação térmica

Uma vez que não só a atividade dos organismos animais (e, portanto, suas trocas de calor), mas também as condições climáticas do meio externo são altamente variáveis, é interessante analisar o mecanismo pelo qual eles conseguem manter o equilíbrio energético de seus metabolismos praticamente independente tanto de sua própria atividade como da temperatura externa.

Atendendo à adaptabilidade dos animais às condições do meio em que vivem, eles podem ser classificados quanto à temperatura corporal em:

- animais de temperatura variável (*poikilotermos*), impropriamente chamados de "animais de sangue frio" (peixes, répteis, etc.), nos quais a temperatura do corpo é sempre levemente superior à do meio ambiente, cujas alterações eles acompanham integralmente;
- animais de temperatura constante (*homeotermos*), impropriamente chamados de "animais de sangue quente" (mamíferos, aves, etc.), nos quais a temperatura do corpo é bem mais elevada do que a do meio ambiente e independe das variações deste.

O organismo humano pertence à segunda categoria, visto que sua temperatura corpórea — praticamente independente de raça, idade, clima e da própria atividade — é da ordem de 37°C.

Nessas condições, as trocas de calor efetuadas pelo corpo humano com o exterior não podem ser feitas exclusivamente na forma de calor sensível; transferido ao meio por condutividade externa (condutividade, convecção e radiação) e pelo aquecimento dos alimentos, bebidas e ar inspirado, o que depende unicamente da diferença de temperatura entre o corpo e o exterior:

$$Q_s = AS(t_c - t_e),\qquad [1.8]$$

em que A é um coeficiente que depende da temperatura e da velocidade do ar, da natureza, da cor da pele e do vestuário.

Para temperaturas entre 18 e 30°C, podemos tomar, com boa aproximação:

$$A = k(1 + 0,13 \text{ cm/s}) \qquad [1.9]$$

onde k, para pessoas de pele branca, vestidas normalmente, vale de 8,4 a 12,6 kJ/h·m²·°C (de 2 a 3 kcal/h·m²·°C). Para pessoas agasalhadas, o coeficiente A independe praticamente da velocidade do ar, podendo seu valor ser inferior a 4,2 kJ/h·m²·°C (1 kcal/h·m²·°C).

Afortunadamente, além do calor sensível equacionado em [1.8], o organismo humano é capaz de liberar quantidades apreciáveis de calor na forma latente, pelas funções de exalação (vapor de água expirado pelos pulmões) e exsudação (evaporação do suor na superfície do corpo).

Essa parcela de calor, entretanto, depende essencialmente da disponibilidade de água a evaporar (que é controlada pelo mecanismo de regulação térmica do organismo) e da possibilidade de evaporação, a qual depende da diferença entre as pressões de saturação

Modificações físicas e químicas do ar ambiente

da água que está à temperatura do corpo e a pressão parcial do vapor de água contido no ar [para maiores detalhes sobre o ar úmido, ver Costa (4)]:

$$Q_L = Br\xi S(p_s - p_v) \text{ kcal/h,} \qquad [1.10]$$

sendo:
- B um coeficiente de limitação da possibilidade de evaporação que varia, teoricamente, de 0 a 1, definido pelo vestuário e pelo mecanismo de regulação térmica do organismo;
- r o calor latente de vaporização da água (cerca de 600 kcal/kg);
- ξ o coeficiente de evaporação, que depende da velocidade do ar;
- S a superfície do corpo humano (em m^2);
- p_s a pressão de saturação da água (suor) à temperatura do corpo dada pela carta psicrométrica (para a temperatura de 37°C, ela vale 47 mm Hg); e
- p_v a pressão parcial do vapor de água no ar, dada também pela carta psicrométrica, em mmHg, em função da temperatura e da umidade relativa do ar.

Adotando a medida da pressão em milímetros de mercúrio (mm Hg), como é usual na técnica do ar úmido, ξ nos será dado por:

$$\xi = 0,0229 + 0,0174 \text{ cm/s.} \qquad [1.11]$$

Dispondo assim de dois meios para transmitir seu calor para o exterior, o organismo humano pode conseguir seu equilíbrio homeotérmico, mesmo sob condições excepcionais tanto de seu metabolismo como do meio ambiente, como está esclarecido nos exemplos a seguir, onde foram usadas as unidades usuais, na técnica, quilocaloria (kcal) e mm Hg.

EXEMPLO 1.1

Calcular a quantidade de calor máxima que um indivíduo normalmente vestido, de 1,8 m^2 de superfície corporal, pode trocar com o ar ambiente em repouso, nas condições:

$$t = 26,5°C \quad \text{e} \quad \varphi = 52\%.$$

Solução

A quantidade de calor sensível trocado será dada pela Eq. [1.9]:

$$Q_s = AS(t_c - t_e) = 3 \cdot 1,8(37 - 26,5) = 56,5 \text{ kcal/h.}$$

E o calor latente máximo compatível com as condições do meio será dado pela Eq. [1.10]:

$$Q_L = B\xi rS(p_s - p_v) = 1 \times 600 \times 0,0229 \times 1,8(47 - 14) = 816 \text{ kcal/h.}$$

Podemos concluir que, no caso, um indivíduo em atividade leve (Q = 150 kcal/h, de acordo com a Tab. 1.2) aproveitaria para o metabolismo apenas 11,5% de sua possibilidade de evaporação (B = 0,115), o que resulta numa situação bastante confortável.

EXEMPLO 1.2

Que quantidades de calor um indivíduo, normalmente vestido, com 1,80 m² de superfície corporal, pode trocar com o ar ambiente, em repouso, a 37°C ou a 70°C?

Solução

1. As trocas de calor que o organismo humano pode efetuar com o ambiente a 37°C e φ = 100% são nulas, o que nos permite afirmar que tais condições são impróprias para a vida humana.

2. Já as trocas máximas de calor que o organismo humano poderia efetuar com o ar em repouso, a 70°C e φ = 10%, seriam:

$Q_s = 3 \times 1,8 \times (37 - 70) = -149$ kcal/h;
$Q_L = 1 \times 0,0229 \times 600 \times 1,8 \times (47 - 30) = 422$ kcal/h;
$Q_{total} = 422 - 149 = 273$ kcal/h.

Podemos concluir que o ambiente em consideração possibilitaria a vida humana mesmo sob atividade apreciável (classificação conforme a Tab. 1.2, de trabalho em movimento moderado), embora com um grande desconforto, pois aproveitaria toda sua possibilidade de evaporação ($B = 1$).

Com base nas considerações e nos exemplos anteriores, podemos facilmente compreender o mecanismo pelo qual, com as modificações naturais das condições ambientes e do metabolismo que influem sobre as suas trocas de calor, consegue o organismo humano automaticamente por meio do sistema nervoso muito sensível às influências do meio ambiente, efetuar sua regulação térmica. Na luta contra o frio, essa auto-regulação é obtida por dois processos, a regulação termoquímica e a regulação termofísica.

A *regulação termoquímica* comanda a produção interna de calor, fenômeno no qual provavelmente o fígado desempenhe um papel importante. Assim, o organismo humano é capaz de acomodar automaticamente a produção interna de calor, mantendo sua temperatura constante, independentemente da temperatura do ambiente, entre os limites correspondentes a um metabolismo básico e um metabolismo máximo, dito de *ápice*, e que é cerca de cinco vezes superior ao básico.

Essa regulação, que naturalmente exige grande consumo de alimentos, por si só, já daria ao organismo uma extraordinária capacidade de luta contra o frio, a qual com treinamento adequado, permite sua adaptação a ambientes com temperaturas inferiores a –40°C.

A *regulação termofísica* consiste na redução das perdas de calor, a qual é conseguida por constrição vascular cutânea. Esta reduz a umidade do tecido epitelial, diminuindo sua condutibilidade, que cai para metade quando a temperatura exterior desce de 30 para 5°C.

Na luta contra o calor, a regulação térmica é apenas de natureza física, já que, ao elevar-se a temperatura, a produção interna de calor, em vez de diminuir, aumenta, o que se explica pela entrada em ação do sistema de regulação térmica, que também consome energia.

Modificações físicas e químicas do ar ambiente

Assim, para temperaturas ambientes elevadas, a transmissão de calor, que tende a diminuir, é compensada, em pequena parte pela redução da resistência térmica da pele, cuja circulação sangüínea se ativa; e em grande parte pelo aparecimento do suor, que ao evaporar arrasta grandes quantidades de calor.

Temperatura efetiva

Embora o equilíbrio homeotérmico possa ser obtido para varias condições de receptividade térmica do ambiente, nem sempre estas oferecem a mesma sensação de bem-estar ao organismo humano. Para caracterizar a sensação de maior ou menor bem-estar ocasionada por um ambiente, em função de sua temperatura, umidade e deslocamento do ar, adota-se o conceito de temperatura efetiva.

A *temperatura efetiva* de um ambiente qualquer pode ser definida como aquela que, em um recinto contendo ar praticamente em repouso (velocidades entre 0,1 e 0,15 m/s) e completamente saturado de umidade, proporciona a mesma sensação de frio ou calor que o ambiente em consideração.

O gráfico da Fig. 1.1, determinado experimentalmente com o auxílio de um grande número de pessoas, fornece as temperaturas efetivas correspondentes a diversas condições ambientais, caracterizadas pelas temperaturas t_s e t_u e o deslocamento do ar, para pessoas normalmente vestidas e em repouso (ASHRAE).

Experiências mais recentes sobre conforto térmico [Gagge (6) e Fanger (5)] permitiram incluir na avaliação da temperatura efetiva a influência das trocas de calor por radiação, das vestimentas e também da atividade.

- Trocas de calor por radiação

Da influência das trocas de calor por radiação com as paredes que envolvem o ambiente decorre a definição de uma temperatura mais significativa, caracterizando a noção de conforto do ambiente, que é a *temperatura equivalente em meio seco* (TEMS):

$$\text{TEMS} = \frac{\alpha_i t_g + \alpha_c t_s}{\alpha_i + \alpha_c}, \qquad [1.12]$$

onde:
t_g é a temperatura radiante média medida por um termômetro de globo (termômetro seco, no interior de uma esfera oca com diâmetro de ~10 cm, pintada de preto);
t_s a temperatura de bulbo seco do ambiente;
α_i o coeficiente de transmissão de calor por radiação;
α_c o coeficiente de transmissão de calor por convecção;

- Influência da vestimenta

Definida por sua resistência térmica, cuja unidade é o CLO:

$$1 \text{ CLO} = 0{,}18 \text{ m}^2\cdot\text{h}\cdot°\text{C/kcal} = 0{,}043 \text{ m}^2\cdot\text{h}\cdot°\text{C/kJ} = 0{,}1548 \text{ m}^2\cdot°\text{C/W}.$$

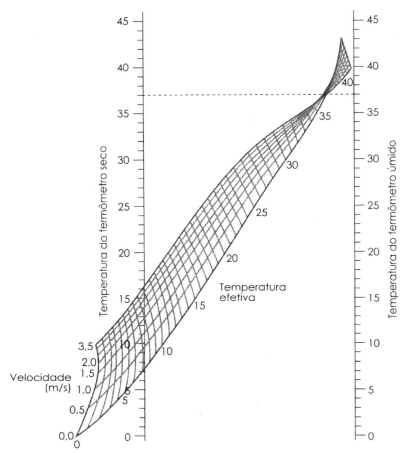

Figura 1.1 Temperaturas efetivas correspondentes a diversas condições ambientais.

- Influência da atividade

Definida em função do metabolismo, cuja unidade é fixada no MET:

$$1 \text{ MET} = 50 \text{ kcal/m}^2\text{h} = 58,2 \text{ W/m}^2.$$

Nessas condições, foi possível definir uma nova temperatura efetiva, que por comodidade foi vinculada à umidade relativa de 50% (próxima à de conforto): a *temperatura efetiva de um ambiente qualquer*, onde são definidas a temperatura equivalente em meio seco TEMS, a umidade, a velocidade de deslocamento do ar, o tipo de atividade e a vestimenta das pessoas. Trata-se da temperatura uniforme de um ambiente (umidade relativa de 50% e ar em repouso), em que uma pessoa, nas mesmas condições de vestiário e atividade, teria a mesma sensação de conforto térmico que o ambiente em consideração.

Tal conceituação possibilitou a publicação, em 1981, pela ASHRAE (normas 55-74), de cartas de conforto para as mais diversas condições de vestuário e de atividade, importantes para o projeto de instalações de ar condicionado, onde as condições de conforto são primordiais.

Modificações físicas e químicas do ar ambiente

Por outro lado a legislação brasileira sobre segurança e medicina do trabalho, nas suas normas regulamentadoras NR-15, Anexo-3, estabelece os limites de tolerância para exposição ao calor, através do *índice de bulbo úmido, termômetro de globo*, IBUTG, definido pelas equações que seguem:

- Ambientes internos ou externos sem carga solar:

$$\text{IBUTG} = 0{,}7 t_{un} + 0{,}3 t_g.$$

- Ambientes externos com carga solar:

$$\text{IBUTG} = 0{,}7 t_{un} + 0{,}1 t_s + 0{,}2 t_g,$$

onde:
t_{un} é a temperatura de bulbo úmido natural;
t_g a temperatura de globo; e
t_s a temperatura de bulbo seco.

Nessas condições, os limites de tolerância para exposição ao calor, em regime de trabalho intermitente com períodos de descanso no mesmo local de trabalho, são dados pela Tab. 1.3 em IBUTG:

Tabela 1.3
Limites de tolerância para exposição ao calor

Regime de trabalho Intermitente, com descanso por hora no próprio local	Atividade Leve	Atividade Moderada	Atividade Pesada
Trabalho contínuo	30,0	26,7	25,0
45 min de trabalho 15 min de descanso	30,1 a 30,6	26,8 a 28,0	25,1 a 25,9
30 min de trabalho 30 min de descanso	30,7 a 31,4	28,1 a 29,4	26,0 a 27,9
15 min de trabalho 45 min de descanso	> 32,2	> 31,1	> 30,0

Por outro lado, os limites de tolerância para exposição ao calor, em regime de trabalho intermitente com períodos de descanso em local mais ameno, são dados pela Tab. 1.4, em função do metabolismo (M).

Tabela 1.4
Limites de tolerância para exposição ao calor sob trabalho intermitente

M (kcal/h)	Máximo IBUTG	M (kcal/h)	Máximo IBUTG
175	30,5	350	26,5
200	30,0	400	26,0
250	28,5	450	25,5
300	27,5	500	25,0

Tanto M como IBUTG são as taxas de metabolismo e de índice de bulbo úmido-temperatura de globo, médias ponderadas ao longo das horas de trabalho e descanso. As taxas de metabolismo de trabalho e descanso devem ser as que constam da Tab. 1.2.

1.2.3 Oxigênio

Nem todo o oxigênio que inspiramos é aproveitado para a respiração, pois o ar expirado contém ainda cerca de 15,4% de oxigênio em volume ($p_{O_2} = 0,154p$). Podemos então tomar 14% (cerca de 2/3 da porcentagem normal) como o índice mínimo de oxigênio aconselhável para o ar destinado à respiração.

Experiências têm demonstrado que, ao nível do mar, para uma porcentagem de oxigênio de 10% ocorre a asfixia e, para 7%, a morte.

1.2.4 Contaminantes e suas fontes

Os *contaminantes* do ar podem ser classificados em partículas sólidas, líquidas, gases e vapores, e organismos vivos.

Partículas sólidas

Partículas sólidas são as poeiras, as fumaças e os fumos.

As *poeiras* são partículas sólidas inferiores a 100 μm, projetadas no ar por ação mecânica dos ventos e de processos industriais.

As *fumaças*, por sua vez, são partículas sólidas finíssimas, resultantes da combustão incompleta dos combustíveis que contêm carbono.

Já os *fumos* são partículas sólidas resultantes da oxidação de vapores (como, por exemplo, o óxido de chumbo (PbO), que se forma sobre o chumbo em fusão).

Partículas líquidas - mist e fog

O *mist* são partículas líquidas produzidas por borrifadores, atomizadores, etc. O espirro de uma pessoa é acompanhado da emissão de partículas líquidas que podem ser classificadas como mist.

Já o *fog* é formado por partículas líquidas de menor tamanho, resultantes da condensação de vapores como, por exemplo, a cerração, o orvalho, etc.

Gases e vapores

Quando estranhos à composição normal do ar, os gases e vapores são considerados contaminantes. Nessa condição estão incluídos, o dióxido de carbono (CO_2), quando em excesso, gases como o monóxido de carbono (CO), o dióxido de enxofre (SO_2), o metano (CH_4), gases industriais diversos, miasmas, odores de uma maneira geral, grisu, etc.

Organismos vivos

Nessa categoria de contaminante estão o pólen dos vegetais (5 a 150 μm), os esporos dos fungos (1 a 10 μm) e as bactérias mais diversas (0,2 a 5 μm).

Fontes de contaminação

As fontes de contaminação do ar são variadas e inúmeras: pessoas, animais, queima (combustão) de materiais, motores a explosão, gases, vapores, minas, etc.

As *pessoas e animais*, além de reduzir a porcentagem de oxigênio (O_2), aumentando a percentagem de CO_2 e vapor d água (H_2O), exalam substâncias nauseabundas (miasmas) e microorganismos.

As substâncias nauseabundas emitidas pelo corpo humano, em parte pela respiração e em parte através da pele, são constituídas de compostos orgânicos complexos, cuja presença, embora perceptível ao olfato, é de difícil verificação por análises diretas. Por essa razão, nas contaminações do ar exclusivamente por respiração, é usual a sua verificação indireta pela porcentagem de CO_2.

A *combustão* para fins de aquecimento ou iluminação consome o oxigênio do ar e produz gases nocivos.

Os *motores de combustão interna*, de veículos e indústrias, igualmente, consomem o oxigênio do ar e lançam no ambiente os gases e vapores de seu escapamento.

Os *gases, vapores* e mesmo as *partículas* produzidas pelas indústrias, pela rodagem de veículos e outras atividades humanas, constituem na maioria das vezes elementos altamente nocivos à saúde.

Nas *minas*, as partículas de carvão e de outros minerais, os produtos da decomposição de rochas cuja natureza química muitas vezes dá origem a gases deletérios (rochas mercuriais, betuminosas, arseniacais, etc.), os gases provenientes das explosões e mesmo gases explosivos como o grisu.

A caracterização da contaminação normalmente é feita por avaliação do contaminante, de uma das seguintes maneiras:

- em partes de contaminante por milhão de partes (ppm) do ar contaminado em volume, isto é, 10^{-6} m^3/m^3;
- em porcentagem de volume - 1% em volume = 10.000 ppm;
- em gramas de contaminante por metro cúbico (g/m^3) de ar a 25°C e 760 mm Hg;
- em miligramas de contaminante por metro cúbico (mg/m^3) de ar a 25°C e 760 mm Hg;
- em milhões de partículas contaminantes (sólidos) por metro cúbico (mppmc) de ar a 25°C e 760 mm Hg.

Quanto aos limites higiênicos admissíveis para os diversos contaminantes, depende fundamentalmente, do ambiente considerado, da natureza do contaminante e do tempo de exposição das pessoas a ele.

Quanto ao CO_2, embora não seja um gás tóxico, além de ser talvez o maior responsável pelo efeito estufa em nosso planeta, a sua presença no ar indica redução do oxigênio e mesmo a presença de miasma. Assim, admitindo-se que a porcentagem de CO_2 no ar cresça proporcionalmente à porcentagem de miasma, aceita-se universalmente 0,1% como índice máximo aconselhável para o anidrido carbônico ou dióxido de carbono contido no ar de ambientes destinados unicamente à habitação.

Na realidade o organismo humano suporta quantidades elevadas de CO_2, sucumbindo mais pela falta de oxigênio que ocasiona (anorexia). Em ambientes destinados unicamente à habitação, para uma porcentagem de CO_2 igual a 10%, verifica-se a asfixia e, para cerca de 15%, a morte.

A legislação brasileira relativa à segurança e medicina do trabalho (*Consolidação das leis do trabalho I*, Título II, Capítulo V - normas regulamentadoras NR-15, Anexo 11, de 08/06/78) estabelece, para uma atividade de 48 h semanais, os limites de tolerância de agentes químicos industriais em ppm e mg/m^3 (Tab. 1.5).

Por outro lado, registramos, da American Conference of Governmental Industrial Hygienists (1966), os valores provisórios dos limites de tolerância dos contaminantes que não constavam da legislação brasileira até 1994 (Tab. 1.5a), assim como os limites de contaminação das poeiras minerais, em milhões de partículas por metro cúbico de ar (mppmc), a 25°C e 760 mm Hg, que constam da Tab. 1.6.

Tabela 1.5
Limites de tolerância a contaminantes

Agente químico	Limites de tolerância	
	(ppm)	(mg/m³)
Acetaldeído	78	140
Acetato de éter monoetílico de etileno-glicol (pele)	78	420
Acetato de etila	310	1.090
Acetato de 2-etoxi-etila	78	420
Acetileno	Asfixiante	
Aceta	780	1.870
Acetitrila	30	55
Ácido acético	8	20
Ácido cianídrico	8	9
Ácido clorídrico	4	5,5
Ácido crômico (névoa)	-	0,04
Ácido fluorídrico	2,5	1,5
Ácido fórmico	4	7
Acrilato de metila (pele)	8	27
Acrilonitrila (pele)	16	36
Álcool isoamílico	78	280

Tabela 1.5
Limites de tolerância a contaminantes (*continuação*)

Agente químico	Limites de tolerância (ppm)	Limites de tolerância (mg/m³)
Álcool n-butílico-(pele)	40	115
Álcool isobutílico	40	115
Álcool sec-butílico (2-butanol)	115	350
Álcool terc-butílico	78	235
Álcool etílico	780	1.480
Álcool furfurílico (pele)	4	15,5
Álcool metílico (pele)	156	200
Álcool n-propílico (pele)	156	390
Álcool isopropílico (pele)	310	365
Amônia	20	14
Anilina-(pele)	4	15
Argônio	Asfixiante	
Arsenamina	0,04	0,16
Brometo de etila	156	695
Brometo de metila (pele)	12	47
Bromofórmio-(pele)	0,4	4
1,3-Butadieno	780	1.720
n-Butano	470	1090
n-Butilamina (pele)	4	12
Butil-cellosolve (pele)	39	190
n-Butil-mercaptana	0,4	1,2
Chumbo	–	0,1
Cianogênio	8	16
Ciclo-hexano	235	820
Ciclo-hexanol	40	160
Ciclo-hexilamina-(pele)	8	32
Cloreto de etila	780	2.030
Cloreto de metila	78	165
Cloreto de metileno	156	560
Cloreto de vinila (pele)	156	398
Cloreto de vinidileno	8	31
Cloro	0,8	2,3
Cloro-benzeno	59	275

Tabela 1.5
Limites de tolerância a contaminantes (*continuação*)

Agente químico	Limites de tolerância (ppm)	Limites de tolerância (mg/m³)
Cloro-bromometano	156	820
Clorodifluormetano (Freon 22)	760	2.730
Clorofórmio	20	94
1-Cloro-1-nitropropano	16	78
Cloroprene-(pele)	20	70
Cumeno (pele)	39	190
Decaborano (pele)	0,04	0,25
Demet (pele)	0,008	0,08
Diborano	0,08	0,08
1,2-Dibromoetano (pele)	16	110
0-Diclorobenzeno	39	235
Diclorodifluormetano (Freon 12)	780	3.860
1,1-Dicloroetano	156	640
1,2-Dicloroetano	39	156
1,2-Dicloroetileno	155	615
1,1-Dicloro-1-nitroetano	8	47
1,2-Dicloropropano	59	275
Diclorotetrafluoretano (Freon 114)	780	5.460
Dietilamina	20	59
2,4-Diisocianato de tolueno (TDI)	0,016	0,11
Diisopropilamina-(pele)	4	16
Dimetilacetamida	8	28
Dimetilamina-(pele)	8	14
Dimetilformamida	8	24
1,1-Dimetil-hidrazina (pele)	0,4	0,8
Dióxido de carbono	3.900	7.020
Dióxido de cloro	0,08	0,25
Dióxido de enxofre	4	10
Dióxido de nitrogênio	4	7
Dissulfeto de carbono-(pele)	16	47
Estibina	0,08	0,4
Estireno	78	328
Etano	Asfixiante	

Tabela 1.5
Limites de tolerância a contaminantes (*continuação*)

Agente químico	Limites de tolerância (ppm)	(mg/m^3)
Éter dicloroetílico (pele)	4	24
Éter etílico	310	940
Etilamina	8	14
Etilbenzeno	78	340
Etileno	Asfixiante	
Etilenoimina (pele)	0,4	0,8
Etil-mercaptana	0,4	0,8
n-Etil-morfolina (pele)	16	74
2-Etoxietanol (pele)	78	290
Fenol (pele)	4	15
Fluortriclorometano (Freon 11)	780	4.370
Formaldeído (formol)	1,6	2,3
Fosfamina	0,23	0,3
Fosgênio	0,08	0,3
Gás sulfídrico	8	12
Hélio	Asfixiante	
Hidrazina (pele)	0,08	0,08
Hidrogênio	Asfixiante	
Isopropilamina	4	9,5
Mercúrio	-	0,04
Metacrilato de metila	78	320
Metano	Asfixiante	
Metilamina	8	9,5
Metil-cellosolve (pele)	20	60
Metil-ciclo-hexanol	39	180
Metil-clorofórmio	275	1.480
Metil-demet (pele)	-	0,4
Metil-etil-ceta	155	460
Metil-isobutilcarbinol-(pele)	20	78
Metil-mercaptana (metanotiol)	0,4	0,8
Monometil-hidrazina-(pele)	0,16	0,27
Monóxido de carbono	39	43
Negro-de-fumo	-	3,5

Tabela 1.5
Limites de tolerância a contaminantes (*continuação*)

Agente químico	Limites de tolerância (ppm)	(mg/m³)
Neóbio	Asfixiante	
Níquel tetracarbonila	0,04	0,28
Nitrato de *n*-propila	20	85
Nitroetano	78	245
Nitrometano	78	195
1-Nitropropano	20	70
2-Nitropropano	20	70
Óxido de etileno	39	70
Óxido nítrico	20	23
Óxido nitroso	Asfixiante	
Ozona	0,08	0,16
Pentaborato	0,004	0,008
n-Pentano (pele)	470	1.400
Percloroetileno	78	525
Piridina	4	12
n-Propano	Asfixiante	
Propileno (pele)	Asfixiante	
Propileno imina (pele)	1,6	4
Sulfato de dimetila	0,08	0,4
1,1,2,2-Tetrabromoetano (pele)	0,8	11
Tetracloreto de carbono	8	50
Tetracloroetano (pele)	4	27
Tetra-hidrofurano	156	460
Tolueno (toluol)	78	290
Tricloroetileno	8	35
Triclorometano	78	420
1,1,3-Tricloropropano	40	235
1,1,2-Tricloro-1,2,2-trifluoretano (Freon 113)	780	5.930
Trietilamina	20	78
Trifluormonobromometano	780	4.760
Xileno (xilol) (pele)	78	340

Modificações físicas e químicas do ar ambiente

Tabela 1.5a
Limites de tolerância a contaminantes (*Valores provisórios*)

Contaminantes	Limites de tolerância (ppm)	Limites de tolerância (mg/m^3)
Acetato de amila	125	650
Acetato de *n*-butila	150	710
Acetato de butila sec.	200	950
Acetato de hexila séc.	50	300
Acetato de isoamila	100	525
Acetato de isobutila	150	700
Acetato de isopropila	250	950
Ácido nítrico	2	5
Ácido oxálico	-	1
Alcatrão, produtos voláteis	-	0,2
Algodão, pó de	-	1
Amino-piridina	0,5	2
Anidrido ftálico	2	12
Anidrido maléico	-	8
Anisidina (pele)	-	0,5
Azinfos, metil (pele)	-	0,2
Benzoíla, peróxido de	-	5
Cádmio	-	0,2
Carboril (sevin)	-	5
Chumbo tetraetila (pele)	-	0,075
Ciclopentadieno	75	200
Compostos de selênio	-	0,2
Crotaldeído	2	6
Diazometano	0,2	0,4
Dibutil-fosfato	2	10
Dibutilftalato	-	10
1,3-Dicloro-5,5-dimetil-hidantoin	-	0,2
Dimetilamino-etanol	10	50
Dimetil-1,2-dibromo-2,2-dicloroetilfosfato	-	3
Di-sec-octilftalato	-	5
Éter fenílico	1	7
Etil-séc-amil-ceta	25	130

Tabela 1.5a
Limites de tolerância a contaminantes (*Valores provisórios*) (*continuação*)

Contaminantes	Limites de tolerância (ppm)	Limites de tolerância (mg/m³)
Etil-butil-ceta	50	230
p-Fenileno-diamina (pele)	-	0,1
Ferro, óxido de – fumos	-	10
Fibras de vidro	-	5
2-Heptanona (metil-n-amil-ceta)	100	475
3-Heptanona (etil-butil-ceta)	50	230
Hexacloroetano-(pele)	1	10
Hexafluoreto de selênio	0,05	0,4
Hexafluoreto de telúrio	0,02	0,2
Iodeto de metila-(pele)	5	28
Isoamila, acetato de	100	525
Isobutila, acetato de	150	700
Isociamato de metila (pele)	0,02	0,05
Isopropila, acetato de	250	950
Ítrio	-	1
GLP (gás liquefeito de petróleo)	1.000	1.800
Maléico, anidrido	-	8
Metil-n-amil-ceta (2 heptanona)	100	465
Morfolina (pele)	20	70
Níquel	-	1
Nítrico, ácido	2	5
p-Nitro-cloro-benzeno (pele)	-	1
Oxálico, ácido	-	1
Oxigênio, difluoreto de	0,05	0,1
Peróxido de benzoíla	-	5
Pival (2-pivalil-1,3-indadione)	-	0,1
Prata	-	0,01
Ródio	-	0,1
Selênio, compostos de	-	0,2
Telúrio, hexafluoreto de	0,02	0,2
Tetrametil-sucinonitrila-(pele)	0,5	3
Trifluoreto de nitrogênio	10	29

Quantidade de ar necessária à ventilação 23

Tabela 1.6
Limites de tolerância a poeiras minerais

Poeiras minerais	Limites de tolerância (mppmc)
Óxido de alumínio	1.770
Asbesto	177
Cimento Portland	1.770
Poeira (sem sílica livre)	1.770
Mica (com menos de 5% de SiO$_2$ livre)	700
Sílica (com mais de 50% de SiO$_2$ livre)	177
Sílica (com 5% a 50% de SiO$_2$ livre)	700
Sílica (com menos de 5% de SiO$_2$ livre)	1.770
Carboneto de sílica	1.770
Pedra-sabão (com menos de 5% de SiO$_2$ livre)	700
Talco	700

1.3 Quantidade de ar necessária à ventilação

O estudo da combustão nos mostra que na queima de um combustível convencional qualquer (composto de carbono e hidrogênio), cada quilograma de oxigênio consumido produz cerca de 3.260 kcal.

Como a respiração é o processo que fornece o oxigênio necessário à combustão dos hidratos de carbono, fonte de energia de nosso organismo, podemos dizer que uma pessoa normal, em repouso, para de manter suas funções fisiológicas involuntárias (metabolismo básico = 75 kcal/h), consome em média:

$$\frac{75 \text{ kcal/h}}{3.160 \text{ kcal/kg}} = 0,023 \text{ kg/h} = 0,017 \text{ m}^3/\text{h de O}_2 \text{ a } 20°\text{C e } 760 \text{ mm Hg.}$$

Mas nem todo o oxigênio do ar é aproveitado no processo da respiração, pois, conforme vimos, o ar inspirado contém 20,99% de oxigênio, enquanto que aquele expirado apresenta ainda uma parcela média de 15,4% em volume desse elemento. Nessas condições, apenas 5,5% do volume do ar é realmente aproveitado para o metabolismo humano. Desse modo, podemos dizer que o ar realmente necessário para a respiração, nas condições indicadas, é:

$$\frac{0,017 \text{ m}^3/\text{h de O}_2}{0,055} = 0,31 \text{ m}^3/\text{h de ar.}$$

Se o ar expirado fosse imediatamente substituído e, portanto, não voltasse aos pulmões, o ar necessário à ventilação por pessoa em repouso seria apenas 0,31 m³/h. O problema, entretanto, não é de substituição e sim de diluição, já que o ar de ventilação é misturado com o do ambiente, o qual, embora já utilizado, volta novamente a ser respirado.

Nessas condições, dependendo da atividade das pessoas (que aumenta o seu metabolismo e, portanto, o seu consumo de oxigênio) e do tipo de ambiente (produção de contaminantes), a quantidade de ar necessária à ventilação poderá ser de 25 até cerca de 200 ou mais vezes a anterior.

Na prática, a determinação da quantidade de ar necessária à ventilação, baseada na diluição dos diversos elementos nocivos à vida, é feita por meio de certos critérios, discutidos a seguir, como o índice de CO_2, do conceito de ração de ar, da temperatura do ambiente e do índice de renovação do ar.

1.3.1 Índice de CO_2

Para a ventilação permanente de um ambiente destinado unicamente à habitação, onde se pretende manter uma porcentagem máxima de CO_2 igual a k_f, adotando-se ar exterior com um índice de CO_2 igual a k_i, o volume de ar a utilizar será dado por:

$$V = \frac{100Nc}{k_f - k_i} \text{ m}^3/\text{h},$$

[1.13]

em que N é o número de pessoas ou elementos produtores de CO_2 e c a respectiva produção, em m³/h.

Assim, considerando que uma pessoa em repouso, sentada, cujo metabolismo é 100 kcal/h e cuja produção de CO_2 é cerca de 20 L/h, para os índices de CO_2 de $k_i = 0,03$ e $k_f = 0,1$ indicados, podemos calcular:

$$V = \frac{100 \times 1 \times 0,020}{0,1 - 0,03} = 28,6 \text{ m}^3/\text{h}.$$

No caso de ventilação intermitente de ambientes cuja ocupação é limitada a τ horas, como o aumento da concentração de CO_2 é progressiva, partindo de um índice inicial k_i, até atingir o limite máximo admissível k_f, a quantidade de ar de ventilação será tanto menor quanto menor for o tempo de ocupação do recinto.

Com efeito, chamando de k o índice de CO_2 num instante qualquer, podemos dizer que o aumento da quantidade de CO_2, num tempo elementar $d\tau$, nos será dado por:

$$Nc \, d\tau + \frac{Vk_i \, d\tau}{100},$$

enquanto que o CO_2 retirado será:

$$\frac{Vk \, d\tau}{100},$$

Quantidade de ar necessária à ventilação

o que acarretará uma variação dk no índice de CO_2 do ambiente, cujo volume V_a, sofrerá um aumento na sua quantidade de CO_2 igual a:

$$\frac{V_a \, dk}{100}.$$

Nessas condições, podemos escrever:

$$Nc\,d\tau + \frac{Vk_i\,d\tau}{100} - \frac{Vk\,d\tau}{100} = \frac{V_a\,d\tau}{100}$$

E, fazendo dk = d($k - k_i$) por ser k_i constante:

$$\frac{d\tau}{V_a} = \frac{d(k - k_i)}{100Nc - V(k - k_i)}.$$

A equação diferencial cuja integral entre os limites inicial k_i e máximo admissível k_f para o índice de CO_2, que devem verificar-se durante o tempo de ocupação total τ, nos fornece:

$$\ln\,[100Nc - V(k - k_i)]_{k_f}^{k_i} = -\frac{V}{V_a}\tau,$$

onde a relação $n = V/V_a$ recebe o nome de *índice de renovação de ar* do ambiente considerado.

Desse modo, podemos igualmente escrever:

$$e^{-n\tau} = \frac{10Nc - V(k_f - k_i)}{100Nc},$$

ou, ainda,

$$V = \frac{10Nc}{k_f - k_i}(1 - e^{-n\tau})\ m^3/h,$$

[1.14]

A Eq. [1.14] nos mostra que o volume de ar necessário à ventilação intermitente pode ser reduzido, em relação àquele correspondente à ventilação permanente, por meio do multiplicador $(1 - e^{-n\tau})$, o qual depende do tempo de ocupação do recinto (τ) e do índice de renovação de ar adotado.

Assim, para tempos de permanência superiores a 1 h, mesmo com baixos índices de renovação de ar ($n < 4$), a citada redução é inferior a 2% e pode ser desprezada.

Para o caso de outros contaminantes que não o CO_2, o cálculo da quantidade de ar necessária à ventilação é o mesmo, bastando conhecer deles a produção (ver a Tab. 1.7) e os limites de tolerância a serem adotados de acordo com a legislação (ver as Tabs. 1.5, 1.5a e 1.6), como nos mostra o Exemplo 1.3.

Tabela 1.7
Produção de contaminantes segundo a operação

Operação	Contaminante	Purificador	Produção
Trituração			
Moinho de alfafa	Pó de alfafa	Ciclone e câmara (85%)	13,4 kg/
Moinho de cevada	Pó de cevada	Ciclone (85%)	10,4 kg/
Moinho de cimento	Pó de cimento	Eletrostático (95% a 99%)	12 g/m^3
Peneiração de carvão	Pó de carvão	Lavador ventúri (99%)	2 g/m^3
Desbaste de granito	Pó de granito	Filtro de pano (99%)	0,07 g/m^3
Moinho, polpa de papel	Fumo de barrilha	Eletrostático (90% a 95%)	1 a 4,5 g/m^3
Purificador de ar de alimentador de trigo	Palha cortada	Ciclone (85%)	0,65 kg/
Destilação			
Fornalha recuperação, licor preto	Fumo de substância química	Lavador ventúri (90%)	2 a 6 g/m^3
Forno de coque	Alcatrão	Eletrostático (955 a 99%)	0,2 a 2 g/m^3
Caldeira recuperação, polpa de papel	Gás de dióxido de enxofre	Lavador ventúri (90%)	0,029% em volume
Destilação, madeira	Alcatrão e Ácido acético	Lavador ventúri (95%) Lavador ventúri e ciclone (99%)	38 g/m^3 3,3 g/m^3
Secagem, cozimento			
Secador rotativo de carvão ativado	Pó de carvão	Lavador ventúri (98%)	4,3 g/m^3
Secador a vapor de alumina	Pó de alumínio	Lavador de gás de tambor de ar (76%)	1,2 g/m^3
Regenerador de catalisador (petróleo)	Pó de catalisador	Ciclone + eletrostático (95%) Eletrostático (90% a 99%)	0,2 g/t 0,25-57 g/m^3
Secador de cimento	Pó de cimento	Eletrostático (95% a 99%)	2-35 g/m^3
Forno de cimento	Pó de cimento	Eletrostático (85% a 99%)	1-35 g/m^3
Forno de ustulação de caparrosa (minério)	Névoa de ácido sulfúrico	Lavador ventúri (99%)	7 g/m^3
Cozimento de caroço	Acroleína (óleo)		0,75 kg/L
Secador de pó detergente	Pó de detergente	Ciclone (85%)	30 kg/t

Tabela 1.7
Produção de contaminantes segundo a operação (*continuação*)

Operação	Contaminante	Purificador	Produção
Forno de cal de lodo	Pó de cal	Lavador ciclônico (97%)	17,5 g/m^3
Forno de cal bruta	Pó de cal	Lavador ventúri (99%)	16 g/m^3
Secador de polpa laranja	Pó de polpa	Ciclone (85%)	38 kg/t
Forno de secagem de areia	Pó de sílica	Ciclone (78%)	43 g/m^3
Secagem de areia e saibro	Pó de sílica	Coletor inercial (50%)	50 g/m^3
Secagem de areia e pedra	Pó de sílica	Lavador de torre (73-92%) Ciclone (74%)	8-15 g/m^3 13 g/m^3
Secagem de pedra	Pó de sílica	Ciclone (86%)	38 g/m^3
Forno de secagem de amido de tapioca	Pó de amido de tapioca	Filtro de pano (99%)	7,2 g/m^3
Tratamento térmico, recozimento			
Têmpera por óleo	Névoa de óleo		Consumo óleo
Misturas			
Mistura de asfalto	Pó de areia e saibro	Ciclone (50% a 86%)	13-87 g/m^3
Mistura de concreto	Pó de areia e pedra	Ciclone e lavador (95%)	9 g/m^3
Dosagem de cimento	Pó de cimento		2,6 kg/t
Manipulação de materiais fundidos			
Forno de ressudação de alumínio	Fumo de óxido de alumínio		35,5 kg/t
Fundição de latão	Fumo de óxido de zinco e de cobre		12,6 kg/t
Fornalha de ferro silício	Fumo de óxido de ferro	Lavador de torre (75%)	2,2 g/m^3
Forno rotativo para fundição	Fumo		8,5 kg/t
Fornalha de reverbero de vidro	Fumo		1,5 kg/t
Cadinho de fundição de ferro cinzento	Fumo de óxido de ferro, pó de coque	Filtros de manga (99%)	7,3 kg/t

Tabela 1.7
Produção de contaminantes segundo a operação (*continuação*)

Operação	Contaminante	Purificador	Produção
Forno de ferro cinzento	Fumo de óxido de ferro		9,6 kg/t
Alto-forno de ferro	Pó de minério e coque	Lavador ciclônico (99%)	7-55 g/m^3
Alto-forno de chumbo	Fumo de óxido de chumbo	Lavador ventúri (95%)	4,5-13,5 g/m^3
Fornalha de reverbero de chumbo	Fumo de óxido de chumbo e Estanho	Lavador ciclônico (98%) Lavador ventúri (91%)	1-4,5 g/m^3 2,3-7 g/m^3
Fundição de chumbo	Fumo de óxido de chumbo		18 kg/t
Fundição de magnésio	Fumo de óxido de magnésio		50 kg/t
Conversor Bessemer de aço	Pó de óxido de ferro e pó de carvão		5 kg/t
Forno a arco elétrico de aço	Fumo de óxido de ferro	Eletrostático (90%-99%)	16,5 kg/t 0,11-7 g/m^3
Forno elétrico de aço	Fumo de óxido de ferro	Lavador de deflexão (60%)	4,5 kg/t
Forno Siemens-Martin de aço	Fumo de óxido de ferro	Eletrostático (98%) Eletrostático (90-99%) Lavador ventúri (95%)	8,9 kg/t 0,11 g/m^3 2,3-14 g/m^3
Processo de jato de oxigênio, de aço	Pó de minério e de óxido de ferro	Desintegrador (99%)	23 kg/t
Forno de redução de óxido de zinco	Fumo de óxido de zinco		43,5 kg/t
Polimento e raspagem	Pó e limalha de ferro	Filtro de pano (98%)	0,022 g/m^3
Esmerilhamento (Al)	Pó de alumínio	Ciclone (89%)	1,6 g/m^3
Esmerilhamento (Fe)	Escama de ferro e areia	Ciclone (56%)	3,3 g/m^3
Esmerilhamento (oficina)	Pó	Precipitador inercial (91%)	0,025 g/m^3
Reações químicas			
Reator e misturador de fertilizantes	Pó de fertilizantes	Lavador (80%)	17,5 kg/t
Amoniador de fertilizantes (tipo TVA)	Gás de amônia		2 kg/t

Tabela 1.7
Produção de contaminantes segundo a operação (*continuação*)

Operação	Contaminante	Purificador	Produção
Concentrador de H_2SO_4	Névoa de H_2SO_4	Lavador ventúri (99%)	5 g/m³
Misturador superfosfatos	Compostos de flúor	Lavador ciclônico (98%)	11 g/m³
Tratamentos superficiais			
Revestimento por imersão e por pincel	Solventes orgânicos		60% do material consumido
Polvilhamento de borracha	Estearato de zinco Pó de talco	Prec. inercial (78%-88%) Filtro de pano (99%)	1,4-4 g/m³ 10 g/m³
Limpeza abrasiva	Pó de talco	Ciclone (93%)	5 g/m³
Rebarbação e modelagem abrasiva	Carbeto de silício e pó de óxido de alumínio	Ciclone (51%)	4 g/m³
Limpeza de peças fundidas	Pó de bronze e sílica Escamas Fe e areia	Filtro de pano (99%) Filtro de Pano (97-99%)	1 g/m³ 0,23-1,5 g/m³
Limpeza por jato-de granalha ou de areia	Pó metálico e de sílica	Prec. inercial (97-99%)	1,7-16 g/m³
Decapagem em tambor	Pó	Prec. inercial (99%)	0,65 g/m³
Chanfragem de aço	Pó de óxido de ferro		14,5 kg/t
Retificação e modelagem de produtos abrasivos	Pó de óxido de alumínio e sílica Pó de carbeto de boro Pó de carbeto Pó de silício e óxido de alumínio	Filtro de pano (99%) Filtro de pano (97%) Ciclone (58%) Filtro de pano (99%)	0,23-8,3 g/m³ 0,17 g/m³ 0,82 g/m³ 0,3-5,2 g/m³
Solda			
Solda a arco elétrico	Fumo de óxido de ferro		10-20 g/kg
Solda fraca	Fumo de óxido de chumbo		5 g/kg
Carpintaria			
Aplainamento em fresa	Pó e cavaco de madeira	Ciclone (97%)	

Tabela extraída do "Inventory of air contaminant emissions", do New York States Air Pollution Control Board e publicada na revista *Air Engineering* de dezembro de 1966.

EXEMPLO 1.3

Uma serralheria consome em soldas elétricas cerca de 40 kg de eletrodos por dia de 8 h de trabalho. Calcular as condições mínimas de ventilação a serem adotadas para o recinto.

Para o caso, as Tabs. 1.5a e 1.7 indicam:

- limite de tolerância, 10 mg/m^3;
- produção de contaminante, 10 a 20 mg/kg de eletrodo.

Nessas condições, tomando por medida de segurança a produção máxima, podemos calcular a quantidade de ar necessária para uma perfeita diluição do contaminante:

$$V = \frac{\text{Produção de contaminante (mg/h)}}{\text{Limite de tolerância (mg/m}^3\text{)}} = \frac{5 \text{ kg/h} \times 20 \text{ g/kg}}{0{,}010 \text{ g/m}^3} = 10.000 \text{ m}^3/\text{h}.$$

Para evitar velocidades excessivas no deslocamento do ar de ventilação, o ambiente em consideração deveria ter um volume da ordem de 500 m^3, o que caracterizaria um índice de renovação de ar $n = 20$.

Caso, em vez de uma ventilação geral diluidora, se adote uma ventilação local exaustora por meio de campânulas ou coifas, os números apontados poderão ser amplamente reduzidos (ver o Cap. 4).

EXEMPLO 1.4

Calcular a ventilação geral diluidora (por exaustão) a ser adotada numa fundição cuja capacidade é de 1 t de ferro cinzento a cada 8 h.

De acordo com a Tab. 1.7, a produção de contaminantes no caso é de 9,6 kg de fumo de óxido de ferro para cada tonelada de ferro cinzento. Ora, como a máxima concentração recomendada para os fumos de óxido de ferro é de 10 mg/m^3 (Tab. 1.5a), podemos calcular:

$$V = \frac{0{,}125 \text{ t/h} \times 9{,}6 \text{ kg/t}}{0{,}000010 \text{ kg/m}^3} = 12.000 \text{ m}^3/\text{h}.$$

Por outro lado, como o índice de renovação de ar do ambiente em consideração deve ser da ordem de $n = 20$, o volume recomendado será:

$$V_a = \frac{V \text{ (m}^3/\text{h)}}{n} = 60.000 \text{ m}^3.$$

Tal como no exemplo anterior, para reduzir os valores encontrados, a solução seria uma ventilação local exaustora (ver o Cap. 4).

Quantidade de ar necessária à ventilação

1.3.2 Conceito de ração de ar

Para locais onde a contaminação do ar se deve unicamente às pessoas que os ocupam, podemos calcular a quantidade de ar necessária à ventilação por meio de uma quantidade de ar recomendada por pessoa, em função da finalidade do ambiente a ventilar, a qual toma o nome de *ração de ar*.

Assim, de acordo com a NB-10, da Associação Brasileira de Normas Técnicas (ABNT), a respeito do assunto, podemos relacionar os valores que constam da Tab. 1.8.

TABELA 1.8
Ração de ar segundo a ABNT

Local	m³/h por pessoa Recomendável	m³/h por pessoa Mínimo	Concentração de fumantes
Bancos	17	13	Ocasional
Barbearias	25	17	Considerável
Salões de beleza	17	13	Ocasional
Bares	68	42	-
Cassinos, *grill-room*	45	35	-
Escritórios públicos	25	17	Alguns
Escritórios privados	42	25	Nenhum
Escritórios privados	51	42	Considerável
Estúdios	35	25	Nenhum
Lojas	17	13	Ocasional
Salas de hotéis	51	42	Grande
Residências	35	17	Alguns
Restaurantes	25	20	Considerável
Salas de diretores	85	50	Muito grande
Teatros, cinemas e auditórios	13	8	Nenhum
Teatros, cinemas e auditórios	25	17	Alguns
Salas de aula	50	40	Nenhum
Salas de reuniões	85	50	Muito grande
Aplicações gerais			
Por pessoa fumando	68	42	
Por pessoa não fumando	13	8	

Quando, além da ventilação necessária à respiração higiênica, se cogita melhorar as condições de conforto térmico do ambiente, agravadas no verão pelo metabolismo das pessoas, é preferível adotar uma ração de ar maior. Assim, para instalações de ventilação pura em teatros, cinemas, auditórios e demais locais sujeitos a uma grande concentração de pessoas, o código de obras da prefeitura municipal de Porto Alegre exige uma ração de ar de, no mínimo, 50 m³/h·pessoa.

EXEMPLO 1.5

Calcular a quantidade de ar necessária para a ventilação pura de um auditório de 12.000 m³, destinado a 1.500 pessoas.

Considerando que essa ventilação se destina não apenas a fornecer o ar necessário a uma boa diluição do ar ambiente contaminado pela respiração das pessoas, mas também a minorar as desfavoráveis condições de conforto térmico durante o verão, adotaremos a ração de ar exigida pelo Código de Obras da prefeitura municipal de Porto Alegre (50 m³/h·pessoa):

$$V = 1.500 \text{ pessoas} \times 50 \text{ m}^3/\text{h·pessoa} = 75.000 \text{ m}^3/\text{h}.$$

Lembrando que o calor sensível liberado por uma pessoa sentada, em repouso, é da ordem de 50 kcal/h, podemos dizer que essa ração de ar arrastaria o calor com uma diferença de temperatura de 3,5°C (ver o item 1.3.3).

Por outro lado, considerando que o ambiente tem um volume de 12.000 m³, o índice de renovação de ar da instalação em questão será:

$$n = \frac{V}{V_a} = \frac{75.000 \text{ m}^3/\text{h}}{12.000 \text{ m}^3} = 6{,}25 \text{ renovações por hora}.$$

1.3.3 Temperatura do ambiente

Quando se trata da ventilação permanente de ambientes onde são produzidas grandes quantidades de calor, mas sem grande poluição, como salas de máquinas, de caldeiras, de fornos, cozinhas, churrascarias, etc., ou mesmo ambientes sujeitos a grandes cargas de insolação, nos quais se deseja manter uma temperatura interna (t_r) pouco superior à do exterior (t_e), a quantidade de ar necessária nos será dada por:

$$V = \frac{Q}{\rho C_p (t_r - t_e)} \text{ m}^3/\text{h},$$

[1.15]

onde:

ρ é a massa específica do ar, que em condições ambientes médias vale 1,2 kg/m³;

C_p o calor específico à pressão constante do ar, que igualmente vale 1,009 kJ/kg·°C (0,241 kcal/kg·°C);

Q o calor a ser arrastado do ambiente, por meio da renovação do ar (em kJ/h ou kcal/h).

Quantidade de ar necessária à ventilação 33

O calor Q é igual à diferença entre a quantidade de calor produzida no recinto por todos os elementos que representam fontes de calor (como ocupantes, máquinas, fornos, aparelhos de iluminação, insolação, etc.) e a quantidade de calor trocada com o exterior por transmissão, em vista da diferença de temperatura recinto/exterior (ver mais detalhes no Cap. 2).

1.3.4 Índice de renovação do ar

Conforme já citado, a relação entre o volume do ar de ventilação que penetra no ambiente (m^3/h) e o volume deste (m^3) representa o número de vezes que o ar do recinto é renovado em uma hora e toma o nome de *índice de renovação do ar* (n).

Normalmente a ventilação natural tem um índice de renovação do ar da ordem de 1 a 2, embora, como veremos, disposições adequadas das aberturas de ventilação possam aumentar muito esse valor. Na ventilação artificial, o índice de renovação do ar atinge valores de 6 a 20.

Para valores de n superiores a 20, que podem ser considerados excepcionais, devem ser tomados cuidados especiais, a fim de se evitarem deslocamentos de ar com velocidades excessivas. De acordo com a ABNT (NB-10), a velocidade do ar na zona de ocupação, isto é, no espaço compreendido entre o piso e o nível de 1,5 m, deve ficar entre 0,025 e 0,25 m/s. Excepcionalmente será permitido ultrapassar os limites apontados, na vizinhança de grades de insuflamento ou de retorno que, por necessidade de construção, forem localizadas abaixo do nível de 1,5 m e no espaço normalmente ocupado por pessoas.

Para facilitar a seleção dos índices de renovação do ar a adotar em cada caso, a fábrica de ventiladores Clarage (EUA) recomenda os valores da Tab. 1.9, em que n é dado em função do tipo de ambiente a ventilar.

Tabela 1.9
Índices de renovação de ar

Ambiente	n
Auditórios, igrejas, túneis, estaleiros	6
Fábricas, oficinas, escritórios, lojas, salas de diversões	10
Restaurantes, clubes, garagens, cozinhas	12
Lavanderias, padarias, fundições, sanitários	20

1.4 Classificação dos sistemas de ventilação

De um modo geral, os sistemas de renovação do ar de um ambiente, podem ser classificados em:

- ventilação natural, ou espontânea;
- ventilação artificial ou forçada.

A *ventilação natural* ou espontânea é aquela que se verifica em virtude das diferenças de pressão naturais, ocasionadas pelos ventos e gradientes de temperaturas existentes, através das superfícies que delimitam o ambiente considerado. E a *ventilação artificial*, ou forçada, é aquela em que a movimentação do ar se faz por meios mecânicos. A ventilação forçada pode ser geral diluidora ou local exaustora.

A ventilação é *geral diluidora*, quando o ar novo se mistura com o ar ambiente, diluindo seus contaminantes, antes de estes serem retirados do recinto.

Quando o ambiente é limpo e se deseja mantê-lo a uma pressão superior à do exterior para evitar infiltrações indesejadas, o sistema de ventilação diluidora adotado é o de insuflamento com possibilidade de filtragem do ar.

Já quando o ambiente é sujo (fundições, oficinas, etc.) ou excessivamente quente (casas de máquinas, fornos, etc.), dá-se preferência à extração do ar do recinto, deixando-se que o ar exterior penetre por suas aberturas naturais. Nesse caso, classifica-se a ventilação em *geral, diluidora por exaustão*.

Quando, entretanto, nos sistemas de insuflamento de ar puro, devido à restrição da saída do ar, a sobrepressão no ambiente se torna muito elevada (chegando até a dificultar a abertura das portas externas), é interessante adotar-se uma solução mista de ventilação geral diluidora por insuflamento e exaustão simultaneamente.

Finalmente, para os casos em que os contaminantes são localizados e podem ser retirados (captados) antes que se espalhem pelo ambiente, como ocorre na maior parte das operações industriais, a ventilação mais indicada, por ser mais eficiente e econômica, é a ventilação *local exaustora*.

VENTILAÇÃO NATURAL

2.1 Ventilação por ação dos ventos

A ventilação natural pode ser provocada pela ação dos ventos. Esta, embora intermitente, ocasiona escalonamento das pressões externas no sentido horizontal, por vezes apreciável (Fig. 2.1).

Diferenças de pressão da ordem de 0,5 N/m^2 (0,05 mm H$_2$O) já são suficientes para obtermos correntes de ar satisfatórias, do ponto de vista da ventilação, desde que haja caminho adequado para elas.

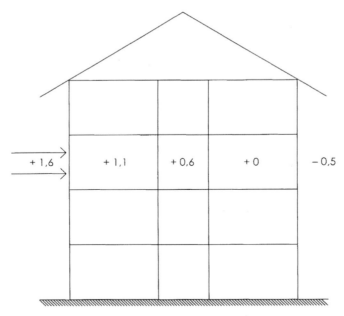

Figura 2.1 A ação dos ventos provoca diferenças de pressão, que podem ser utilizadas na ventilação natural.

Assim, lembrando que a diferença de pressão devido ao deslocamento do ar (pressão dinâmica) é dada pela energia acumulada por este por unidade de volume, ao passar do repouso para a velocidade correspondente c, podemos calcular:

$$p_c = \frac{c^2}{2}\rho \quad \text{ou} \quad p_c = \frac{c^2}{2g}\gamma. \qquad [2.1]$$

Com efeito, considerando que uma massa m de ar passe do repouso para uma velocidade c, num tempo τ podemos dizer que a energia cinética adquirida é dada por:

$$mal = m\frac{c}{\tau}\frac{c\tau}{2} = m\frac{c^2}{2}.$$

Ou, ainda, conforme definido, por unidade de volume, a pressão dinâmica é:

$$p_c = \frac{mc^2}{2V} = \frac{c^2}{2}\rho.$$

Nessas condições, podemos registrar para os ventos comuns, na prática, ao nível do mar e a uma temperatura de 20°C (ρ = 1,2 kg/m^3), as pressões dinâmicas que constam da Tab. 2.1.

Ventilação pela ação dos ventos

Tabela 2.1
Pressão dinâmica da velocidade dos ventos

Velocidade (km/h)	Velocidade (m/s)	Pressão dinâmica (N/m^2)	Pressão dinâmica (kgf/m^2)
5	1,39	1,16	0,118
10	2,78	4,63	0,472
20	5,56	18,50	1,887
30	8,33	41,70	4,252
40	11,11	74,10	7,556
50	13,89	115,80	11,808
60	16,67	166,70	17,000
70	19,45	226,90	23,140
80	22,22	296,30	30,210
90	25,00	375,00	38,240
100	27,78	463,00	47,210
110	30,56	560,19	57,123
120	33,33	666,67	67,980
130	36,11	782,41	79,783
140	38,89	907,41	92,530

Observação: velocidades superiores a 140 km/h podem erguer uma pessoa do solo.

A ventilação provocada pela ação dos ventos pode ser intensificada por meio de aberturas dispostas convenientemente. Assim, portas e janelas colocadas em paredes opostas e na direção dos ventos dominantes têm um importante papel na ventilação de certos ambientes.

Infelizmente, em certas regiões de clima tropical, os ventos não são permanentes e é na sua ausência que a ventilação se torna mais necessária, devido à intensificação das cargas de insolação. Nesses casos, não podemos contar com a ação dos ventos como recurso único para uma ventilação contínua e eficiente.

2.2 Ventilação por diferenças de temperatura

O aquecimento do ar de um ambiente provoca redução de sua massa específica, com a conseqüente formação de diferenças de pressão, em relação ao exterior, que se escaloram verticalmente, apresentando seu maior valor na parte superior (Fig. 2.2).

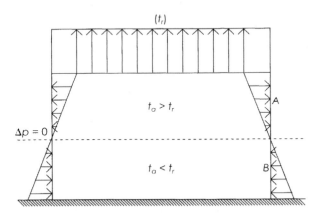

Figura 2.2 Escalonamento das diferenças de pressões no interior de um ambiente por aquecimento do ar.

Assim, a diferença de pressão criada por uma coluna de ar quente em um ambiente a uma temperatura t_2, superior à temperatura exterior t_1, depende dessas temperaturas e da altura da coluna. Trata-se do efeito de *termossifão* (ou de *chaminé*), que nada mais é do que o *princípio de Arquimedes* aplicado ao caso, o qual afirma que a massa de ar aquecida recebe um impulso, de baixo para cima, igual ao peso da massa de ar frio deslocada.

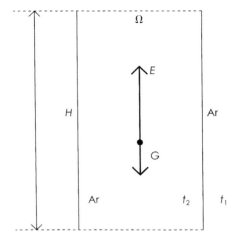

Figura 2.3 A diferença de pressão criada por uma coluna de ar quente em um ambiente gera o efeito temossifão.

Ventilação pela ação dos ventos

Assim, de acordo com a Fig. 2.3, podemos escrever:

$$\text{empuxo } E = \Omega H g \rho_+ \text{ N} = \Omega H \gamma_1 \text{ kgf};$$
$$\text{peso } G = \Omega H g \rho_2 \text{ N} = \Omega H \gamma_2 \text{ kgf};$$

$$\Delta_p = \frac{\text{empuxo} - \text{peso}}{\Omega} = Hg(\rho_1 - \rho_2) \text{ N/m}^2 = H(\gamma_1 - \gamma_2) \text{ kgf/m}^2. \qquad [2.2]$$

E lembrando que, de acordo com a lei de Gay Lussac [para maiores detalhes, ver Costa (9), Termodinâmica I], os pesos específicos ou as massas específicas dos gases são inversamente proporcionais às suas temperaturas absolutas, temos:

$$\frac{\gamma_1}{\gamma_0} = \frac{T_0}{T_1}; \quad \frac{\gamma_2}{\gamma_0} = \frac{T_0}{T_2}.$$

E podemos fazer:

$$\Delta p = Hg\rho_0 \left(\frac{T_0}{T_1} - \frac{T_0}{T_2} \right) \text{ N/m}^2 = H\gamma_0 \left(\frac{273}{T_1} - \frac{273}{T_2} \right) \text{ kgf/m}^2, \qquad [2.3]$$

onde, $\rho_0 = 1{,}2928$ kg/m^3 e $\gamma_0 = 1{,}2928$ kgf/m^3.

Assim, para as variações de temperaturas e desníveis usuais, na prática, a partir de uma temperatura exterior $t_1 = 32°C$, que consideraremos como a mais desfavorável do verão, podemos calcular os valores que constam da Tab. 2.2.

Tabela 2.2
Diferenças de pressão obtidas por termossifão

Diferença de temperatura	H (m)	Δp (N/m²)	Δp (kgf/m²)
3	2	0,2211	0,02255
	4	0,4422	0,04509
	10	1,1055	0,11273
	20	2,2109	0,22545
	30	3,3164	0,33818
6	2	0,4380	0,04466
	4	0,8759	0,08932
	10	2,1896	0,22328
	20	4,3793	0,44656
	30	6,5689	0,66984
10	2	0,7206	0,07348
	4	1,4412	0,14696
	10	3,6031	0,36741
	20	7,2061	0,73482
	30	10,8092	1,10223

Os valores da Tab. 2.2 mostram que as diferenças de pressão conseguidas com as variações de temperatura dos ambientes, em relação à temperatura exterior, são bem menores do que aquelas causadas pelos ventos. Mesmo assim, a característica de permanência dos fenômenos de aquecimento, que ocorre no primeiro caso, faz da solução do termossifão, enquanto sistema de ventilação natural, uma técnica muito mais segura do que aquela que aproveita os ventos.

Além disso, a ventilação natural provocada pelo efeito de tiragem pode ser intensificada jogando-se com os elementos que ocasionam a diferença de pressão estudada. Assim, aberturas dispostas como em A e B da Fig. 2.2, com o maior desnível possível, podem tornar adequada a ventilação do ambiente em consideração por simples diferença de temperatura (ver o Exemplo 2.2).

Como a diferença de nível entre as aberturas de entrada e saída do ar é importante, ela pode ser aumentada por meio de canais adicionais (chaminés de ventilação), técnica usual na ventilação de minas, túneis e mesmo ambientes industriais (Fig. 2.4).

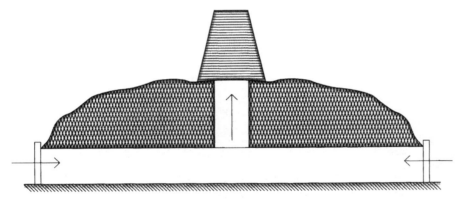

Figura 2.4 Chaminés de ventilação aumentam a diferença de nível entre a entrada e a saída do ar.

Solução semelhante consiste em colocar aberturas em coberturas (de residências, de pavilhões industriais, etc.), as quais além de ocasionar substancial acréscimo da ventilação natural, permitem o arrasto do calor de insolação das coberturas, causa de grande desconforto no verão, na maior parte dos nossos ambientes habitados. Para tanto, é indispensável o uso de um forro que permita o deslocamento de uma camada de ar entre este e a cobertura (Figs. 2.5), conforme analisaremos no item 2.2.2.

No caso de grandes ambientes industriais (fundições, siderúrgicas, etc.), onde o aquecimento preponderante é a carga térmica gerada no próprio ambiente, tornando-se a insolação da cobertura pouco significativa, ou o forro, por questões econômicas ou de segurança não for aceitável, a solução será uma cobertura com disposição *shed*, ou com lanternins providos de proteção fixa ou mesmo com regulagem (Figs. 2.6). Essa regulagem pode ser feita de uma maneira mais prática, nas aberturas inferiores, adotando-se venezianas móveis ou mesmo janelas do tipo basculante.

Ventilação pela ação dos ventos

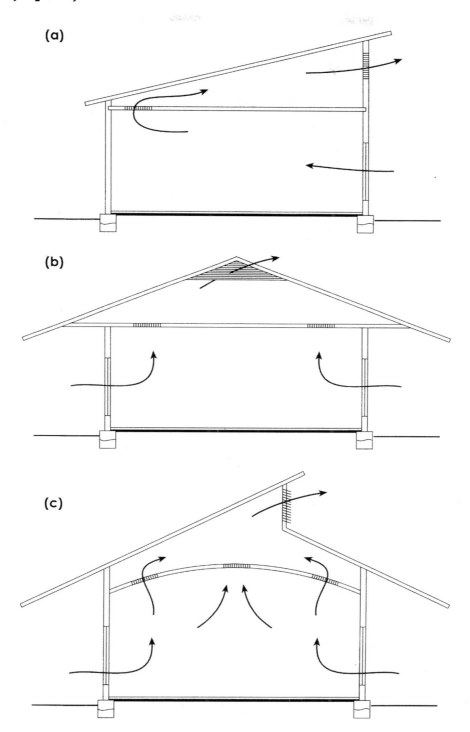

FIGURA 2.5 Aberturas no forro e no telhado melhoram substancialmente a ventilação natural.

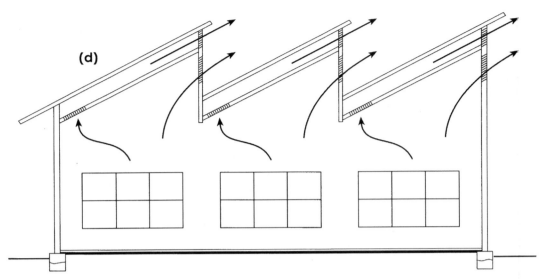

Figura 2.5 (continuação) Aberturas no forro e no telhado melhoram substancialmente a ventilação natural.

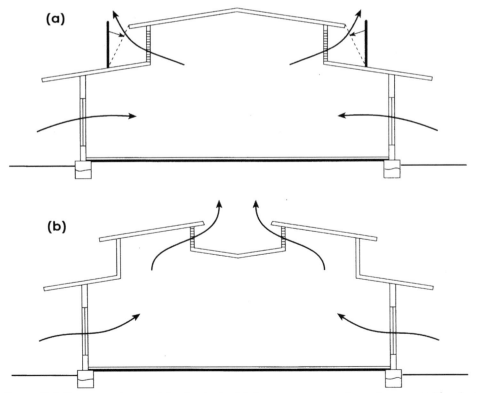

Figura 2.6 Em grandes ambientes industriais, que geram elevada carga térmica, coberturas tipo *shed* ou com lanternins solucionam a ventilação.

Ventilação pela ação dos ventos

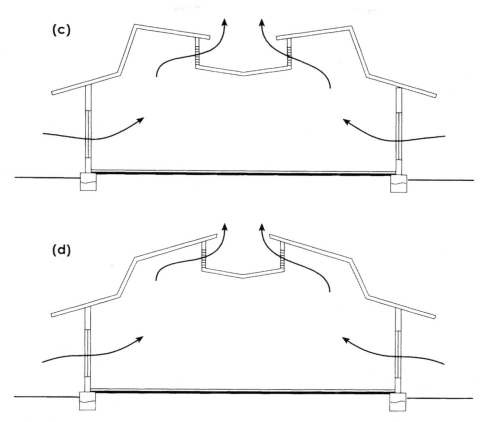

Figura 2.6 (continuação) Em grandes ambientes industriais, que geram elevada carga térmica, coberturas tipo *shed* ou com lanternins solucionam a ventilação.

2.2.1 Cálculo da ventilação por termossifão

O cálculo da ventilação natural por diferenças de temperatura consiste em identificar a pressão disponível devido ao termossifão, dada pela Eq. [2.3]:

$$\Delta p = 273 H g \rho_0 \left(\frac{T_2 - T_1}{T_2 T_1} \right) = 273 H \gamma_0 \left(\frac{T_2 - T_1}{T_2 T_1} \right), \qquad [2.3]$$

com as perdas de carga que se verificam no deslocamento do ar quente.

Tais perdas se devem em geral às aberturas de entrada e saída por onde obrigatoriamente passa o ar, como janelas, venezianas, lanternins, etc. E, de acordo com estudos da Mecânica dos Fluidos (Costa 8), elas são diretamente proporcionais à pressão dinâmica do ar relativa à velocidade deste pela abertura.

Desse modo, lembrando a Eq. [2.1], podemos escrever que essas perdas de pressão nos serão dadas, para uma velocidade de referência c, pela equação:

$$J = \Sigma \lambda \frac{c_2}{2} \rho_2 = \Sigma \lambda \frac{c_2}{2g} \gamma_2, \qquad [2.4]$$

em que:

J   é a perda global de pressão na passagem do ar pelas referidas aberturas; e

Σλ   o somatório dos coeficientes de atrito λ das diversas aberturas dispostas em série na passagem do ar.

Quando, por comodidade de projeto, as seções das passagens do ar em série não são pré-estabelecidas no mesmo tamanho (Ω, Ω_1, Ω_2) criando nelas diferentes velocidades de escoamento (c, c_1, c_2), podemos tomar a velocidade maior (c) como referência, e fazer simplesmente:

$$\lambda_1 = \lambda \frac{c_1^2}{c^2} = \lambda \frac{\Omega^2}{\Omega_1^2} \qquad \lambda_2 = \lambda \frac{c_2^2}{c^2} = \lambda \frac{\Omega^2}{\Omega_2^2},$$

de modo que,

$$\Sigma\lambda = \lambda + \lambda_1 + \lambda_2 = \lambda + \lambda \frac{\Omega^2}{\Omega_1^2} + \lambda \frac{\Omega^2}{\Omega_2^2}.$$

Assim, fazendo ainda

$$\rho_2 = \rho_0 \frac{T_0}{T_2},$$

a igualdade entre a diferença de pressão disponível e a perda de carga fornece

$$Hg\rho_0 T_0 \frac{T_2 - T_1}{T_2 T_1} = \Sigma\lambda \frac{c^2}{2} \rho_0 \frac{T_0}{T_2},$$

donde

$$c = \sqrt{\frac{2gH(T_2 - T_1)}{\Sigma\lambda T_1}}. \qquad [2.5]$$

Observação: no caso de seções de passagem diferentes, de acordo com o que foi exposto, a velocidade *c* encontrada será a de referência (menor seção), sendo as demais uma decorrência das proporções Ω/Ω_1 e Ω/Ω_2, pré-estabelecidas para as demais seções.

2.2.2 Termossifão para diluição do calor ambiente

Na ventilação natural por termossifão em ambientes cuja carga térmica de aquecimento é elevada devido a grandes concentrações de pessoas, ou à presença de máquinas e equipamentos que dissipam grandes quantidades de calor, a vazão do ar de ventilação é fixada pela elevação de temperatura aceitável para o local, como ficou esclarecido no item 1.3.3.

Assim, de acordo com a Eq. [1.15], para a vazão que passa pela seção Ω com uma velocidade *c* m/s, podemos escrever:

Ventilação pela ação dos ventos

$$V = 3.600c\Omega = \frac{Q}{\rho Cp(T_2 - T_1)}, \quad [2.6]$$

de onde decorre uma nova expressão para a velocidade de deslocamento do ar pelas aberturas de ventilação, causa das perdas de cargas citadas inicialmente:

$$c = \frac{V \text{ m}^3/\text{h}}{3.600\Omega} = \frac{Q}{3.600\Omega\rho Cp(T_2 - T_1)} \text{ m/s.} \quad [2.7]$$

Essa equação, juntamente com a Eq. [2.5], nos permite calcular:

$$\Omega = \sqrt{\frac{Q^2}{H(T_2 - T_1)^3} \frac{\Sigma\lambda T_1}{2g3.600^2 \rho^2 Cp^2}} \text{ m}^2, \quad [2.8]$$

ou, ainda, como verificação, para instalações já projetadas cujas características Q, H, Ω e $\Sigma\lambda$ são conhecidas, determinar qual a diferença de temperatura entre o ambiente e o exterior:

$$\Delta T = T_2 - T_1 = t_2 - t_1 = \sqrt[3]{\frac{Q^2 \Sigma\lambda T_1}{H\Omega^2 2g3.600^2 \rho^2 Cp^2}}. \quad [2.9]$$

Os valores de λ a adotar para as diversas aberturas são os que se seguem:

- aberturas livres, 1,5;
- aberturas protegidas por telas ou venezianas com 70% de área livre, 3,0;
- aberturas protegidas por telas ou venezianas com 50% de área livre, 6,0;
- lanternins, pode-se usar o somatório dos λ correspondentes às passagens que os caracterizam.

Na prática é preferível calcular a área livre da seção de passagem Ω a ser adotada e corrigi-la no final, de acordo com o coeficiente de área livre ou as características construtivas que forem adotadas na sua elaboração.

Na realidade, nos problemas que mais ocorrem, a carga térmica de aquecimento do ambiente (Q) pode ser calculada facilmente, e os valores de H, $\Sigma\lambda$ e ΔT podem ser estipulados em projeto, de modo que a orientação de cálculo mais simples seria (ver também o item 2.2.4):

a) calcular o volume de ar (V) necessário para a diluição da carga térmica do ambiente, de acordo com a Eq. [1.15] ou a [2.6];
b) calcular a velocidade c disponível pelo termossifão, dada pela Eq. [2.5];
c) calcular a área livre Ω de referência para as diversas passagens do ar;
d) corrigir as diversas áreas de passagem, de acordo com o tipo de construção (coeficiente de área livre) adotado para cada uma delas, respeitando a área livre de referência calculada no item anterior.

EXEMPLO 2.1

Dimensionar as aberturas para a ventilação natural por termossifão do pavilhão de uma aciaria (Aços Finos Piratini S.A.), cujas características são:

- entradas de ar pela parte inferior, por venezianas, com 70% de área livre;
- saídas de ar na parte superior por lanternins venezianados, com 70% de área livre;
- dimensões do pavilhão
  - comprimento, 163 m,
  - largura, 107 m,
  - altura média, 26 m,
  - volume do ambiente, $V_a = 453.500$ m³;
- desnível centro a centro entre as venezianas inferiores e as venezianas dos lanternins superiores, 28,6 m;
- carga térmica global do ambiente, incluindo insolação, ocupantes, iluminação e equipamentos, 50.240.000 kJ/h (12.000.000 kcal/h).

Solução

Arbitraremos a temperatura externa mais desfavorável como $t_1 = 32°C$ e, em vista da magnitude da carga térmica do ambiente, consideraremos para uma solução racional, em termos de dimensões, uma elevação da temperatura do ambiente em relação à do exterior como 8°C, de modo que t_2 será igual a 40°C.

Nessas condições, de uma maneira direta, podemos calcular:

$$\Delta p = H g \rho_0 T_0 \frac{T_2 - T_1}{T_2 T_1} = 28,6 \times 9,80665 \times 1,2928 \times 273 \frac{8}{313 \times 305} = 8,2954 \text{ N/m}^2.$$

Ou, igualmente:

$$\Delta p = H \gamma_0 T_0 \frac{T_2 - T_1}{T_2 T_1} = 28,6 \times 1,2928 \times 273 \frac{8}{313 \times 305} = 0,8459 \text{ kgf/m}^2.$$

E, considerando as aberturas pelas suas áreas livres ($\Sigma \lambda = 1,5 + 1,5 = 3$), podemos definir a velocidade de referência:

$$c = \sqrt{\frac{2gH(T_2 - T_1)}{\Sigma \lambda T_1}} = \sqrt{\frac{2 \times 9,80665 \times 28,6 \times 8}{3 \times 305}} = 2,215 \text{ m/s}.$$

E, a partir da vazão do ar de ventilação, calculada para a temperatura de 32°C:

$$\rho = \rho_0 \frac{T_1}{T_0} = 1,2928 \frac{313}{273} = 1,16 \text{ kg/m}^3;$$

$$\gamma = \gamma_0 \frac{T_1}{T_0} = 1,16 \text{ kgf/m}^3;$$

$$V = \frac{Q}{\rho C p (T_2 - T_1)} = \frac{50.240.000 \text{ kJ/h}}{1,16 \times 1,009 \times 8} = \frac{12.000.000 \text{ kcal/h}}{1,16 \times 0,241 \times 8} = 5.365.575 \text{ m}^3/\text{h},$$

Ventilação pela ação dos ventos

podemos calcular a área livre das aberturas de passagem do ar de ventilação, diretamente ou por meio da equação geral [2.8]:

$$\Omega = \frac{V}{3.600c} = \sqrt{\frac{Q^2 \Sigma \lambda T_1}{H(T_2 - T_1)^3 3.600^2 2g\rho^2 Cp^2}} = 672,9 \text{ m}^2.$$

Como verificação da exatidão do dimensionamento feito, podemos ainda calcular:

$$\Delta T = \sqrt[3]{\frac{Q^2 \Sigma \lambda T_1}{H\Omega^2 \cdot 3.600^2 \cdot 2g\rho^2 Cp^2}} = 8°C.$$

Observações

a) Como a área calculada define a área livre das aberturas, para 70% de área livre, o valor achado anteriormente deverá ser dividido por 0,7. Assim, tanto as venezianas de entrada do ar como os lanternins de saída deverão ter uma área global de 961,3 m² cada um.

b) Na saída, o ar assume uma temperatura 8°C maior e, portanto, um volume levemente superior, de modo que exigiria uma abertura também maior; mas, como a perda de carga nesse caso também sofre uma redução, tal correção foi negligenciada.

c) Como o ambiente mantém uma temperatura superior à do exterior, sua carga térmica sofre uma redução em virtude das perdas de calor através das superfícies que o delimitam, perdas essas que não foram levadas em conta, em favor da segurança do projeto.

d) A solução correspondente a esse projeto é a da Fig. 2.6(a).

EXEMPLO 2.2

Calcular as aberturas para ventilação natural por termossifão de um sanitário individual com 2 m² de área piso e pé-direito de 2,5 m.

Solução

Como índice de renovação de ar do sanitário adotaremos o valor recomendado pela Tab. 1.9, isto é, $n = 20$ e, portanto, $V = 20 \times 5 \text{ m}^3 = 100 \text{ m}^3/\text{h}$. Consideraremos, ainda, que uma pessoa em atividade moderada libera pelo seu metabolismo cerca de 210 kJ/h (50 kcal/h) de calor sensível.

Nessas condições, para a temperatura $t_1 = 32°C$, podemos calcular:

$$\Delta T = \frac{Q \text{ kJ/h}}{\rho CpV} = \frac{Q \text{ kcal}}{\gamma CpV} = \frac{210}{1{,}16 \times 1{,}009 \times 100} = \frac{50}{1{,}16 \times 0{,}241 \times 100} = 1{,}79^\circ\text{C},$$

$$c = \sqrt{\frac{2gH\Delta T}{\Sigma\lambda T_1}} = \sqrt{\frac{2 \times 9{,}80665 \times 2 \times 1{,}79}{3 \times 305}} = 0{,}277 \text{ m/s},$$

De onde, finalmente, obtemos as áreas livres para as aberturas de ventilação:

$$\Omega = \frac{V}{3.600c} = \frac{100}{3.600 \times 0{,}277} = 0{,}100 \text{ m}^2.$$

Adotando aberturas venezianadas de alumínio com 60% de área livre, a área global para a passagem do ar desse sistema de ventilação, tanto na entrada como na saída, deverá ser de 0,168 m².

A abertura de entrada pode ser localizada na parte de baixo da porta do sanitário, enquanto que a de saída deve ser em parede de divisa com uma área externa ou poço de ventilação, mantendo-se obrigatoriamente entre as duas uma distância centro a centro de, no mínimo, $H = 2$ m, que serviu de base para os cálculos anteriores.

EXEMPLO 2.3

Calcular o sistema de ventilação natural por termossifão básico para as antecâmaras de proteção contra incêndios.

Este problema é idêntico ao anterior e serviu de orientação para a elaboração das normas NBR 9077 da ABNT. A antecâmara foi fixada em 10 m² de piso com um pé-direito de 2,5 m ($V_a = 25$ m³) para uma lotação de cinco pessoas. Os dados registrados são os que seguem:

- As antecâmaras devem ter aberturas de entrada de ar junto ao piso e de saída de ar junto ao forro, com área global mínima de 5 × 0,168 = 0,84 m² com 60% de área livre e na proporção máxima de 1:4 quando retangulares.

- Entre as aberturas de entrada e saída de ar das antecâmaras deve haver uma distância vertical mínima de 2 m, medida eixo a eixo.

- As aberturas das antecâmaras serão interligadas por dutos verticais, ao longo dos N pavimentos a serem ventilados, um para as entradas e outro para as saídas, com seção mínima de $\Omega_v = 0{,}21$ N·m², e não inferior a 0,84 m².

- O duto vertical com as entradas de ar puro será aberto unicamente na parte inferior, preferentemente no subsolo, em zona protegida de eventual incêndio.

- O duto vertical com as saídas de ar usado será aberto unicamente na parte superior, devendo seu topo ultrapassar em altura, no mínimo, 1 m qualquer elemento construtivo existente na cobertura; e sua abertura de saída efetiva, quando protegida da chuva, deve ser 1,5 vezes a área da seção do duto.

Ventilação pela ação dos ventos

2.2.3 Termossifão para arrasto do calor das coberturas

Transmissão de calor

Com o objetivo de caracterizar bem os elementos estritamente necessários para resolver os problemas relacionados com o arrasto do calor de insolação, faremos a seguir uma rápida explanação sobre transmissão de calor.

Transmissão de calor é o processo através qual o calor, pelo efeito de gradientes de temperatura, passa de um corpo para outro. Quando o fluxo é contínuo, o calor transmitido é diretamente proporcional à superfície de contato entre os corpos e à diferença de temperatura, de modo que, de uma maneira geral, podemos escrever:

$$Q = KS\Delta t \text{ kJ/h (kcal/h)}, \qquad [2.10]$$

onde K é o coeficiente geral de transmissão de calor, dado em kJ/m$^2\cdot$°C$\cdot$h (kcal/m$^2\cdot$°C$\cdot$h).

A relação entre a diferença de potencial térmico (Δt) e a intensidade do fluxo térmico (Q), à semelhança do que ocorre em eletricidade, recebe o nome de *resistência térmica*:

$$R_t = \frac{\Delta t}{Q} = \frac{1}{KS} \text{ h}\cdot\text{°C/kJ} \text{ (h}\cdot\text{°C/kcal)}. \qquad [2.11]$$

A passagem de calor de um corpo para outro pode acontecer por condução, por convecção ou por irradiação.

Condução

A condução é a passagem do calor no interior dos corpos em geral sólidos, devendo-se a transmissão unicamente ao movimento microscópico de suas moléculas, sem deslocamento da matéria.

Nesse caso, a transmissão de calor é inversamente proporcional à espessura dos corpos, de modo que a equação geral [2.10], toma a forma:

$$Q = \frac{k}{l} S \ \Delta t \text{ kJ/h (kcal/h)}, \qquad [2.12]$$

onde:

l é a espessura citada; e
k o coeficiente de condutividade interna, cuja unidade é kJ$\cdot$m/m$^2\cdot$h$\cdot$°C (kcal$\cdot$m/m^2 h$\cdot$°C).

Os valores de k dependem essencialmente da natureza do material, sobretudo de sua massa específica ou porosidade e da temperatura. A Tab. 2.3 registra os valores médios de k que interessam para o estudo que nos propomos.

Tabela 2.3
Valores médios de k para diversos materiais

Material	k (kJ·m/m²·h°C)	k (kcal·m/m²h·°C)
Concreto	5,02	1,20
Cimento-amianto	1,47	0,35
Duratex ou madeira aglomerada rígida	0,63	0,15
Lã de vidro	0,19	0,045
Eucatex isolante ou madeira aglomerada leve	0,18	0,043
Poliestireno expandido	0,13	0,03
Poliuretano em espuma rígida	0,11	0,025
Vidro	2,72	0,65
Ferro	250,00	60,00
Alumínio	728,00	174,00

Convecção

A transmissão de calor por convecção está diretamente relacionada ao movimento dos fluidos, que são os corpos nos quais se verifica esse tipo de transmissão.

Entretanto como, junto às superfícies (subcamada laminar) com as quais os fluidos estão em contato, a transmissão de calor vai depender também de sua condutividade, normalmente esse tipo de transmissão de calor é caracterizado por um coeficiente de proporcionalidade, dito *de película* α_c, que nos permite escrever:

$$Q = \alpha_c S \Delta t \text{ kJ/h (kcal/h)}, \qquad [2.13]$$

$$R_t = \frac{\Delta t}{Q} = \frac{1}{\alpha_c S} \text{ h·°C/kJ (h·°C/kcal)}. \qquad [2.14]$$

O valor de α_c depende do fluido, das temperaturas deste e da parede, da natureza e dimensões da parede, da natureza e da velocidade do movimento e eventualmente da mudança de fase do fluido se for o caso.

Irradiação

Na *irradiação*, por sua vez, o calor é transmitido por meio de ondas eletromagnéticas semelhantes às da luz, mas com comprimentos compreendidos entre 0,1 e 100 μm. Quando uma radiação calorífica atinge uma superfície, uma parcela (*a*) desse calor pode ser absorvida, outra (*r*) pode ser refletida, e a parcela restante (*t*), que depende da transparência da superfície, pode se transmitir através desta.

Ventilação pela ação dos ventos

A avaliação do calor transmitido por radiação pode se feita pelo chamado *coeficiente de transmissão de calor por radiação* (α_i), o qual depende dos seguintes fatores:

- F_a fator de forma ou configuração, que caracteriza a disposição da superfície envolvente em relação à superfície envolvida, e que usualmente vale 1;
- F_e fator de emissividade, caracterizado pelas emissividades das superfícies ($\xi = \sim a$) e suas respectivas dimensões;
- σ_n constante de irradiação de um corpo negro;
- θ fator de temperatura, que depende do cubo da diferença das temperaturas absolutas das superfícies, podendo ser tanto superior como inferior a 1.

Na prática, os processos de transmissão de calor por convecção e radiação criam fluxos de calor em paralelo que podem ser somados, de modo que podemos adotar um coeficiente de transmissão de calor global, entre o fluido e a superfície, misto de película e radiação, que é designado como de *condutividade externa*, dado simplesmente por:

$$\alpha = \alpha_c + \alpha_i \text{ kJ/m}^2\cdot\text{h}\cdot{}^\circ\text{C (kcal/m}^2\cdot\text{h}\cdot{}^\circ\text{C)}.$$

No nosso caso, são particularmente importantes os valores de α que se verificam nas coberturas e forros das habitações.

É interessante salientar que, numa superfície horizontal, quando a transmissão de calor se dá para cima, ela é auxiliada pelo movimento convectivo, de modo que o valor de α é maior do que aquele correspondente a uma transmissão de calor para baixo (Tab. 2.4).

Tabela 2.4
Coeficientes de condutividade externa do calor

Situação	$\alpha = \alpha_c + \alpha_i$	
	kJ/m²·h·°C	kcal/m²·h·°C
Ar contra superfícies horizontais, internamente para cima	37,68	9
Ar contra superfícies horizontais, internamente para baixo	20,93	5
Ar contra superfícies horizontais, externamente para cima	62,80 a 104,67	15 a 25
Ar contra superfícies horizontais, externamente para baixo	29,31 a 54,43	7 a 13

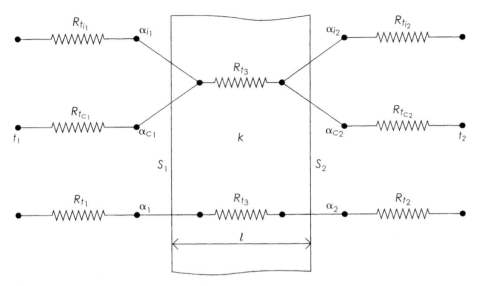

Figura 2.7 Condução, convecção e irradiação estão presentes simultaneamente na maioria dos processos de transmissão de calor.

Na maior parte dos casos que se verificam na prática, intervêm os três processos de transmissão de calor simultaneamente (Fig. 2.7). Assim, de acordo com o conceito de resistência térmica podemos fazer:

$$R_{t_1} = \frac{1}{\alpha_1 S} = \frac{1}{(\alpha_{1_i} + \alpha_{1_c})S};$$

$$R_{t_2} = \frac{1}{\alpha_2 S} = \frac{1}{(\alpha_{2_i} + \alpha_{2_c})S};$$

$$R_{t_3} = \frac{l}{kS}.$$

E a resistência térmica global - que será a soma das resistências parciais em série - será dada por:

$$R_t = R_{t_1} + R_{t_2} + R_{t_3} = \frac{1}{\alpha_1 S} + \frac{1}{\alpha_2 S} + \frac{l}{kS}. \qquad [2.15]$$

Isto é:

$$Q = KS\Delta t = \frac{1}{\frac{1}{\alpha_1} + \frac{1}{\alpha_2} + \frac{l}{k}} S(T_1 - T_2), \qquad [2.16]$$

de onde obtemos o coeficiente geral de transmissão:

$$K = \frac{1}{\frac{1}{\alpha_1} + \frac{1}{\alpha_2} + \frac{l}{k}}. \qquad [2.17]$$

Ventilação pela ação dos ventos

Tratando-se, ainda, de uma parede composta, a mesma equação pode ser usada, substituindo-se apenas o valor l/k pelo somatório $\Sigma\ l/k$. Os valores de K que nos interessam para resolver os problemas de arrasto do calor de insolação sobre as coberturas estão resumidos na Tab. 2.5.

TABELA 2.5
Coeficiente geral de transmissão de calor

Coberturas e forros	K	
	kJ/m²h·°C	kcal/m²h·°C
Clarabóias de vidro simples de 4 mm	15,07	3,60
Clarabóias de dois vidros de 4 mm	6,20	1,48
Coberturas de telhas de cimento de 2 cm	14,26	3,40
Coberturas de telhas de barro de 2 cm	13,92	3,33
Coberturas de telhas de metal	15,12	3,61
Coberturas de telhas cimento amianto de 6 mm	14,24	3,40
Coberturas de telhas em sanduíche de 25 mm, de poliuretano	3,27	0,78
Coberturas de telhas em sanduíche de 40 mm, de poliuretano	2,22	0,53
Forros de Duratex ou madeira aglomerada rígida, de 6 mm	9,50	2,27
Forros de Eucatex ou madeira aglomerada, de 25 mm	4,40	1,05
Forros de espuma rígida de poliuretano, de 25mm	2,97	0,71
Forros de espuma rígida de poliuretano, de 50 mm	1,83	0,44
Forro de espuma rígida de poliuretano, de 75 mm	1,26	0,30
Forros de poliestireno expandido, de 25 mm	3,39	0,81
Forros de poliestireno expandido, de 50 mm	2,03	0,48
Forros de poliestireno expandido, de 75 mm	1,44	0,35

Insolação

O Sol emite radiações cujo espectro corresponde aproximadamente à emissão de um corpo negro a 6.000 K. Essas radiações atingem a camada externa de nossa atmosfera com uma intensidade bastante reduzida – 4.865,9 kJ/m^2•h (1.162,2 kcal/m^2•h) –, intensidade essa chamada de *constante solar*.

Ao atravessar a atmosfera, mesmo perpendicularmente (o que só pode ocorrer às 12 horas e em certas épocas do ano, na zona tropical), a intensidade das radiações solares sofre ainda uma redução adicional devido à transparência do ar, a qual, em dias completamente límpidos e sem poluição, é em média de 25%. Portanto a radiação solar máxima sobre a superfície horizontal de nosso planeta, ao nível do mar, é de 3.649,2 kJ/m^2•h (871,65 kcal/ m^2•h).

Na cidade de Porto Alegre, situada a 30° de latitude sul (portanto levemente afastada da zona tropical), essa radiação solar máxima sobre as superfícies horizontais (coberturas) verifica-se às 12 horas no solstício de verão (declinação do Sol igual a 23°27') e vale 3.617,4 kJ/m^2•h (864 kcal/m^2•h).

O calor de radiação do Sol que atravessa uma superfície horizontal (coberturas das habitações) pode ser avaliado, de uma maneira bastante prática, considerando-se uma diferença de temperatura adicional hipotética devido à radiação Δt_i, que chamaremos de *diferença de temperatura de insolação*.

Assim, devido à insolação imaginaremos que, para efeito de cálculo da transmissão de calor, a temperatura externa (t_e) assuma um valor t'_e tal que:

$$t'_e = t_e + \Delta t_i.$$

Chamando de E a intensidade do calor recebido por radiação solar e de a o coeficiente de absorção da superfície que, aquecida, assume a temperatura t_p, devolvendo para o meio externo a temperatura t_e, por condutividade externa (convecção + irradiação), uma parcela desse calor dada pelo coeficiente α_e, podemos escrever que o calor realmente transmitido pela superfície horizontal será dado por (Fig. 2.8):

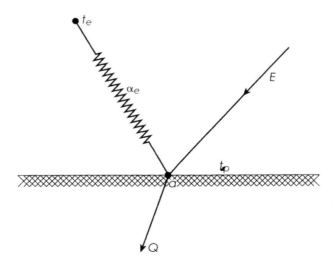

Figura 2.8 A parcela Q é o calor de fato transmitido pela superfície horizontal.

Ventilação pela ação dos ventos

$$Q = aE - \alpha_e(t_p - t_e).$$ [2.18]

Esse calor, de acordo com a hipótese acima de temperatura adicional devida à radiação, para uma superfície opaca, também deve ser igual a:

$$Q = \alpha_e(t'_e - t_p),$$

de onde podemos concluir que:

$$\Delta t_i = t_e' - t_e = \frac{aE}{\alpha_e}.$$ [2.19]

O valor do coeficiente de condutividade externa do calor α_e varia muito com a temperatura e a velocidade de deslocamento do ar. Mas, para a transmissão de calor de superfícies planas horizontais para cima, podemos tomar como valor médio 83,74 kJ/m^2•°C•h (20 kcal/m^2•°C•h).

A Eq. [2.18] permite calcular a temperatura máxima assumida por uma superfície plana, horizontal ao Sol, a qual se verifica para $Q = 0$, isto é:

$$t_p \text{ máxima} = \frac{aE}{\alpha_e} + t_e,$$ [2.20]

que vai depender essencialmente de a e de α_e.

Assim, para um terraço de cor média ($a = 0{,}75$), a temperatura máxima que pode ser atingida, num ambiente a 32°C, é 64°C. Para o caso de painéis pretos ($a = 0{,}95$) de captação de energia solar, protegidos por uma camada de vidro ($t = 0{,}85$), o valor de α_e da Eq. [2.20] assume a grandeza de um coeficiente geral de transmissão de calor K.

Embora teoricamente o valor de K para a proteção de um vidro de 4 mm seja 9,2 kJ/m^2•h•°C (2,2 kcal/m^2•h•°C) e para dois vidros de 4 mm seja 5,0 kJ/m^2•h•°C (1,2 kcal/m^2•h•°C), na realidade, devido à grande elevação de temperatura que intensifica a radiação para o exterior do calor recebido pela superfície preta, a expectativa é de que esses valores sejam da ordem de 25 a 37 kJ/m^2•h•°C (6 a 9 kcal/m^2•h•°C), para o caso de vidro simples, e da ordem de 17 a 25 kJ/m^2•h•°C (4 a 6 kcal/m^2•h•°C) para o caso de vidros duplos. Nessas condições, podemos calcular, para uma proteção de uma placa de vidro, uma temperatura máxima de:

$$t_p \text{ máxima} = \frac{0{,}95 \times 864 \times 0{,}85}{6 \text{ a } 9} + 32 = 110 \text{ a } 165°C.$$

O mesmo painel, protegido com duas placas de vidro, separadas por um espaço de ar, permitiria atingir uma temperatura de 131 a 196°C.

No caso de superfícies transparentes (clarabóias), além do calor transmitido para o interior à temperatura t_i, que obedece a expressão geral da transmissão de calor:

$$Q = KS\Delta t = KS(t_e' - t_i) = KS\left(\frac{aE}{\alpha_e} + t_e - t_i\right).$$

Devemos levar em conta o calor que passa em função da transparência. Assim, considerando para uma clarabóia os coeficientes:

- de transparência, $t = \sim 0{,}85$;
- de absorção, $a = \sim 0{,}07$
- de reflexão, $r = \sim 0{,}08$,

podemos escrever (Fig. 2.9):

$$Q'' = E_t,$$

de modo que, no total, teremos, por metro quadrado de superfície:

$$Q = Q' + Q'' = K\left(\frac{aE}{\alpha_e} + t_e - t_i\right) + Et = K(t_e - t_i) + \left(\frac{Ka}{\alpha_e} + t\right)E, \qquad [2.21]$$

em que $(Ka/\alpha_e) + t$ recebe o nome de *fator solar* da clarabóia.

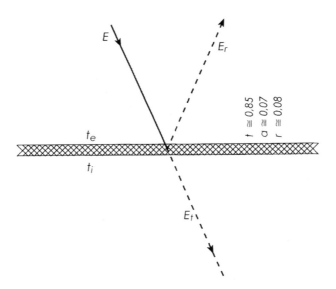

Figura 2.9 Parte do calor que incide sobre uma superfície transparente penetra no ambiente.

Realmente, observando a Eq. [2.21], notamos que o fator solar representa um acréscimo na penetração de calor (devida unicamente à insolação), além daquela que ocorre normalmente sem a radiação solar. Como esse acréscimo na transmissão de calor devido à insolação pode ser calculado pela diferença de temperatura de insolação Δt_i definida anteriormente, podemos fazer:

$$K\Delta t_i = \left(\frac{Ka}{\alpha_e} + t\right)E,$$

Ventilação pela ação dos ventos

de onde:

$$\Delta t_i = \left(\frac{a}{\alpha_e} + \frac{t}{K} \right) E, \qquad [2.22]$$

Assim, considerando o coeficiente total de transmissão de calor através do vidro como $K = 3{,}6$ kcal/m$^2 \cdot$°C$\cdot$h (Tab. 2.5), podemos calcular para a mesma:

$$\Delta t_i = \left(\frac{0{,}07}{20} + \frac{0{,}85}{3{,}6} \right) 864 = 207°\,\text{C}.$$

Para as demais superfícies opacas, comuns em coberturas, os valores de Δt_i em função de a, e para um valor médio de $\alpha_e = 20$ kcal/ m$^2 \cdot$°C$\cdot$h, constam da Tab. 2.6.

Observação: para maiores detalhes sobre os coeficientes de transmissão de calor K e α usados neste capítulo ver Costa (1 e 12).

Tabela 2.6
Diferenças de temperatura por radiação solar

Cobertura	a	Δt_i
Telhas de cimento amianto enegrecidas pelo tempo	0,88	38°C
Telhas de cimento amianto vermelhas	0,82	35
Telhas de cimento amianto normais	0,70	30
Telhas de cimento amianto pintadas de branco	0,50	22
Telhas de barro vermelhas	0,82	35
Telhas de alumínio polidas	0,50	22
Telhas de alumínio oxidadas	0,82	35

Proteção contra insolação

A principal causa do desconforto térmico das habitações no verão é a insolação, sobretudo aquela que incide sobre as coberturas. Embora a proteção contra a insolação das coberturas possa ser feita por meio de isolamento térmico – e de outras técnicas que não recomendamos por sua pouca praticidade, como o uso de materiais reflexivos, lâminas de água e mesmo materiais de grande inércia térmica –, a solução mais econômica e permanente consiste sem dúvida no emprego de uma camada de ar móvel junto à cobertura, o que se consegue com um forro adequadamente projetado.

É o que se depreende do estudo comparativo da penetração de calor por insolação que ocorre nas diversas coberturas, que faremos a seguir.

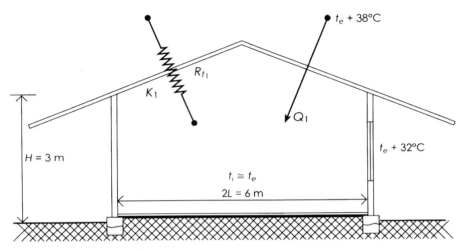

Figura 2.10 Cálculo do calor que penetra em uma residência sem forro.

Considerando a temperatura interna da habitação igual à temperatura externa de 32°C, para coberturas simples, a penetração de calor será dada simplesmente por (Fig. 2.10):

$$Q = K_{\text{cobertura}} \, \Delta t_i, \qquad [2.23]$$

de modo que as Tabs. 2.5 e 2.6 nos permitem calcular os valores que constam da Tab. 2.7.

Para o caso de coberturas com forro sem ventilação, por sua vez, teremos (Fig. 2.11):

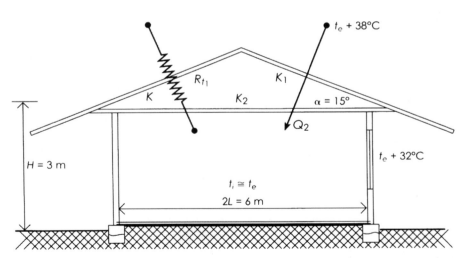

Figura 2.11 Cálculo do calor que penetra em uma residência com forro sem ventilação.

$$Q = K \Delta t_i = \frac{1}{\dfrac{1}{K_1} + \dfrac{1}{K_2}} \Delta t_i. \qquad [2.24]$$

Ventilação pela ação dos ventos

E, igualmente, com os dados das Tabs. 2.5 e 2.6, podemos calcular os valores que estão registrados na Tab. 2.7.

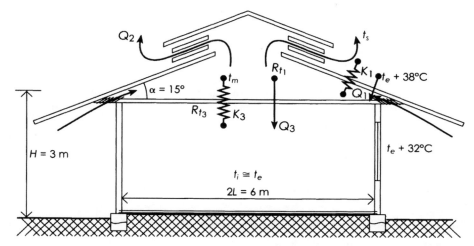

FIGURA 2.12 Cálculo do calor que penetra em uma residência com forro ventilado.

Por outro lado, se o ar contido entre o forro e a cobertura for deslocado numa proporção de V m³/h por metro quadrado de habitação, poderemos estabelecer o seguinte equacionamento (Fig. 2.12):

$$Q_1 = Q_2 + Q_3,$$

onde:

$$Q_1 = K_2(t_e + \Delta t_i - t_m), \qquad [2.25]$$

$$Q_2 = V\rho C_p(t_s - t_e), \qquad [2.26]$$

$$Q_3 = K_3(t_m - t_e), \qquad [2.27]$$

$$K_1(t_e + \Delta t_i - t_m) = V\rho C_p(t_s - t_e) + K_3(t_m - t_e). \qquad [2.28]$$

A temperatura média do forro (t_m) vale:

$$t_m = \frac{t_e + t_s}{2}, \qquad [2.29]$$

de modo que podemos chegar à expressão:

$$t_s = \frac{\Delta t_i K_1}{\dfrac{K_1 + K_3}{2} + V\rho C_p}. \qquad [2.30]$$

E podemos igualmente calcular t_m, Q_1, Q_2 e Q_3.

Na Tab. 2.7 aparecem os valores das penetrações de calor devidas unicamente à insolação para diversos tipos de coberturas sem forro, com forros não-ventilados e ventilados com quantidades de ar variáveis entre zero (forro sem ventilação) e 40 m³/h·m².

A observação da Tab. 2.7 mostra quão econômica é a solução do arrasto do calor de insolação das coberturas por meio de uma camada de ar móvel, a qual pode ser facilmente obtida pelo efeito do termossifão.

Tabela 2.7
calor de insolação

Cobertura	Calor de insolação	
	kJ/h·m²	kcal/h·m²
Sol direto (12 h, solstício de verão, POA – 30°S)	3.617,40	864
Clarabóias de vidros simples de 4 mm	3.120,00	745
Clarabóias de dois vidros de 4 mm	3.098,23	740
Telhas de cimento amianto enegrecidas pelo tempo	540,94	129,2
Telhas de cimento amianto vermelhas	498,23	119,0
Telhas de cimento amianto novas	427,05	102,0
Telhas de cimento amianto pintadas de branco	313,17	74,8
Telhas de alumínio polidas	332,43	79,4
Telhas de alumínio oxidadas	529,21	126,4
Coberturas metálicas com 25 mm de poliuretano	114,30	27,3
Coberturas metálicas com 40 mm de poliuretano	77,88	18,6
Telhas cimento amianto, 6 mm, forro de M.A. rígida de 6 mm	216,46	51,7
Telhas de cimento amianto, 6 mm, forro de M.A. de 25 mm	124,77	29,8
Telhas de cimento amianto, 6 mm, forro de poliuretano de 25 mm	93,37	22,3
Telhas de cimento amianto, 6 mm, forro de poliuretano de 50 mm	59,45	14,2
Telhas de cimento amianto, 6 mm, forro de M.A. rígida de 6 mm, com ventilação de 10 m³/h m²	108,98	26,0
Com ventilação de 20 m³/h m²	72,81	17,4
Com ventilação de 30 m³/h m²	54,64	13,1
Com ventilação de 40 m³/h m²	43,71	10,44
Telhas de cimento amianto, 6 mm, forro de poliuretano de 25 mm, com ventilação de 40 m³/h m²	14,49	3,46

MA: madeira aglomerada.

Ventilação pela ação dos ventos

Cálculo de aberturas para ventilação de forros

A ventilação dos forros citada no item anterior é obtida por meio do efeito de termossifão. Este se caracteriza pela velocidade de deslocamento do ar, que, conforme vimos, depende do caminho percorrido pelo ar ($\Sigma\lambda$), do desnível entre as aberturas de entrada e saída do ar (H), da diferença de temperatura entre o ar em movimento e o exterior. A velocidade de deslocamento do ar é dada pela Eq. [2.5]:

$$c = \sqrt{\frac{2gH(T_2 - T_1)}{\Sigma\lambda T_1}},$$

que, para o caso, assume a forma:

$$c = \sqrt{\frac{2gH(t_m - t_e)}{\Sigma\lambda T_e}} \text{ m/s.} \qquad [2.5a]$$

Desse modo, conhecendo a quantidade de ar de ventilação V m³/h·m², obtemos as aberturas de ventilação:

$$\Omega = \frac{V \text{ m}^3/\text{h} \cdot \text{m}^2}{3.600c \text{ m/s}} \text{ m}^2 / \text{m}^2 \text{ de habitação.}$$

Quando o tipo de cobertura e de forro são definidos, a elevação de temperatura do forro (t_m) e, portanto, a penetração de calor por insolação (Q_3), vai depender unicamente da quantidade de ar de ventilação (V) adotada, e podemos calcular as áreas livres das aberturas de ventilação em função unicamente de H.

EXEMPLO 2.4

Calcular a velocidade c e as aberturas Ω em função do desnível H para arrasto do calor de insolação de uma cobertura padrão de cimento amianto. Estabelecem-se *a priori* os seguintes dados:

- localização, POA 30°S, E_{max} = 3.617,4 kJ/h·m² (864 kcal/h·m²) (12 h no solstício de verão);

- cobertura de cimento amianto de 6 mm, enegrecida pelo tempo,
  Δt_i = 38°C,
  K_1 = 15,07 kJ/m²·h·°C (3,6 kcal/h·°C m²);

- forro de madeira aglomerada rígida de 6 mm,
  K_3 = 9,5 kJ/m²·h·°C (2,27 kcal/h·°C·m²);

  penetração de calor de insolação limitada para
  Q_3 = 54,43 kJ/h·m² (13 kcal/h·m²);

  temperatura externa, t_e = 32°C.

Solução

Podemos calcular, a partir da Eq. [2.27]:

$$t_m - t_e = \frac{Q_3}{K_3} = \frac{54,43}{9,5} = \frac{13}{2,27} = 5,73°C \qquad [t_m = 37,73°C].$$

E, de acordo com a Eq. [2.29]:

$$t_s = 2t_m - t_e = 75,46 - 32 = 43,46°C.$$

E, como (Eq. [2.30]):

$$t_s = \frac{K_1 \Delta t_i}{\frac{K_1 + K_3}{2} + V\rho C_p} + t_e,$$

onde, para a temperatura externa $t_e = 32°C$, $\rho = 1,16$ kg/m³ e $C_p = 1,009$ kJ/kg·°C (0,241 kcal/kgf °C), podemos obter:

$$V = 29,78 \text{ m}^3/\text{h·m}^2.$$

Nessas condições, a velocidade de escoamento poderá ser calculada diretamente em função de desnível H do termossifão (Eq. [2.5ª]):

$$c = \sqrt{\frac{2gH(t_m - t_e)}{\Sigma\lambda T_e}} = \sqrt{\frac{2 \times 9,80665 H \times 5,73}{3 \times 305}} = 0,35\sqrt{H} \text{ m/s.}$$

E daí a seção das aberturas de ventilação que constam da Tab. 2.8:

$$\Omega = \frac{V}{3.600c} = \frac{29,78 \text{ m}^3/\text{h·m}^2}{3.600c} \frac{0,0083 \text{ m}^3/\text{s·m}^2}{c \text{ m/s}} \text{m}^2/\text{m}^2,$$

$$\Omega = \frac{0,0083}{0,35H} = \frac{0,0237}{H} \text{ m}^2/\text{m}^2.$$

Observação: as áreas registradas na Tab. 2.8 são as áreas livres, devendo ser calculadas perpendicularmente à direção do deslocamento do ar. Assim para uma veneziana com palhetas a 45°, a simples orientação destas já reduz a área total para 70%, independentemente de sua espessura.

Chamando de a_l o coeficiente de área livre da abertura utilizada e de S a superfície horizontal do ambiente em consideração, as aberturas de ventilação, tanto de entrada como de saída, deverão ter uma área total de:

$$\Omega_{total} = \frac{S\,(\text{m}^2) \cdot \Omega\,(\text{m}^2/\text{m}^2)}{a_l}.$$

TABELA 2.8
Aberturas para ventilação por termossifão

Desnível, H (m)	Velocidade c (m/s)	Ω (m²)
0,3	0,192	0,0433
0,4	0,221	0,0375
0,5	0,247	0,0335
0,6	0,271	0,0305
0,7	0,293	0,0282
0,8	0,313	0,0264
0,9	0,332	0,0249
1,0	0,350	0,0236
1,5	0,429	0,0193
2,0	0,495	0,0167
2,5	0,553	0,0150
3,0	0.606	0,0137
3,5	0,655	0,0126
4,0	0,700	0,0118
4,5	0,742	0,0111
5,0	0,782	0,0106

Por outro lado, o desnível entre as aberturas de entrada e saída do ar deve ser medido centro a centro. Assim, para um pavilhão de 10 m por 6 m com cobertura e com forro como especificado acima, em água única com uma inclinação de telhado mínima de 15%, poderia dispor, para colocação das aberturas de saída, de uma parede vertical acima do forro de 0,9 m.

Então, usando aberturas com 50% de área livre ao longo de todo o comprimento do pavilhão, poderíamos dispor, como desnível entre essas aberturas, um H superior a 70 cm. Isto é, a abertura de saída, de acordo com a Tab. 2.8, teria uma área total de $0,0282 \times 6 \times 10 = 0,34$ m $\times$ 10 m, e o desnível até o centro da abertura seria de até 90 cm $-$ 34 cm^2=73 cm.

Situação diversa da anterior é a dos telhados planos (telhas tipo canal). Nesse caso, por segurança, imaginaremos um termossifão transversal (Fig. 2.13), de modo que, por metro de comprimento (dimensão maior) do ambiente, a área total das aberturas será:

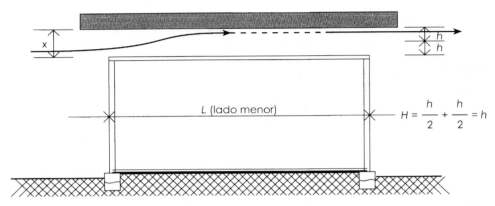

Figura 2.13 Cálculo da área das aberturas em telhados planos, com termossifão transversal.

$$\Omega_{total} = \Omega L = h = H.$$

E, de acordo com o equacionamento anterior, podemos fazer:

$$\Omega_{total} = \frac{0{,}0237}{H} L = H,$$

ou, ainda:

$$H = 0{,}1539\, L^{1/2},$$

expressão que nos permite elaborar a Tab. 2.9 com os valores de $X = 2H$ em função do lado menor L da cobertura.

| Tabela 2.9 ||
| Espaços para ventilação de coberturas planas por termossifão ||
Lado menor da cobertura, L (m)	**X = 2H (m)**
2	0,4353
4	0,6156
6	0,7540
8	0,8706
10	0,97334
15	1,1921
20	1,3765

2.2.4 Termossifão para diluir o calor ambiente e arrastar o calor de insolação da cobertura

Quando, numa ventilação natural por termossifão, em um ambiente com elevada carga térmica (ver o item 2.2.2), o calor de insolação é significativo, a solução consiste em prover o ambiente com um forro e passar o ar de ventilação entre este e a cobertura, a fim de arrastar o excessivo calor de insolação que incide sobre o telhado.

Desse modo, o calor de insolação de uma cobertura simples, que, conforme vimos (Tab. 2.7), é de 540,93 kJ/h•m^2 (129,2 kcal/ h•m^2), pode ser reduzido, mesmo por meio de forros de simples sombreamento (lençol de plástico opaco), a valores inferiores a 54,43 kJ/h•m^2 (13 kcal/h•m^2). Isso porque a vazão do ar de ventilação adotada nos ambientes aquecidos é normalmente muito superior àquela adotada na ventilação destinada a arrastar apenas o calor de insolação das coberturas (ver "Proteção contra insolação", pág. 49).

Nesse caso, naturalmente, a carga térmica de insolação da cobertura assim reduzida é que deve ser adicionada à carga térmica restante do ambiente. E a passagem do ar de ventilação se fará pelas aberturas de entrada junto ao piso, por rasgos no forro que obriguem o ar a criar uma camada móvel junto à cobertura, e por aberturas de saída localizadas na parte mais alta do telhado (Fig. 2.14).

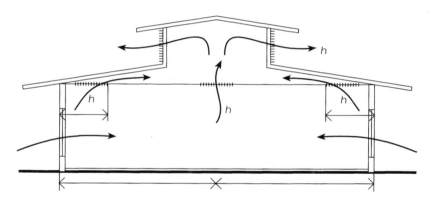

Figura 2.14 Aberturas para passagem do ar de ventilação.

O formulário a adotar será o mesmo do item 2.2.2, e os cálculos correspondentes podem ser facilitados com o uso da planilha de cálculo que segue.

Dimensões
O comprimento A e a largura B do ambiente em estudo, dados em metros.

Superfície
A área S do ambiente, em metros quadrados, que servirá para apropriar a penetração do calor de insolação e a carga térmica devida à iluminação.

Pé-direito
A altura C, média, do forro que limita o ambiente na vertical, em metros.

Volume
O volume V do ambiente em estudo, em metros cúbicos, que servirá para caracterizar o coeficiente de renovação de ar da ventilação adotada.

Periferia externa
Dada em metros, que mostra o comprimento em planta das paredes limítrofes do ambiente passível de uso para locação de aberturas de entrada do ar de ventilação.

Periferia bloqueada
Dada em metros, que mostra o comprimento em planta das paredes limítrofes do ambiente que não permitem aberturas para o exterior ou mesmo tomadas de ar do exterior.

Lanternins ou sheds
Caracterizados pelo comprimento total em metros de sua possível instalação, longitudinal ou transversalmente, em uma ou mais linhas na cobertura.

Aberturas tipo domo
Caracterizados pelo seu número e área livre de saída, se for o tipo de abertura de saída do ar de ventilação a ser adotado.

Forro de proteção da cobertura

Definido pelo seu coeficiente geral de transmissão de calor K kJ/h•m²•°C (kcal/h•m²•°C). De acordo com a Tab. 2.5, seu valor pode variar de 15,12 kJ/h•m²•°C (3,61 kcal/h•m²•°C), correspondente a um simples sombreamento (lençol de plástico opaco ou lâmina metálica), passando a 9,5 kJ/h•m²•°C (2,27 kcal/h•m²•°C), como num forro simples de madeira aglomerada rígida, de 6 mm, que analisamos em "Proteção contra insolação" (pág. 49), até valores de 1,26 kJ/h•m²•°C (0,30 kcal/h•m²•°C), como ocorre num forro de 75 mm de poliuretano.

Diferença de temperatura

Entre o recinto à temperatura t_r e o exterior, à temperatura t_e, diferença responsável pela velocidade de deslocamento do ar por efeito de termossifão, c.

Normalmente essa diferença de temperatura é uma premissa do projeto de ventilação por termossifão, sendo arbitrada em valores de preferência inferiores a 5°C. Só excepcionalmente se aceitam valores superiores a esse (ver o Exemplo 2.1).

Coeficientes de atrito

Correspondem às passagens do ar de ventilação pelas aberturas de entrada, rasgos no forro e aberturas de saída.

A orientação mais prática nesse caso, como já ficou esclarecido no item 2.2.2, consiste em tomar um valor $\lambda = 1{,}5$ para cada uma das aberturas citadas, as quais devem ser corrigidas no final de acordo com seus respectivos coeficientes de área livre (a_l).

No caso de deflexões de 90° na circulação do ar, pode-se adotar um coeficiente de atrito $\lambda = 0{,}75$ (para maiores detalhes, ver o Cap. 3).

Excepcionalmente, para melhorar as condições de ventilação por vezes dificultadas pela exiguidade das aberturas de entrada ou de saída do ar, os rasgos no forro podem ser aumentados, de modo que, nesse caso, o coeficiente de atrito destes deverá ser corrigido como ficou esclarecido no item 2.2.1:

$$\lambda_1 = \lambda \frac{c_1^2}{c^2} = 1{,}5 \frac{c_1^2}{c^2}.$$

Assim, fazendo-se os rasgos no forro com uma área duas vezes maior que a das demais aberturas, o valor λ a adotar para eles será 1,5/4 = 0,375.

Desnível entre as aberturas de entrada e saída (H_m)

É a diferença de nível, medida centro a centro, das aberturas de entrada e saída do ar de ventilação, as quais devem, preferentemente, apresentar um desnível único e, ao mesmo tempo, o maior possível, já que a diferença de pressão criada pelo termossifão é diretamente proporcional a esse valor.

Carga térmica ambiente

- *Equipamento*

A carga térmica dos equipamentos situados no interior do recinto sob análise é avaliada quanto a sua produção contínua de calor ou média horária ou, ainda, adotando-se um coeficiente de utilização ao longo do dia no caso de funcionamentos intermitentes.

No caso de geradores diretos de calor, como fornos, estufas, motores de combustão, etc., a avaliação dessa carga térmica é feita diretamente em kJ/h (kcal/h).

Já no caso de motores elétricos, essa carga térmica pode ser avaliada em função da potência elétrica (P kW) realmente absorvida pelos equipamentos, fazendo-se:

$$Q = 3.600\,P \text{ kW (kJ/h)} = 860\,P \text{ kW (kcal/h)}.$$

- *Pessoas*

A carga térmica, na forma de calor sensível, produzida pelas pessoas varia de acordo com a atividade destas, de modo que em média podemos adotar valores de 210 kJ/hp (50 kcal/hp) para pessoas em atividade moderada e até 420 kJ/hp (100 kcal/hp) para pessoas em atividade mediana.

- *Iluminação*

A carga térmica da iluminação é calculada em função da potência elétrica das lâmpadas. Assim, para pavilhões industriais é normal uma iluminação de 20 a 30 W/m², de modo que essa carga térmica seria de 72 a 108 kJ/h•m² (17,2 a 25,8 kcal/h•m²).

- *Insolação*

A carga de insolação com cobertura protegida por forro vai depender das características de isolamento deste (K) e da vazão de ar de ventilação adotada. O cálculo exato da insolação deve seguir a orientação dada no iten "Proteção contra insolação" (pág. 57).

Entretanto, como as vazões adotadas para a ventilação geral do ambiente é muito superior àquela normalmente adotada para arrasto do calor de insolação (~30 m³/h•m²), a temperatura média atingida acima do forro (t_m) será apenas 2 ou 3°C superior à temperatura do recinto (t_r), de modo que, na pior das hipóteses, o calor residual de insolação da cobertura protegida por forro será ainda inferior a 42 kJ/h•m² (10 kcal/h•m²), valor que podemos adotar com segurança.

Vazão

Calculada a carga térmica total do ambiente, podemos calcular a vazão de ar necessária para a diluição desse calor, a fim de que a temperatura do recinto sofra no máximo uma elevação definida em projeto.

Assim, para as condições do ambiente externo de 32°C, de acordo com a Eq. [2.6], podemos fazer:

$$V \text{ m}^3/\text{h} = \frac{Q}{\rho C p \Delta t} = \frac{Q \text{ kJ/h}}{1,17 \Delta t} = \frac{Q \text{ kcal/h}}{0,28 \Delta t}.$$

Índice de renovação de ar

Será dado por:

$$n = \frac{V \text{ m}^3/\text{h}}{V_r \text{ m}^3}.$$

Velocidade do ar de ventilação nas aberturas

Esta, por sua vez, será dada pela expressão geral [2.5], que para o caso toma a forma:

$$c = \sqrt{\frac{2gH(t_r - t_e)}{\Sigma \lambda T_e}} = \sqrt{\frac{2 \times 9,806 H(t_r - t_e)}{4,5 \times 305}} = 0,12\sqrt{H\Delta t}.$$

Seção total das aberturas de ventilação (Ω_{total})

Trata-se da seção de área livre, de cálculo direto, corrigida pelo coeficiente de área livre (a_l), nos será dada por:

$$\Omega_{total} = \frac{V \text{ m}^3/\text{h}}{3.600 \, c a_l} \text{ m}^2.$$

Dimensões das aberturas de entrada

Conhecida a área total das aberturas de circulação do ar, o dimensionamento destas é feito em função do comprimento disponível para a sua instalação, o qual será uma parcela de 2A (para atender aos apoios da parede externa) ou mesmo, eventualmente, parte de 2B e parte de 2A.

Dimensões das aberturas de saída

Tal como nas aberturas de entrada, conhecido Ω_{total}, podemos definir a altura das aberturas dos lanternins ou aberturas nos *sheds* para atender a área total necessária.

Dimensões dos rasgos no forro

Da mesma forma que as aberturas, serão dimensionados os rasgos no forro, tendo-se cuidado com sua localização, a fim de garantir uma perfeita varredura da cobertura com o objetivo de arrastar o calor de insolação que sobre ela incide.

Eventualmente para desonerar a perda de carga da circulação do ar, esses rasgos podem ser duplicados, reduzindo-se assim o valor $\Sigma\lambda$.

EXEMPLO 2.5

Projetar um sistema de ventilação natural por termossifão para uma fábrica de calçados, cujas características são:

- pavilhão industrial de 70 × 30 m, pé-direito de 6 m até o forro, cobertura de telhas metálicas em duas águas com 15° de inclinação, lanternim central duplo com proteção contra chuva de vento;

- os comprimentos 70 m das laterais podem ser utilizados na proporção de 80% para a colocação de janelas tipo basculante com 50% de área livre para a entrada do ar de ventilação;

- como proteção contra a insolação da cobertura será usado forro simples, a fim de garantir perfeito sombreamento da área de trabalho;

- rasgos no forro permitirão a circulação adequada do ar de ventilação junto às telhas, para garantir o arrasto de grande parte do calor de insolação que incide sobre a cobertura (> 90%);

- carga térmica do ambiente constituída, além da carga térmica residual de insolação da cobertura, que arbitraremos com segurança em 42 kJ/h•m² (10 kcal/h•m²), pelas seguintes fontes de calor:

equipamentos

- estufas de 80 kW com 10% de utilização = 28.800 kJ/h (6.880 kcal/h);
- estufas de 60 kW com 100% de utilização = 216.000 kJ/h (51.600 kcal/h);
- motores, total de 250 kW com 80% de utilização = 720.000 kJ/h (172.000 kcal/h);
- total, 964.800 kJ/h (230.480 kcal/h);

iluminação

20 W/m² − 72 × 2.100 = 151.200 kJ/h (36.120 kcal/h);

Ventilação pela ação dos ventos

pessoas em atividade média

(400) – 400 × 420 = 168.000 kJ/h (40.000 kcal/h).

Solução

Adotaremos como diferença de temperatura máxima entre a ambiente da fábrica e a exterior 5°C, valor praticamente igual à diferença de temperatura de globo do ambiente da fábrica e o exterior, já que a carga de radiação da cobertura será praticamente eliminada com a proteção do forro ventilado.

Como diferença de nível H entre as aberturas de entrada e saída do ar de ventilação, podemos tomar com segurança 6 m + 4 m –2 m = 8 m.

Os coeficientes de atrito correspondentes às passagens do ar pelas aberturas de entrada, rasgos no forro e lanternins estão apropriados com referencia à velocidade real c de circulação pelas aberturas citadas, conforme segue:

- aberturas de entrada, $\lambda = 1,5$;
- rasgos no forro, $\lambda = 1,5$;
- lanternins, duas deflexões de 90° com velocidade $c/2$, $\lambda = 0,75/4 + 0,75/4 = 0,375$;
- veneziana vertical do lanternim com velocidade c, $\lambda = 1,5$;
- duas passagens horizontais com velocidade $c/2$, $\lambda = 1,5/4 + 1,5/4 = 0,75$;
  Total, $\Sigma\lambda = 5,625$.

De modo que podemos calcular:

$$c = \sqrt{\frac{2gH\Delta t}{\Sigma\lambda T_r}} = \sqrt{\frac{2 \times 9,806 \times 8 \times 5}{5,625 \times 305}} = 0,68 \text{ m/s}.$$

E, igualmente:

$$V = \frac{Q}{\rho C p \Delta t} = \frac{1.372.200 \text{ kJ/h}}{1,17 \times 5} = \frac{327.60 \text{ kcal/h}}{0,28 \times 5} = 234.000 \text{ m}^3/\text{h}.$$

Vazão que garante um índice de renovação do ar do ambiente de:

$$n = \frac{V \text{ m}^3/\text{h}}{V_r \text{ m}^3} = \frac{234.000 \text{ m}^3/\text{h}}{12.600 \text{ m}^3} = 18,6 \text{ vezes por hora.}$$

E a área livre das aberturas de circulação do ar de ventilação será:

$$\Omega = \frac{V \text{ m}^3/\text{h}}{3.600 c} = \frac{234.000 \text{ m}^3/\text{h}}{3.600 \times 0,68 \text{ m/s}} = 95,6 \text{ m}^2.$$

Assim, as passagens do ar de ventilação, deverão ter as dimensões que seguem:

- Entrada

    Janelas do tipo báscula com 50% de área livre, num total de 191,2 m² assim distribuídas: largura total de cada lado 56m com uma altura de 1,7 m localizadas de modo a não dificultar a colocação do maquinário a uma altura de 2 m do piso.

    No inverno, a fim de controlar a temperatura interna, essas janelas poderão ser parcialmente fechadas.

- Rasgos no forro

    Poderão ser protegidos por telas, com 50% de área livre e em número de três ao longo de todo comprimento da fábrica; deverão ter, para atender a área total de 191,2 m², uma largura mínima de 0,91 m (adotaremos 1 m).

    A localização desses rasgos deve ser preferentemente como registrado na Fig. 2.15, sendo os rasgos das bordas afastados das partes baixas do telhado por no mínimo 2 m, a fim de permitir uma fácil circulação do ar contra a cobertura.

    Como esses rasgos representam cerca de 10% da área do forro, eles devem ser protegidos por forro local adicional para se evitar insolação direta da cobertura através deles.

- Lanternins

    As duas venezianas longitudinais do lanternim do tipo convencional, com 50% de área livre deverão ter, como as janelas de entrada, uma largura total de 56 m com uma altura de 1,7 m.

    Entre essas venezianas deverá ser previsto espaço horizontal por onde o ar circulará com metade da velocidade de referência (0,68 m/s), ou seja, 70 m × 2,72 m.

    Como medida de segurança, adotaremos as dimensões 70 m × 4 m, que sem onerar o projeto vão melhorar o desempenho.

    Como afastamento do protetor contra chuva de vento, igualmente, embora se recomende a dimensão 1,36 m (ver a seleção do λ correspondente), adotaremos o valor de 2 m.

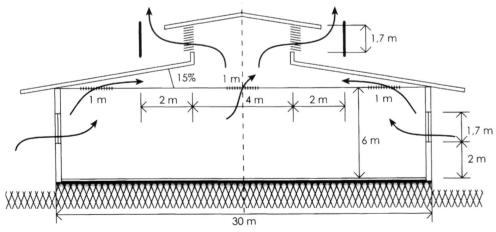

Figura 2.15 Esquema e valores para cálculo dos lanternins.

Ventilação pela ação dos ventos

Todos os valores acima relacionados constam da Fig. 2.15 e da "Planilha de cálculo" a seguir.

Planilha de cálculo de ventilação geral por termossifão			
Ambiente Características	**Quantidade número**	**Valor**
Dimensões A × B (m)		70 × 30
Superfície S (m²)		2.100
Pé-direito C (m)		6
Volume V_a (m³)		12.600
Periferia externa (m)		200
Periferia bloqueada (m)		—
Lanternins ou sheds (m)		70
Aberturas no telhado, tipo domo (m²)		—
Forro de proteção da cobertura (K kJ/h·m²)		15,12
Diferença de temperatura $\Delta t = t_r - t_e$ (°C)		5
Coeficientes de atrito $\Sigma\lambda$		5,625
Desnível aberturas de entrada e saída H (m)		8
• Carga térmica ambiente Equipamentos Pessoas Iluminação Insolação • Total	268 kW 400 p 20 W/m² 42 kJ/h·m²	964.800 kJ/h 168.000 kJ/h 151.200 kJ/h 88.200 kJ/h 1.372.200 kJ/h
Vazão do ar de ventilação, V (m³/h)		234.000
Índice de renovação do ar n (p/h)		18,6
Velocidade do ar de ventilação nas aberturas c (m/s)		0,86
Seção das aberturas de ventilação Ω_{total} (m²)		95,6
Dimensões das aberturas de entrada m × m		2 × 54 × 1,70
Dimensões das aberturas de saída m × m		2 × 54 × 1,70
Dimensões dos rasgos no forro m × m		3 × 70 × 1,00

Observações
Nos lanternins está prevista uma entrada horizontal de 70 m × 4 m.
Nos lanternins estão previstas saídas horizontais entre estes e os protetores contra chuva com ventos de 2 × 70 m × 2 m.

Como solução alternativa, ao em vez de janelas tipo basculante, poderiam ser usadas duas paredes desencontradas de 0,85 m para a entrada do ar. Nesse caso, as eventuais janelas serviriam apenas para iluminação natural, seriam fixas e poderiam ficar situadas a uma altura maior.

CAPÍTULO 3
VENTILAÇÃO MECÂNICA DILUIDORA

3.1 Generalidades

Quando a movimentação do ar de ventilação é obtida por diferenças de pressão criadas mecanicamente, diz-se que a ventilação é artificial, forçada ou mecânica. Adota-se a ventilação mecânica sempre que os meios naturais não proporcionam o índice de renovação de ar desejado, ou, ainda, como elemento de segurança nas condições de funcionamento precário da circulação natural do ar.

A ventilação mecânica além de ser independente das condições atmosféricas, apresenta a grande vantagem de possibilitar o tratamento do ar, como filtragem, humidificação, secagem, etc., assim como sua melhor distribuição. Essas operações geralmente acarretam perdas de carga elevadas na movimentação do ar.

De acordo com o tipo de contaminação do recinto, a ventilação mecânica pode ser local exaustora ou geral diluidora.

Na ventilação *local exaustora*, o ar contaminado é capturado antes de se espalhar pelo recinto, verificando-se, pela sua retirada, a entrada do ar exterior de ventilação. Trata-se de uma ventilação altamente especializada, que só é adotada quando as fontes de contaminação são locais, como ocorre comumente em ambientes industriais, e que analisaremos em detalhe no Cap. 4.

Na ventilação mecânica do tipo *geral diluidora*, o ar exterior de ventilação é misturado com o ar viciado do ambiente. Consegue-se com isso uma diluição dos contaminantes até limites higienicamente admissíveis. É o tipo de ventilação normalmente adotado quando da impossibilidade de se capturar o contaminante antes que ele se espalhe pelo recinto, como ocorre nos ambientes onde a poluição é causada por pessoas ou fontes esparsas de calor ou poluentes.

A ventilação mecânica geral diluidora será feita por insuflamento se o ambiente for limpo (auditórios, lojas, etc.), pois nesse caso o ar exterior poderá ser facilmente filtrado e uniformemente distribuído pelo ambiente, mantendo-o a uma pressão superior à do exterior, o que evitará a infiltração de ar não-tratado.

Quando a contaminação do ambiente é elevada, torna-se preferível por vezes adotar o processo de exaustão geral (casas de máquinas, ambientes com pó, etc.). Nesse caso, embora o ambiente fique a uma pressão inferior à do exterior, permitindo infiltrações de ar não-tratado, a extração dos contaminantes é mais intensa e a quantidade de ar necessária para a diluição é menor.

Finalmente, quando se deseja extrair o contaminante principal (sala de fumantes) e, ao mesmo tempo, manter o ambiente suprido com ar filtrado e estanque ao ar exterior, adota-se o sistema misto de ventilação geral diluidora, com insuflamento e aspiração combinados.

Nos recintos habitados, a instalação de ventilação mecânica mais adotada é a geral diluidora por insuflamento. Usa-se a aspiração parcial do ar só excepcionalmente, quando, por restrição da saída do ar, a sobrepressão do ambiente se torna muito elevada (dificultando até a abertura das portas) ou quando a concentração de fumos é localizada. Os componentes que constituem esse tipo de ventilação podem ser vistos na Fig.3.1.

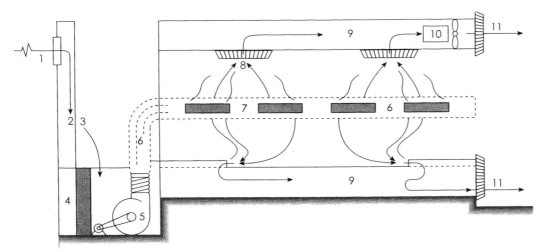

Figura 3.1 Em locais habitados, a instalação de ventilação mecânica mais adotada é a geral diluidora por insuflamento. (1) Tomada de ar exterior; (2) dutos de ar exterior; (3) casa de máquinas; (4) filtros; (5) ventilador de insuflamento com motor de acionamento; (6) dutos de insuflamento; (7) bocas de insuflamento; (8) bocas de saída; (9) dutos de saída; (10) ventilador de aspiração com motor de acionamento; (11) descarga do ar para o exterior.

Generalidade

Observação: em grande parte dos casos, as frestas ou aberturas normais do ambiente – como portas e janelas – desempenham o papel das bocas de saída.

Ventilações mecânicas do tipo geral diluidora por insuflamento se destinam normalmente ao conforto, de modo que o ar de renovação deve ser distribuído de modo uniforme sobre a totalidade da superfície ocupada do local. Devem-se evitar correntes de ar desagradáveis, zonas de estagnação e os curtos circuitos.

A ASHRAE fixa em 0,075 m/s e 0,2 m/s os limites inferior e superior das velocidades do ar para recintos com pessoas em trabalho sedentário. Velocidades acima de 0,2 m/s, só são toleráveis quando a temperatura efetiva é superior à de conforto, podendo se tornar, caso contrário, causa de desconfortos ou mesmo doenças.

Quando o ar insuflado apresenta, em relação ao ar ambiente, uma diferença de temperatura superior a 3°C, não deve ser insuflado diretamente sobre as pessoas, e sim afastado da zona ocupada, onde pode ser misturado previamente com o ar do recinto. A direção mais conveniente para o movimento do ar é a de frente para as pessoas, sendo aceitável a de cima e desaconselhável a de trás ou de baixo.

Com base nas considerações anteriores, podemos imaginar os seguintes sistemas de distribuição do ar:

- distribuição para baixo;
- distribuição para baixo e para cima;
- distribuição de baixo para cima;
- distribuição cruzada;
- distribuição mista;
- distribuição especial em minas.

3.1.1 Distribuição para baixo

Nesse sistema de distribuição, o ar é introduzido no recinto pela parte superior e retirado pela parte inferior (Fig. 3.2). Esse método apresenta inúmeras vantagens, pois o ar é insuflado longe da zona de ocupação, não levanta poeiras normalmente depositadas nos pisos; misturado com o ar ambiente antes de entrar em contato com as pessoas, funciona como um pistão, empurrando o ar viciado para as aberturas de saída, e evita curtos circuitos entre a entrada e saída do ar.

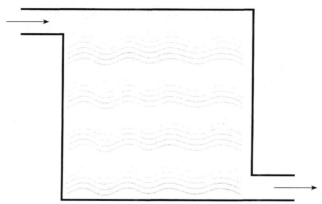

Figura 3.2 Distribuição do ar para baixo.

Pelas razões apontadas, que garantem sua aplicabilidade tanto no verão como no inverno, esse sistema é atualmente o processo de distribuição do ar de ventilação por insuflamento mais adotado. O insuflamento nesse caso pode ser feito por meio de bocas, colocadas tanto lateralmente (grades de insuflamento) como no forro (aerofusos).

3.1.2 Distribuição do ar para baixo e para cima

O ar é introduzido e retirado pela parte superior do recinto. Quando as bocas de insuflamento são laterais (grades), a injeção do ar se faz com velocidade adequada (jato), de modo a atingir todo o recinto, para depois sair por grades situadas próximas à grade de insuflamento (Fig. 3.3).

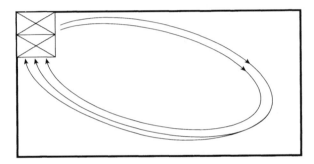

Figura 3.3 Circulação do ar na distribuição para baixo e para cima. Os bocais de entrada e de saída ficam próximos.

Quando as bocas de insuflamento se localizam no teto (aerofusos), elas são duplas, com insuflamento pela periferia e saída pela parte central (Fig. 3.4).

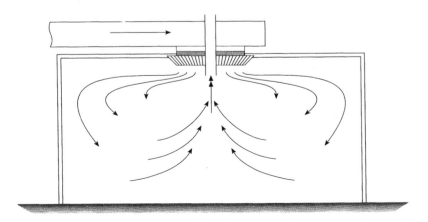

Figura 3.4 Bocas de insuflamento de teto.

Generalidade

3.1.3 Distribuição para cima

No sistema de distribuição para cima, o ar é insuflado no ambiente lateralmente, logo acima dos ocupantes, com saída pela parte superior (Fig. 3.5). Essa solução é adotada em ambientes com carga térmica elevada e no qual se deseja manter uma sobrepressão para evitar a entrada de ar não-tratado, o que impossibilitaria o uso de uma ventilação natural por termossifão.

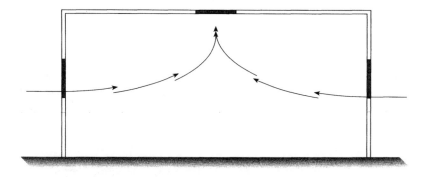

Figura 3.5 Distribuição do ar para cima.

As sobrepressões adotadas são da ordem de 10 N/m^2 (1 kgf/m^2), a fim de não criar dificuldades na abertura de portas. Esse sistema de ventilação mecânica é o que melhor se presta para efetuar, juntamente com a ventilação do ambiente, o arrasto do calor de insolação das coberturas (ver os itens 2.2.3 e 2.2.4).

É o que acontece em ambientes como bares, restaurantes, cozinhas e pavilhões industriais como os de beneficiamento de cereais e outros.

3.1.4 Distribuição cruzada

O sistema de distribuição cruzada consiste no insuflamento horizontal do ar a velocidades elevadas pela parte superior do recinto, o que origina correntes de ar secundárias que arrastam o ar viciado dos níveis inferiores.

Este processo é aceitável apenas para pequenos ambientes. A saída ocorre pelo lado oposto, por meio de grelhas situadas à mesma altura do insuflamento (Fig. 3.6).

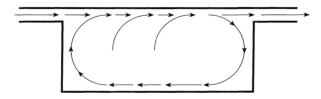

Figura 3.6 Sistema de distribuição cruzada.

3.1.5 Distribuição mista

Nesse tipo de distribuição, o ar insuflado apresenta movimento tanto para baixo como para cima. É o processo de distribuição do ar de ventilação por insuflamento ideal para grandes ambientes e locais onde é permitido fumar.

O insuflamento se faz a meia altura, enquanto que a saída do ar, junto com os fumos, verifica-se por cima, eventualmente mediante uso de um exaustor especial, e por baixo, após entrar em contato com os acupantes (Fig. 3.1).

3.1.6 Distribuição em minas

Técnica especial de ventilação mecânica é aquela adotada na renovação do ar de galerias de minas. Nesses casos, a ventilação pode ser feita de diversas maneiras: exaustão, insuflamento, misto e insuflamento pela galeria de acesso.

Exaustão

O ar é retirado das frentes de trabalho por meio de ventiladores instalados na boca da mina e ligados ao interior dela por condutos de aspiração, geralmente executados em lona estruturada, chapa soldada ou mesmo madeira.

Esse procedimento apresenta o inconveniente de levar para a frente de trabalho um ar exterior parcialmente viciado, visto que passa pela galeria de acesso.

Insuflamento

O ar é levado até as frentes de trabalho por meio de ventiladores colocados na boca da mina e ligados ao interior por condutos de insuflamento executados com os mesmos materiais que os de aspiração.

Essa solução, a par da vantagem de insuflar ar puro diretamente na frente de trabalho, apresenta o inconveniente de efetuar a saída do ar de ventilação pela galeria de acesso, trazendo poeiras e fumaças que prejudicam o tráfego por ela.

Modo misto

Processo mais racional, consiste em reunir os dois processos anteriores. Faz-se a exaustão após as detonações de dinamite e demolições intensas, e insuflamento nas horas de trabalho normal durante as quais não se verificam formação de poeiras e fumaças em excesso.

Insuflamento pela entrada

O insuflamento do ar se dá pela própria galeria de acesso, por meio de ventiladores adaptados à boca da mina, cuja entrada é estanque. Para isso, o avanço da mineração deve ocorrer por duas galerias paralelas, simultaneamente, fazendo-se o insuflamento por uma e a saída pela outra.

Cálculo de instalações de ventilação mecânica

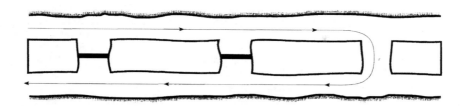

Figura 3.7 Ventilação de galerias pelo sistema de insuflamento pela entrada.

Essas galerias vão sendo interligadas à medida que o avanço progride, fechando-se as interligações anteriores, como esclarece a Fig. 3.7. Nas galerias mortas, não-atingidas pela ventilação geral, seja qual for o processo adotado, é feita uma ventilação secundária com o auxílio de pequenos ventiladores. Estes tomam o ar da ventilação geral e o colocam na frente de trabalho por meio de ramais especiais de insuflamento.

3.2 Cálculo de instalações de ventilação mecânica

Os cálculos referentes às instalações de ventilação mecânica consistem essencialmente no dimensionamento de seus elementos e na determinação das perdas de carga correspondentes, a fim de se estabelecer a potência mecânica necessária para o motor de acionamento do ventilador.

O dimensionamento dos diversos elementos por onde circula o ar é feito por meio da equação geral:

$$\Omega = \frac{V \text{ m}^3/\text{h}}{3.600c \text{ m/s}} \text{ m}^2. \qquad [3.1]$$

Nessa expressão, normalmente a vazão é calculada em função das necessidades da ventilação, enquanto que a velocidade, embora possa obedecer a valores recomendados; atendendo às perdas de carga criadas, nível de ruído, arrasto de pós e gotas; em grande parte dos casos, como ramificações de canalizações, bocas de insuflamento e outros, deve ser objeto de estudo especial.

O mesmo acontece com as perdas de carga nos dutos e acessórios, que devem ser objeto de cálculo específico.

Quanto às velocidades recomendadas, de acordo com a ABNT (PNB 10, de 1972) para instalações de ventilação e condicionamento de ar de baixa pressão, devem ser respeitadas as velocidades básicas, que constam da Tab. 3.1.

Mais detalhes, em alguns aspectos, encontram-se na Tab. 3.2, recomendada pela Carrier.

Quanto às bocas de insuflamento, além de seu racional dimensionamento, que estudaremos a seguir, a fim de se evitarem ruídos indesejáveis, as velocidades máximas recomendadas constam na Tab. 3.3.

TABELA 3.1
Velocidades recomendadas para ventilação mecânica geral diluidora (ABNT)

Designação	Recomendadas (m/s)			Máximas (m/s)		
	Residências	Escolas, teatros, edifícios públicos	Prédios industriais	Residências	Escolas, teatros, edifícios públicos	Prédios industriais
Tomadas de ar exterior	2,50	2,50	2,50	4,00	4,50	6,00
Serpentinas de resfriamento de aquecimento	2,25 2,25	2,50 2,50	3,00 3,00	2,25 2,50	2,50 3,00	3,60 7,50
Lavadores borrifadores de alta velocidade	2,50	2,50	2,50 9,00	3,50	3,50	3,50 9,00
Descarga ventilador min. max.	5,00 8,00	6,50 10,00	8,00 12,00	8,50	11,00	14,00
Dutos principais min. max.	3,50 4,50	5,00 6,50	6,00 9,00	6,00	8,00	10,00
Ramais horizontais min. max.	- 3,00	3,00 4,50	4,00 5,00	5,00	6,50	9,00
Ramais verticais min. max.	2,50	3,00 3,50	4,00	4,00	6,00	8,00

Observação: velocidades relacionadas com as áreas de face e não com a área livre.

TABELA 3.2
Velocidades recomendadas para ventilação mecânica geral diluidora (Carrier)

Aplicações	Velocidades máximas (m/s)		
	Dutos Principais	Ramais	Dutos de saída
Residências	4,00	3,00	3,00
Dormitórios de hotéis	7,50	5,50	5,00
Teatros	8,00	6,00	6,00
Escritórios particulares	-	5,50-6,50	4,00-5,00
Escritórios públicos	11,00	7,00	6,00
Restaurantes	9,00	7,00	6,00
Lojas (pisos inferiores)	10,50	8,00	6,00
Lojas (pisos superiores)	9,00	7,00	6,00

Cálculo de instalações de ventilação mecânica 83

Tabela 3.3
Velocidades máximas recomendadas para bocas de insuflamento

Aplicações	Velocidade máxima de insuflamento (m/s)
Estúdios	1,50 a 2,50
Residências	2,50 a 3,80
Igrejas	2,50 a 3,80
Dormitórios de hotel	2,50 a 3,80
Teatros	2,50 a 3,80
Cinemas	5,00
Escritórios particulares	2,50 a 3,80
Escritórios públicos	5,00 a 6,30
Lojas (pisos inferiores)	10,00
Lojas (pisos superiores)	7,50

Para as bocas de saída do ar de ventilação, embora a velocidade diminua muito rapidamente à medida que nos afastamos delas, é importante respeitar as velocidades aparentes (relativas à área de face) máximas, dadas pela Tab. 3.4, em função da proximidade dos ocupantes.

Tabela 3.4
Velocidades máximas recomendadas para bocas de saída

Situação da grade	Velocidade máxima (m/s)
Sobre a zona ocupada pelas pessoas	> 4,00
Dentro da zona ocupada (longe dos assentos)	3,00 a 4,00
Dentro da zona ocupada (perto dos assentos)	2,50 a 3,50

3.2.1 Bocas de insuflamento

Bocas de insuflamento ou difusores são as aberturas através das quais se introduz o ar no ambiente. Podem ser de parede ou de teto.

As bocas de insuflamento *de parede* são as grades, que se classificam em:
- grades de palhetas horizontais e verticais fixas;
- grades de palhetas horizontais ou verticais de simples deflexão (horizontal ou vertical) como a da Fig. 3.8;
- grades de palhetas horizontais e verticais de dupla deflexão (horizontal e vertical), como a da Fig. 3.9.

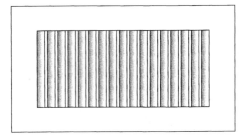

FIGURA 3.8 Grades de palhetas verticais, de simples deflexão.

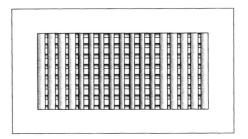

FIGURA 3.9 Grades de palhetas horizontais e verticais, de dupla deflexão.

Observação: essas grades de insuflamento, quando providas de regulagem, recebem usualmente o nome de "registros de insuflamento".

As bocas de insuflamento *de teto*, por sua vez, podem também ser de diversos tipos:
- difusores de placas perfuradas;
- grades que jogam o ar horizontalmente;
- difusores com anéis ou palhetas embutidas, sem indução interna, como na Fig. 3.10 (aerofusos tipo S);
- difusores com anéis ou palhetas em degrau, sem indução interna, como na Fig. 3.11 (aerofusos tipo ES);
- difusores com anéis ou palhetas embutidas, com indução interna, como na Fig. 3.12 (anemostato tipo AC);
- difusores com anéis ou palhetas em degraus, com indução interna, como na Fig. 3.13 (anemostato tipo AR);
- difusores como os anteriores, mas com saída central ou com luminária no centro.

Cálculo de instalações de ventilação mecânica 85

Figura 3.10 Difusor com anéis ou palhetas embutidas, sem indução interna.

Figura 3.11 Difusor com anéis ou palhetas em degrau, sem indução interna.

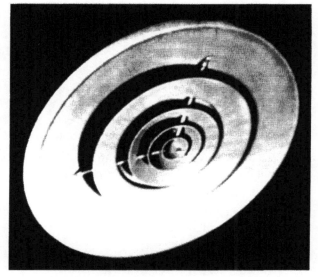

Figura 3.12 Difusor com anéis ou palhetas embutidas, com indução interna.

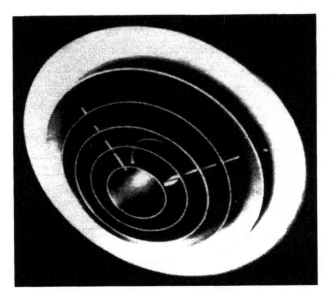

Figura 3.13 Difusor com anéis ou palhetas em degraus, com indução interna.

Os difusores de teto podem ser quadrados ou retangulares (multidirecionais), semi-quadrados, semi-retangulares e semicirculares.

As bocas de insuflamento apresentam as seguintes características de funcionamento: indução, divergência, jato ou impulsão, queda ou ascensão, difusão ou dispersão e perda de carga.

Indução é o fenômeno pelo qual o ar insuflado (ar primário) perde velocidade ao se chocar com o ar ambiente, o qual em parte (ar secundário) entra em movimento. A indução pode ocorrer tanto no interior como no exterior da boca de insuflamento (veja os diversos tipos de bocas de insuflamento de teto nas Figs. 3.10 a 3.13).

Divergência é o ângulo formado pelo fluxo de ar que abandona a boca de insuflamento, tanto no plano horizontal como no plano vertical, o qual, devido ao fenômeno da indução, aumenta ao afastar-se da fonte.

Jato ou *impulsão* é a distância horizontal percorrida pelo fluxo de ar, desde sua origem, até que sua velocidade se reduza a um valor suficientemente baixo (velocidade terminal) para que o choque contra obstáculos (paredes, colunas ou fluxo de ar de outro difusor) não produza correntes de ar desagradáveis na zona de ocupação (Fig. 3.14).

Para não criar desconforto, as velocidades terminais devem ser bem baixas. Assim, de acordo com o tipo de atividade, as velocidades terminais recomendadas são as que constam da Tab. 3.5.

O jato depende da velocidade real de insuflamento (c), da velocidade terminal, do tipo de boca e da divergência desta, e de um modo geral pode ser calculado pela expressão:

$$\text{Jato (m)} = K \frac{V \text{ m}^3/\text{h}}{3.600\sqrt{\Omega_e} \text{ m}^2}, \qquad [3.2]$$

Cálculo de instalações de ventilação mecânica

em que Ω_e, a área efetiva (área contraída da veia fluida), é um pouco menor do que a área livre (Ω_l), e que pode ser calculada em função da área de face (Ω_f) por meio do coeficiente de área efetiva a_e:

$$a_e = \frac{\Omega_e}{\Omega_f} = f(\text{forma da grade, bordos}). \qquad [3.3]$$

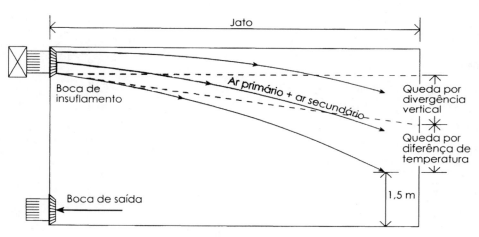

Figura 3.14 Jato ou impulsão.

Tabela 3.5
Velocidades terminais recomendadas

Ambiente	Velocidade terminal (m/s)
Indústrias, corredores, áreas de acesso, etc.	1
Escritórios públicos, lojas, teatros, igrejas, restaurantes, etc.	0,75
Escritórios particulares, residências, hospitais, quartos de hotel, etc.	0,50
Mínimo	0,25

O valor de K depende do tipo de boca, da divergência e da velocidade terminal. Os valores médios de a_e e os valores de K para os tipos mais comuns de grade e aerofuso estão registrados na Tab. 3.6.

Tabela 3.6
Velocidades de K e a_e de grades e aerofusos

Tipo	Palhetas	Divergência do jato	a_e	Velocidade terminal	K
Grade	Paralelas	18° a 20°	0,78	0,25 m/s	10,3 a 11,7
Grade	Divergentes	30°	0,68	0,25 m/s	8,2 a 9,5
Grade	Divergentes	60°	0,62	0,25 m/s	5,2 a 6,5
Grade	Divergentes	90°	0,58	0,25 m/s	3,8 a 5,0
Grade A	Paralelas	15°	0,78	0,25 m/s	12,05
Grade C	Divergentes	23,4°	0,70	0,25 m/s	9,7
Grade E	Divergentes	45,2°	0,62	0,25 m/s	7,6
Grade G	Divergentes	73,2°	0,58	0,25 m/s	5,6
Aerofusos S	Embutidas	-	0,32	0,50 m/s	2,36
Aerofusos S	Embutidas	-	0,32	0,75 m/s	1,98
Aerofusos S	Embutidas	-	0,32	1,00 m/s	1,50
Aerofusos ES	Em degrau	-	0,80	0,50 m/s	2,36
Aerofusos ES	Em degrau	-	0,80	0,75 m/s	1,98
Aerofusos ES	Em degrau	-	0,80	0,50 m/s	1,50
Grade Barber	Colman	Regulável	0,7-0,85	Ver dados acima	

Queda ou *ascensão* é o deslocamento, para baixo ou para cima, que se verifica ao longo do jato, devido à divergência ou a diferenças de temperaturas.

Difusão ou *dispersão* é o fenômeno que ocorre no fim do jato ou em suas bordas, onde velocidades inferiores a 1 m/s possibilitam a formação de correntes de convecção.

Perda de carga na boca é a queda de pressão que se verifica no fluxo do ar ao atravessá-la.

De um modo geral, as perdas de carga podem ser calculadas pela expressão:

$$J = \lambda \frac{c^2}{2} \rho = \lambda \frac{c^2}{2g} \gamma, \qquad [2.4]$$

onde c é a velocidade real na boca, dada por:

$$c = \frac{V \, m^3/h}{3.600 a_e \Omega_f} = \frac{c_f}{a_e}, \qquad [3.4]$$

sendo c_f a velocidade de face na boca, ou velocidade aparente, e λ seu coeficiente de resistência, cujos valores, que dependem basicamente do tipo de boca, estão relacionados na Tab. 3.7.

Tabela 3.7
Coeficientes de atrito das bocas de insuflamento

Tipo de boca	Divergência	λ
Grades paralelas tipo A	18° a 20°	1,2
Grades divergentes tipo C	30°	1,0
Grades divergentes tipo E	60°	0,8
Grades divergentes tipo G	90°	0,7
Aerofusos tipo S	—	1,0
Aerofusos tipo ES	—	1,0
Grades Barber Colman	De acordo com a regulagem	1,5 a 2,5

A seleção e o dimensionamento das bocas de insuflamento devem obedecer a seguinte ordem:

a) escolha dos pontos de insuflamento;
b) escolha do tipo de boca;
c) dimensionamento do difusor;
d) cálculo das perdas de carga nos difusores.

Na *escolha dos pontos de insuflamento* para uma distribuição uniforme do ar, define-se a área de atendimento de cada boca (quadrada para difusores de forro multidirecionais e retangular para grades ou difusores de forro unidirecionais).

A *escolha do tipo de boca* obedece à localização desta, à forma e dimensões da área a atender (fixando-se a divergência das grades ou o tipo de difusor de forro a usar).

Essa escolha deve levar em conta que grades paralelas (tipo A) apresentam pequena divergência horizontal e são indicadas para grandes jatos, atendendo áreas retangulares alongadas. Já as grades com divergências de 30° a 90° (dos tipos C, E e G) são aplicáveis a áreas com proporções próximas da quadrada, como mostra a Fig. 3.15.

Os aerofusos do tipo S servem para grandes jatos com pequena indução, sendo empregados em peças de pequeno pé-direito, pois insufla o ar praticamente na horizontal. Os aerofusos do tipo ES têm menor impulsão, mas maior indução, de modo que são adequados para peças de pé-direito elevado, uma vez que jogam o ar para baixo.

Os anemostatos AC e AR com indução interna permitem o insuflamento do ar com elevadas diferenças de temperatura, sem perigo de chegar às pessoas antes de estar devidamente misturado com o ar ambiente.

As grades do tipo Barber Colman, além de ter um belo aspecto, são de palhetas verticais orientáveis, atendendo a todas as aplicações citadas para as grades A, C, E e G.

O *dimensionamento do difusor* é feito a partir do tipo escolhido, do jato, da velocidade terminal recomendada e da vazão (Eqs. [3.2] e [3.3] e Tabs. 3.5 e 3.6).

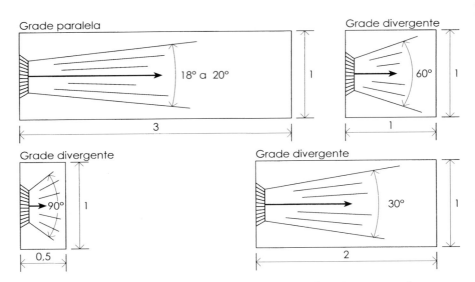

Figura 3.15 Grades com divergência entre 30 e 90° aplicam-se a áreas aproximadamente quadradas.

É importante verificar se as velocidades de insuflamento selecionadas não excedem as máximas recomendadas, em vista de possíveis problemas de ruído (Tab. 3.4). Caso contrário, o tipo de boca ou a distribuição dos pontos de insuflamento deve ser objeto de reestudo.

O dimensionamento dos difusores pode ser feito de maneira bastante rápida, por meio de diagramas de cálculo como os das páginas 91, 92 e 93, elaborados para os aerofusos tipo S e ES, com velocidades terminais de 0,5 m/s, 0,75 m/s e 1,0 m/s, e para as grades do tipo A, C, E e G, com velocidades terminais de 0,25 m/s (ver Exemplo 3.1).

O *cálculo das perdas de carga nos difusores* é realizado por meio da Eq. [2.4] e da Tab. 3.7, para futuro dimensionamento da canalização e seleção do ventilador com seu respectivo motor de acionamento.

3.2.2 Canalizações

As canalizações de uma instalação de ventilação mecânica, tanto de tomada de ar exterior como de insuflamento ou exaustão, podem ser constituídas por plenos e por dutos de baixa ou de alta pressão.

Os *plenos* são executados na própria estrutura das construções e constituídos por rebaixos de forros ou vãos de paredes, nos quais o ar se desloca com velocidades inferiores a 1,7 m/s, de modo que as perdas de carga ao longo deles podem ser negligenciadas.

Os *dutos de alta pressão* consistem em condutos de seção circular onde o ar atinge velocidades superiores a 10 m/s. Trata-se de técnica especial, pouco usada, em virtude da grande potência mecânica consumida na movimentação do ar e da necessidade de se usarem abafadores, geralmente colocados em cada boca de insuflamento, para eliminar os elevados ruídos que se formam devido às altas velocidades de deslocamento do ar adotadas.

Cálculo de instalações de ventilação mecânica

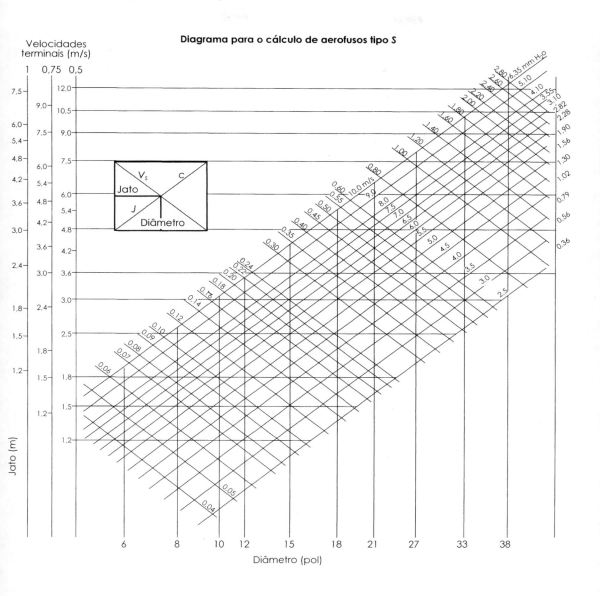

Já os *dutos de baixa pressão*, de uso corrente, são condutos geralmente de seção retangular, onde as velocidades são inferiores a 10 m/s.

De uma maneira geral, os dutos podem ser executados com os mais diversos materiais:

- chapas de aço galvanizado;
- chapas de aço inoxidável;
- chapas de alumínio semiduro;
- chapas de cobre;

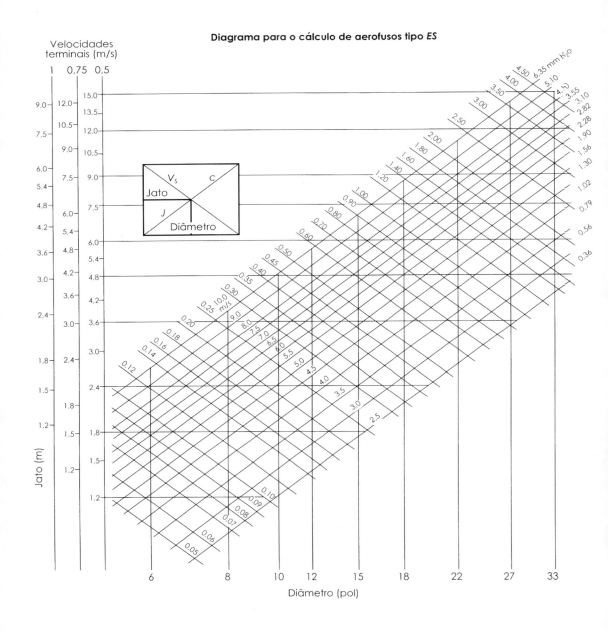

- chapas de aço recobertas com chumbo;
- chapas de chumbo;
- placas de cimento amianto;
- placas de madeira ou madeira aglomerada;
- placas de plástico ou fibra de vidro;
- alvenaria de tijolos, pedras ou mesmo concreto.

Cálculo de instalações de ventilação mecânica

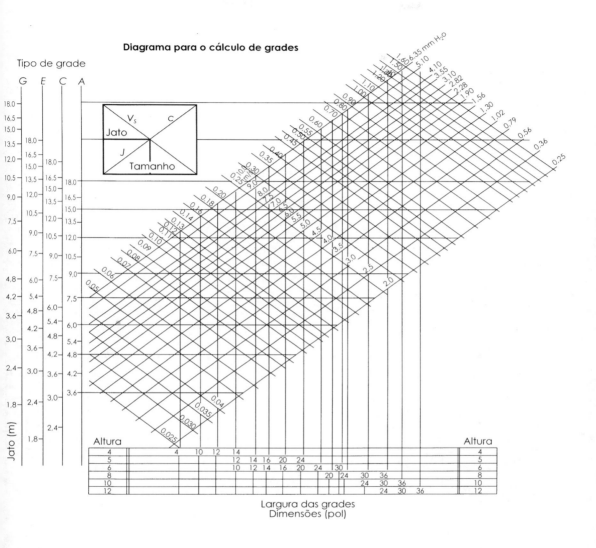

As peças que formam a canalização, quando de chapas metálicas, geralmente medem 1 m de comprimento e são confeccionadas com juntas executadas com o próprio material (Fig. 3.16). As diversas peças, por sua vez, são interligadas por meio de uniões sem solda (Fig. 3.17).

De acordo com a Associação Brasileira de Normas Técnicas (ABNT), os parâmetros básicos para projetos de instalações de ventilação (NBR 6401, dezembro de 1980) estabelecem as bitolas das chapas para a fabricação de dutos rígidos para sistemas de baixa pressão [pressão estática de até 500 N/m^2 (50 kgf/m^2) e velocidades de até 10 m/s]. Esses valores constam da Tab. 3.8.

Figura 3.16 Tipos de junta em canalizações metálicas.

Figura 3.17 Uniões sem solda ligam as peças das canalizações metálicas.

Tabela 3.8 Bitolas das chapas para fabricação de dutos de ventilação						
Espessuras				Circular		Retangular
Alumínio		Aço galvanizado		Helicoidal (mm)	Calandrado com costura long (mm)	Lado maior (mm)
bitola	mm	bitola	mm			
24	0,64	26	0,50	Até 225	Até 450	Até 300
22	0,79	24	0,64	250 a 600	460 a 750	310 a 750
20	0,95	22	0,79	650 a 900	760 a 1.150	760 a 1.400
18	1,27	20	0,95	950 a 1.250	1.160 a 1.500	1.410 a 2.100
16	1,59	18	1,27	1.300 a 1.500	1.510 a 2.300	2.110 a 3.000

Um bom projeto das canalizações de uma instalação de ventilação mecânica deve obedecer à seguinte orientação:

> O momento de transporte do ar, ou seja, o produto vazão-distância, deve ser o menor possível para se obter uma instalação econômica tanto do ponto de vista da instalação como do consumo de energia.

Cálculo de instalações de ventilação mecânica

Atendendo a esse objetivo, a rede de distribuição do ar, deve obedecer aos seguintes traçados (Fig. 3.18):
- em linha;
- palmada;
- mista.

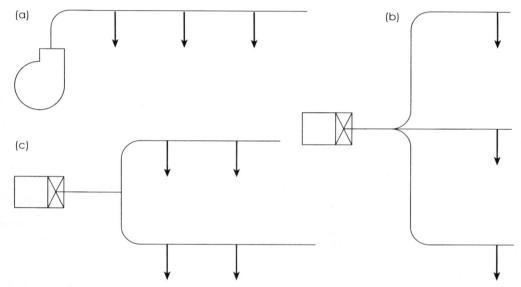

Figura 3.18 Traçados de redes de distribuição de ar.
(a) Em linha; (b) palmada; (c) mista.

Além disso, devem ser tomadas medidas para reduzir as perdas de carga nos acessórios como, por exemplo, guias nos joelhos e nas curvas (Fig. 3.19). Para a colocação de guias tipo (a) nos joelhos, adota-se o processo da linha-base, descrito a seguir.

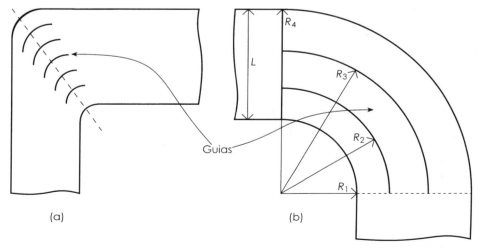

Figura 3.19 Posicionamento de guias em joelhos e curvas.

- Linha-base
    a) Para joelhos sem redução, traçar uma linha diagonal do canto interno ao canto externo [Fig. 3.20(a)].
    b) Para joelhos com redução, marcar um ponto O à distância R de ambos os lados do canto externo do joelho e traçar uma linha diagonal desse ponto ao canto interno [Fig. 3.20(b)].

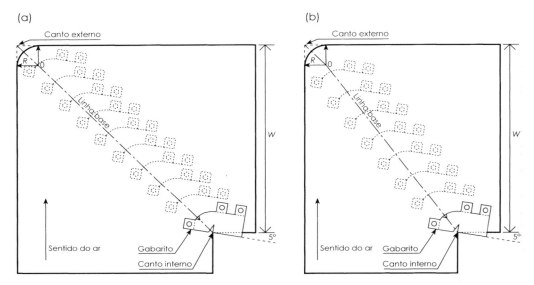

Figura 3.20 Marcação da linha-base em joelhos. (a) Sem redução; (b) com redução.

- Locação das veias
    a) As veias devem ser executadas de acordo com o gabarito da Fig. 3.21.
    b) Arredonda-se o canto externo com o raio R correspondente (Tab. 3.9).
    c) Coloca-se a primeira veia, à distância R do canto interno, sobre a linha-base.
    d) A partir dessa veia, marcam-se sobre a linha-base as distâncias R para as veias intermediárias.
    e) Se a distância entre o canto externo arredondado e a última veia for superior a $1,5R$, colocar uma veia intermediária, dividindo esse espaço ao meio.

- Colocação do gabarito para fixação das veias
    a) Colocar o gabarito (Fig. 3.22) no canto interno, coincidindo sua linha-base de $40°$ com a linha-base traçada no joelho (Fig. 3.20), e marcar os furos correspondentes.
    b) Colocar o gabarito nas demais distâncias R e marcar os furos de fixação das demais veias.

Cálculo de instalações de ventilação mecânica

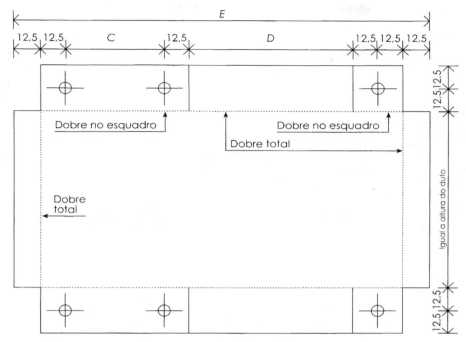

Figura 3.21 Gabarito para execução das veias.

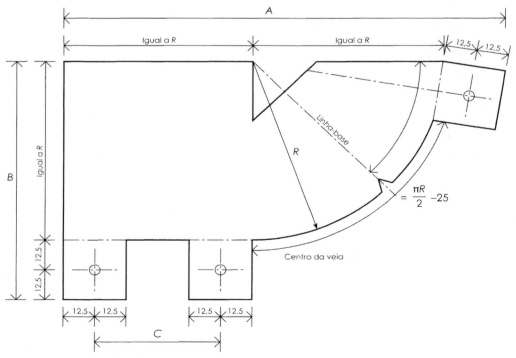

Figura 3.22 Posicionamento do gabarito para fixação das veias.

As cotas representadas por letras nas Figs. 3.20, 3.21 e 3.22 estão registradas na Tab. 3.9 em função do lado maior W do joelho. As chapas usadas na confecção das veias devem ser iguais às adotadas para a execução do joelho correspondente, de acordo com a Tab. 3.8.

Tabela 3.9
Cotas de gabarito para execução de veias em curvas de dutos de ventilação

W (mm)	R (mm)	A (mm)	B (mm)	C (mm)	D (mm)	E (mm)
120 a 600	75	175	100	50	95	220
610 a 900	125	275	150	100	175	350
910 a 1.200	175	375	200	150	255	480
1.210 a <	255	535	280	230	375	680

Para a colocação das guias nas curvas [Fig. 3.19(b)], adotam-se relações de raios iguais, isto é:

$$\frac{R_4}{R_3} = \frac{R_3}{R_2} = \frac{R_2}{R_1} = r.$$

Dessa forma, chamando de n o número de guias, podemos fazer:

$$\frac{R_4}{R_1} = r^{n+1},$$

donde:

$$r = \sqrt[n+1]{\frac{R_4}{R_1}}.$$

Da mesma forma, nos aumentos de seção, devem ser adotados pequenos ângulos de divergência ($\alpha < 8°$) ou mesmo veias para reduzi-los (Fig. 3.23).

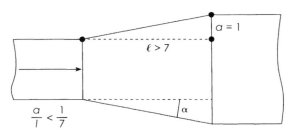

Figura 3.23 Nos aumentos de seção, adotam-se pequenos ângulos de divergência.

Cálculo de instalações de ventilação mecânica

A colocação das bocas de insuflamento (aerofusos e grades) é executada como mostram as vistas da Fig. 3.24, evitando-se a pressão dinâmica do escoamento, para o insuflamento do ar no ambiente.

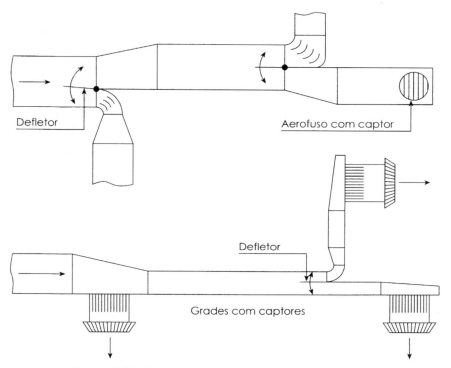

Figura 3.24 Colocação de bocas de insuflamento.

O fluxo de ar nas bocas de insuflamento deve ser orientado por meio de captores apropriados (Fig. 3.25), dispostos perpendicularmente à veia fluida. Normalmente, esses captores têm comprimento de 75 mm e são espaçados de 50 em 50 mm.

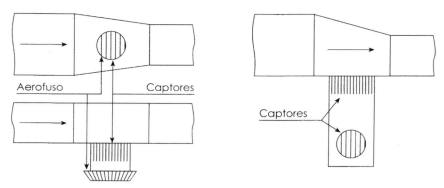

Figura 3.25 Captores adequados orientam o fluxo de ar nas bocas de insuflamento.

O dimensionamento da canalização deve prever que, além das velocidades-limite recomendadas, as pressões estáticas em todas as bocas de insuflamento sejam praticamente iguais aquelas necessárias para vencer a perda de carga própria de cada uma. Para isso são adotados os seguintes métodos de cálculo:

- arbitragem de velocidades;
- igual perda de carga;
- recuperação da pressão estática.

O processo de *arbitragem de velocidades* consiste em adotar as velocidades recomendadas, não prevendo o equilíbrio das pressões estáticas nas bocas de insuflamento, o que exigirá uma posterior regulagem das mesmas. Esse processo só é aceitável como avaliação inicial ou para o dimensionamento dos dutos principais, que, por serem geralmente comuns a todas as bocas de insuflamento, não serão causa de desequilíbrio de pressão entre elas.

O método de *igual perda de carga* consiste em adotar uma perda, por unidade de comprimento de conduto, igual para toda a canalização. Embora isso simplifique os cálculos, não atinge também o desejado equilíbrio de pressões estáticas citado.

Quando a distribuição é palmada, esse processo pode ser melhorado adotando-se, para cada tramo, uma perda de carga por metro inversamente proporcional ao comprimento do tramo.

A *recuperação de pressão estática* consiste em reduzir a velocidade de distribuição do ar ao longo da rede, de tal forma que a diminuição da pressão dinâmica seja transformada em pressão estática suficiente para vencer as perdas de carga do percurso. Nessas condições, a pressão estática de cada boca de insuflamento seria igual à pressão estática inicial e, portanto, igual à das demais.

Tal processo baseia-se na equação do equilíbrio dinâmico de um fluido em escoamento unidirecional e sem atrito [ver Costa (8)]:

$$dh + vdp + d\left(\frac{c^2}{2g}\right) = 0.$$

Para o caso de fluidos incompressíveis, ou mesmo compressíveis, como o ar, quando a variação de pressão é muito pequena (escoamentos isométricos), a expressão anterior pode ser facilmente integrada, assumindo a forma da conhecida equação das alturas ou energias por unidade de peso de Daniel Bernoulli:

$$h + vp + \frac{c^2}{2g} = \text{constante},$$

sendo:

h a energia potencial devido à posição ocupada pela massa fluida no campo gravitacional;
$vp = p/\gamma = p/\rho g$ a energia devido à pressão (estática) suportada pelo fluido; e
$c^2/2g$ a energia devido à velocidade (energia cinética).

Cálculo de instalações de ventilação mecânica

A equação de Bernoulli pode ser expressa em função das pressões ou energias por unidade de volume da massa fluida em J/m³ (kgf•m/m³), multiplicando-se por $\gamma = 1/v = \rho g$:

$$h\rho g + p + \frac{c^2}{2}\rho = h\gamma + p + \frac{c^2}{2g}\gamma = \text{constante.}$$

Essa equação, para o ar a baixa pressão escoando em nosso meio – caso em que a variação de energia no campo gravitacional é praticamente nula –, pode ser simplificada para:

$$p + \frac{c^2}{2}\rho = p + \frac{c^2}{2g}\gamma = \text{constante.} \qquad [3.5]$$

Isto é, nas canalizações de ar de ventilação, a soma das pressões estáticas e dinâmicas (devido à velocidade), desde que não haja perdas, é uma constante.

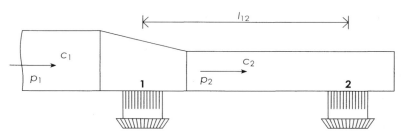

Figura 3.26 Mudanças de seção resultam em aumento da pressão estática.

Assim, numa mudança de seção como a da Fig. 3.26, como a velocidade $c_1 > c_2$, resulta um aumento da pressão estática:

$$\Delta p = p_2 - p_1 = \frac{c_1^2}{2}\rho - \frac{c_2^2}{2}\rho = \frac{c_1^2}{2g}\gamma - \frac{c_2^2}{2g}\gamma.$$

Na realidade, os atritos na variação de seção fazem com que essa recuperação de pressão não seja integral, podendo-se considerar na prática um aproveitamento de 75%, de modo que:

$$\Delta p = p_2 - p_1 = 0{,}75\frac{c_1^2 - c_2^2}{2}\rho = 0{,}75\frac{c_1^2 - c_2^2}{2g}\gamma. \qquad [3.6]$$

Essa recuperação de pressão pode ser aproveitada para vencer a perda de carga do trecho de canalização que vai até a próxima boca de insuflamento, a qual passará a ter a mesma pressão estática que a boca de insuflamento anterior. Assim, considerando os dutos como circulares e lembrando que a perda de carga nos mesmos pode ser expressa por (Costa 8):

$$J = \frac{\lambda l_{12} c_2^2}{D 2}\rho = \frac{\lambda l_{12} c_2^2}{D 2g}\gamma,$$

de modo que, fazendo:

$$c_2 = \frac{V \text{ m}^3/\text{h}}{3.600\Omega} = \frac{V_s \text{ m}^3/\text{s}}{\frac{\pi D^2}{4}},$$

obtemos:

$$J = \frac{0,811 \lambda l_{12} V_s^2}{D^5} \rho = \frac{0,0827 \lambda l_{12} V_s^2}{D^5} \gamma, \qquad [3.7]$$

onde o coeficiente de atrito λ é uma função do número de Reynolds e da rugosidade relativa do duto circular:

$$\lambda = f(\text{Re}, k/D),$$

e pode ser obtido por meio do diagrama de Stanton.

Mais prática, entretanto, é a fórmula empírica para o cálculo das perdas de carga de canalizações de ventilação executadas em chapas galvanizadas, da ASHRAE:

$$J \text{ N/m}^2 = 0,01178 l_{12} \frac{c_2^{1,9}}{D^{1,22}} = 0,01844 l_{12} \frac{V_s^{1,9}}{D^{5,02}} = 0,01006 l_{12} \frac{c_2^{2,51}}{V_s^{0,61}}. \qquad [3.8]$$

Ou, ainda, no sistema técnico de unidades MKfS, onde J é dado em kgf/m²:

$$J \text{ kgf/m}^2 = 0,001199 l_{12} \frac{c_2^{1,9}}{D^{1,22}} = 0,00188 l_{12} \frac{V_s^{1,9}}{D^{5,02}} = 0,001026 l_{12} \frac{c_2^{2,51}}{V_s^{0,61}}. \qquad [3.9]$$

Identificando a recuperação de pressão estática em kgf/m² dada pela Eq. [3.6], para a condições ambientes médias ($\gamma = 1,2$ kgf/m³), com a perda de carga em kgf/m² dada pela última equação registrada em [3.9], obtemos a expressão:

$$0,0459(c_2 - c_1) = 0,001026 l_{12} \frac{c_2^{2,51}}{V_s^{0,61}}. \qquad [3.10]$$

A partir da Eq. [3.10] podemos elaborar um diagrama de cálculo das canalizações de ventilação pelo método da recuperação da pressão estática. Para isso, vamos decompor a expressão anterior em três equações:

$$\frac{l_{12}}{V_s^{0,61}} = A;$$

Perda de carga $J = 0,001026 A c_2^{2,51}$;

Recuperação de pressão $= 0,0459(c_1^2 - c_2^2)$.

As dependências expressas por essas equações podem ser traduzidas graficamente por três famílias de linhas, como as representadas na Fig. 3.27.

Cálculo de instalações de ventilação mecânica

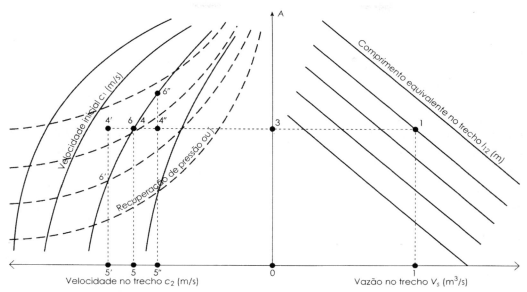

Figura 3.27 À direita, valor de A em função de V_s e l_{12}. À esquerda, valor de J em função de c_2 e A.

No diagrama, à direita, estão representadas as retas que fornecem o valor de A (ordenadas) em função da vazão V_s do ar (abscissas), e o comprimento l_{12} do trecho cuja perda de carga é objeto da recuperação. À esquerda, uma família de curvas fornece a perda de carga em função da velocidade do trecho c_2 (abscissas) e do valor já definido por A (ordenadas).

Sobre essas curvas, podem ser registradas as velocidades c_1, em função de c_2 (abscissas), necessárias para obter uma recuperação de pressão igual à perda de carga nela registrada.

A interligação dos pontos de igual valor de c_1 fornece uma nova serie de linhas curvas que completam o diagrama. Como os valores de V_s, l_{12} e c_1 são dados do projeto, jogando com c_2 podemos facilmente determinar, com auxílio do diagrama, a recuperação de pressão e a perda de carga, identificando-as se possível. Assim, a partir de V_s (ponto 1) e l_{12} (ponto 2), determinamos A (ponto 3).

Selecionada a velocidade c_2 menor do que c_1 (ponto 5', 5 ou 5''), a perda de carga será dada a partir de A (ponto 3), pelos pontos 4', 4 ou 4''. A recuperação de pressão, por sua vez, será dada pela interseção de c_1 com a abscissa c_2, dependendo de qual ponto (5', 5 ou 5'') poderá ser menor (ponto 6'), igual (ponto 6) ou maior (ponto 6'') que a perda de carga no trecho l_{12}. Desse modo, selecionada a velocidade c_2 no trecho, podemos calcular a seção a adotar nele, e assim sucessivamente para os demais trechos.

O diagrama de dimensionamento das canalizações de ventilação pelo processo de recuperação da pressão estática em unidades do sistema técnico (MKfS) encontra-se na página 110. Entretanto a aplicação desse diagrama para o dimensionamento das canalizações de ventilação de baixa pressão, que usualmente, na prática, são constituídas de dutos de seção retangular e apresentam assessórios como joelhos, curvas, mudanças de seção, etc., exige dois tipos de correção, discutidos a seguir.

Primeira correção

Como as fórmulas adotadas para a elaboração do diagrama estão relacionadas com dutos de seção circular, quando adotamos dutos de seção retangular de altura H e largura $L = aH$, com a mesma velocidade selecionada c_2 e, portanto, mesma seção Ω, as perdas de carga na realidade resultam maiores do que as indicadas nos pontos 4', 4 ou 4".

Para obter os valores corretos das perdas de carga nos condutos de seção retangular, podemos adotar o conceito de *diâmetro hidráulico* (ver bibliografia). Diâmetro hidráulico (D_h) de um conduto de seção retangular $\Omega = HL = aH^2$ é o diâmetro de um conduto circular que, para a mesma velocidade, sofre a mesma perda de carga que o conduto retangular em estudo.

De acordo com o estudo do escoamento em canalizações da mecânica dos fluidos, o diâmetro hidráulico nos é dado por:

$$Dh = \frac{4\Omega}{\text{Perímetro}} = \frac{4HL}{2(H+L)} = \frac{4aH^2}{2H(1+a)} = H\frac{2a}{1+a}. \qquad [3.11]$$

Nessas condições, considerando uma canalização de seção retangular, podemos dizer que, para uma velocidade c_2, caso sua seção fosse circular:

$$\Omega = HL = aH^2 = \frac{\pi D^2}{4},$$

de onde vem:

$$D = \sqrt{\frac{4aH^2}{\pi}} = 1{,}128H\sqrt{a}. \qquad [3.12]$$

A perda de carga, de acordo com a fórmula empírica da ASHRAE, em que $J=f(c_2, D)$, seria dada por:

$$J_{\text{circular}} = 0{,}001199 l_{12} \frac{c_2^{1,9}}{D^{1,22}}.$$

Entretanto, na realidade, como se trata de uma seção retangular, para a mesma velocidade c_2, a perda de carga será maior:

$$J_{\text{retangular}} = 0{,}001199 l_{12} \frac{c_2^{1,9}}{Dh^{1,22}}.$$

De modo que podemos calcular:

$$b = \frac{J_{\text{retangular}}}{J_{\text{circular}}} = \left(\frac{D}{Dh}\right)^{1,22} = \left[\frac{1{,}128H(1+a)\sqrt{a}}{2aH}\right] = 0{,}4974\left[\frac{(1+a)}{\sqrt{a}}\right]^{1,22}. \qquad [3.13]$$

Os valores dessa correção em função de $a = L/H$ estão relacionados na Tab. 3.10.

Cálculo de instalações de ventilação mecânica

TABELA 3.10
Coeficiente de correção das perdas de carga em dutos retangulares

L/H = a	D/H = 1,13a	Dh/H = 2a/(1 + a)	$(D/Dh)^{1,22} = b$
1	1,13	1,00	1,16
1,5	1,38	1,20	1,19
2	1,60	1,33	1,25
2,5	1,78	1,43	1,31
3	1,95	1,50	1,38
3,5	2,11	1,56	1,44
4	2,26	1,60	1,52

Observação: como a perda de carga é diretamente proporcional ao comprimento da canalização, ou trecho em dimensionamento, a maneira mais prática de se fazer essa correção, caso o duto seja retangular, consistem em adotar um comprimento para este multiplicado por b:

$$l_{12} \text{ corrigido} = l_{12} \times b.$$

EXEMPLO 3.1

Sabendo que:

- $l_{12}=5$ m;
- $V_s=1$ m^3/s;
- $c_1=5$ m/s;

calcular c_2 para um duto retangular de $a=L/H=2$.

No diagrama da página 110, para uma seção circular, podemos ler:

$A = 5$;
$c_2 = 4,48$ m/s.

Entretanto, ao adotar uma seção retangular, devemos corrigir:

$b = 1,25$;
l_{12} corrigido $= 5 \times 1,25 = 6,25$ m;
$A = 6,25$;
$c_2 = 4,37$ m/s;
J = recuperação = 0,266 kgf/m^2.

Como se pode notar, a variação da velocidade c_2 para obter a recuperação desejada foi inferior a 3%. Na prática, embora essa correção chegue a atingir 10%, pode-se, sem grandes erros, calcular os dutos de seção retangular de proporção L/H no máximo de dois, como dutos de seção circular, empregando-se diretamente o diagrama da página 110.

Segunda correção

Como as canalizações de ventilação são constituídas não apenas por dutos, mas também por acessórios como joelhos, curvas, transformações, etc., que também contribuem com perdas de pressão, é importante incluir essas quedas de carga adicionais no equacionamento do cálculo da seção de seus diversos trechos.

A maneira mais simples de fazer essa inclusão é através do conceito de *comprimento equivalente* do acessório correspondente. O comprimento equivalente de um acessório de canalização de diâmetro D é o comprimento do duto que, colocado no lugar do acessório em consideração, acarreta a mesma perda de carga.

Normalmente o comprimento equivalente é expresso por meio de um múltiplo do diâmetro da canalização. Quando, no processamento dos cálculos de uma canalização, o diâmetro não for inicialmente conhecido, ele deverá ser arbitrado para o cálculo preliminar dos comprimentos equivalentes dos diversos acessórios.

Assim, chamando de λ_a o coeficiente de atrito do acessório correspondente e tomando para o cálculo de sua perda de carga a Eq. [2.4], obtemos:

$$J_{\text{acessório}} = \lambda_a \frac{c^2}{2} \rho = \lambda_a \frac{c^2}{2g} \gamma.$$

E como, de acordo com o estudo da dinâmica dos fluidos viscosos (Costa 1 ou 8), a perda de carga nos condutos, além de depender da pressão dinâmica, é diretamente proporcional à área de contato do fluido com a parede ($\pi D l$) e inversamente proporcional à seção de passagem $\Omega = \pi D^2/4$, podemos escrever que:

$$J_{\text{conduto}} = K \frac{\pi D l}{\dfrac{\pi D^2}{4}} \frac{c^2}{2} \rho.$$

Ou, ainda, na forma mais conhecida, em que λ_c recebe o nome de *coeficiente de atrito dos condutos*:

$$J_{\text{conduto}} = \lambda_c \frac{l}{D} \frac{c^2}{2} \rho = \lambda_c \frac{l}{D} \frac{c^2}{2g} \gamma,. \qquad [3.14]$$

de modo que, identificando essas duas grandezas, o comprimento do conduto – que passa a se chamar *comprimento equivalente* (l_e) do acessório em consideração – vale:

$$l_e = \frac{\lambda_a}{\lambda_c} D. \qquad [3.15]$$

O valor do coeficiente de atrito de um conduto depende do número de Reynolds do escoamento (Re) e da rugosidade relativa do conduto, podendo ser calculado por fórmulas empíricas ou pelo diagrama de Stanton. Entretanto, para canalizações de ventilação de baixa pressão executadas em chapas de aço galvanizado de baixa rugosidade, é aceitável o valor médio de 0,02.

O diâmetro a considerar no cálculo dos comprimentos equivalentes dos diversos acessórios das canalizações é o diâmetro hidráulico, já que a equação de equivalência analisada foi estabelecida para velocidades iguais. A Tab. 3.11 fornece os valores aproximados de λ_a e l_e para os acessórios mais comuns das instalações de ventilação mecânica de baixa pressão.

Cálculo de instalações de ventilação mecânica

TABELA 3.11
Valores de λ_a e l_e para acessórios de canalizações de ventilação mecânica

Acessório		λ_a	l_e
Curvas de seção circular - Ver Fig. 3.28	R/D { 0,50 / 0,75 / 1,00 / 1,50 / 2,00	0,73 / 0,38 / 0,26 / 0,17 / 0,15	36,5D / 19,0D / 13,0D / 8,5D / 7,5D
Curvas de seção retangular H/L = 0,5 - Ver Fig. 3.29	R/L { 0,50 / 0,75 / 1,00 / 1,50	1,30 / 0,47 / 0,28 / 0,18	65,0D / 23,5D / 14,0D / 9,0D
Curvas de seção retangular H/L = 1 a 3 - Ver Fig.3.29	R/L { 0,50 / 0,75 / 1,00 / 1,50	0,95 / 0,33 / 0,20 / 0,13	47,5D / 16,5D / 10,0D / 6,5D
Curvas de seção retangular com um defletor - Ver Figs. 3.30 e 3.19b	R/L { 0,50 / 0,75 / 1,00 / 1,50	0,70 / 0,16 / 0,13 / 0,12	35,0D / 8,0D / 6,5D / 6,0D
Curva de seção retangular com dois defletores - Ver Figs. 3.30 e 3.19b	R/L { 0,50 / 0,75 / 1,00 / 1,50	0,45 / 0,12 / 0,10 / 0,15	22,5D / 6,0D / 5,0D / 7,5D
Joelho de seção circular - (ver Fig. 3.31)		0,87	43,5D
Joelho de seção retangular - (ver Fig. 3.32) Com veias simples - (ver Figs. 3.33 e 3.19a) Com veias duplas - (ver Fig.3.33)		1,25 / 0,35 / 0,10	62,5D / 17,5D / 5,0D
Lona de adaptação do ventilador		0,1 a 0,2	5,0 a 10,0D
Transformação de seção retangular - (ver Figs. 3.34 e 3.23). Para $\alpha < 8°$ ($a/l < 1/7$)		0,15	7,5D
Aumentos de seção Coeficientes de atrito referidos à variação da pressão cinética: $\frac{c_1^2 - c_2^2}{2} \rho$ Ver Fig. 3.35	α 5° / 10° / 20° / 30° / 40°	0,17 / 0,28 / 0,45 / 0,59 / 0,73	
Redução de seção Coeficiente de atrito referido à seção estrangulada	α 30° / 45° / 60°	0,02 / 0,04 / 0,07	$1D_2$ / $2D_2$ / $3,5D_2$

Observação: para curvas e joelhos de ângulo inferior a 90°, reduzir os valores tabelados na proporção:

$$\frac{\alpha}{90°} \lambda_a \quad \text{ou} \quad \frac{\alpha}{90°} l_e.$$

Curvas de seção circular

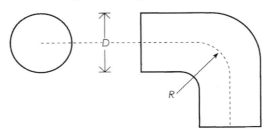

FIGURA 3.28 Curvas de seção circular.

Curvas de seção retangular

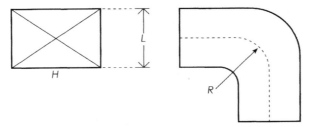

FIGURA 3.29 Curvas de seção retangular.

Curvas de seção retangular com defletores

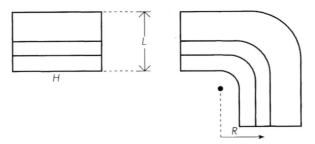

FIGURA 3.30 Curvas de seção retangular com defletores.

Joelho de seção circular

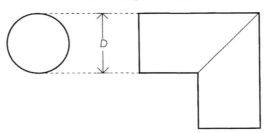

FIGURA 3.31 Joelho de seção circular.

Cálculo de instalações de ventilação mecânica

Joelho de seção retangular

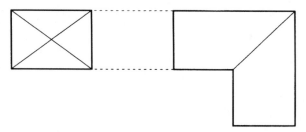

FIGURA 3.32 Joelho de seção retangular.

Joelho de seção retangular com veias

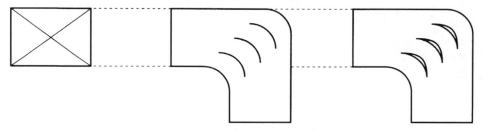

FIGURA 3.33 Joelhos de seção retangular com veias.

Transformação de seção retangular

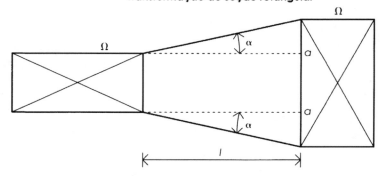

FIGURA 3.34 Transformação de seção retangular.

Mudanças de seção

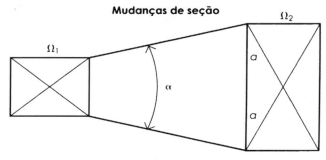

FIGURA 3.35 Mudanças de seção.

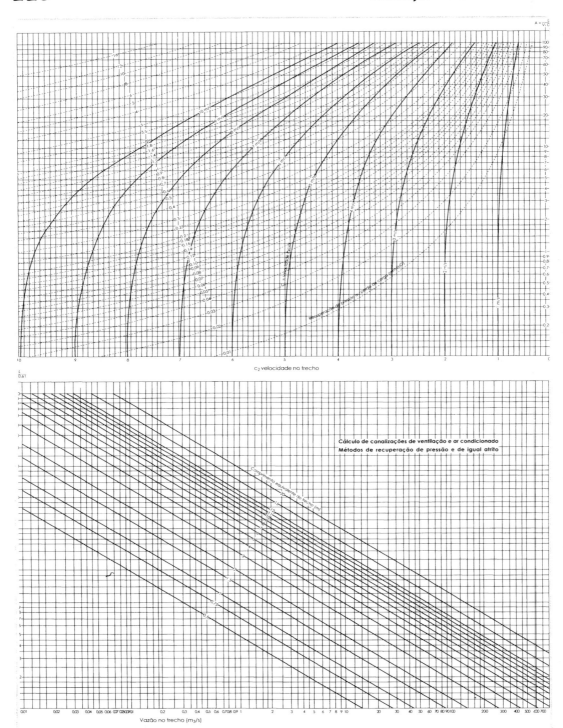

Diagrama para o cálculo de canalizações de ventilação pelo método de recuperação de pressão e de igual atrito.

O encarte com os ábacos está disponível no link: http://livro.link/ventilacao

Cálculo de instalações de ventilação mecânica

O diagrama de cálculo de canalizações de ventilação pelo processo de recuperação de pressão estática, permite ainda:

- Calcular a perda de carga dos dutos dimensionados pelo processo de arbitragem de velocidades.

  Nesse caso, J é dado em função de c_2, V_s e l_{12}, acrescido dos comprimentos equivalentes dos acessórios e corrigido, se o duto for de seção retangular, de acordo com a Tab. 3.10.

- Calcular os dutos pelo processo de igual perda de carga unitária i, caso em que o valor $j = i \cdot l_{12}$ pode ser calculado arbitrando-se inicialmente um diâmetro para a avaliação dos comprimentos equivalentes dos acessórios.

A ordem de entrada dos valores em jogo é:

$$V_s \rightarrow l_{12} \rightarrow c_2 \rightarrow \Omega \rightarrow D_h \rightarrow H \times L.$$

Orientação semelhante pode ser adotada, usando-se uma das equações empíricas [3.9], sugeridas pela ASHRAE, mas tendo-se o cuidado de, no caso de tratar-se de uma seção retangular, fazer as devidas correções.

Assim, na equação

$$J = 0,01199 l_{12} \frac{c_2^{1,9}}{D^{5,02}} \text{ kgf}/\text{m}^2,$$

no caso de dutos com seção retangular, o diâmetro a ser usado deve ser o hidráulico (D_h), já que o cálculo de j é feito em função de c_2.

Já na equação

$$J = 0,0188 l_{12} \frac{V_s^{1,9}}{D^{5,02}} \text{ kgf}/\text{m}^2,$$

em que J é calculado em função de V_s, o diâmetro a usar deve ser o equivalente (D_e). Diâmetro equivalente de um conduto de seção retangular é o diâmetro de um conduto de seção circular que, para a mesma vazão, acarreta a mesma perda de carga do conduto considerado.

Assim, fazendo nesse caso uma análise semelhante à já realizada para o diâmetro hidráulico, podemos estabelecer que:

$$D_e = 1,297 \frac{(HL)^{0,6219}}{(H+L)^{0,243}},$$

valor que pode ser obtido diretamente da Tab. 3.12.

Tabela 3.12
Diâmetro equivalente de um conduto de seção retangular

H/L	L/D_e	H/D_e
1,0	0,915	0,915
1,5	1,122	0,749
2,0	1,308	0,654
2,5	1,479	0,592
3,0	1,635	0,545
3,5	1,788	0,512
4,0	1,930	0,483

Mais prática é a solução apresentada pelo diagrama da pág. 114, destinado ao cálculo direto dos condutos de ventilação, que, baseado nas equações propostas pela ASHRAE, fornece a dependência entre a perda de carga unitária dos condutos (i) e as grandezas V_s, c_2 e D.

Como no uso direto das equações da ASHRAE, para o caso de dutos de seção retangular, o valor de D obtido por meio desse diagrama em função de V_s e c_2 será o diâmetro hidráulico do conduto retangular considerado; e, caso a determinação de i for feita a partir de V_s e D, o diâmetro a ser usado para caracterizar o conduto retangular, deverá ser o diâmetro equivalente D_e.

O Exemplo 3.2 mostra o uso das soluções apontadas e, ao mesmo tempo, a exatidão das equações e seus respectivos diagramas de cálculo.

EXEMPLO 3.2

Uma canalização de ventilação de seção retangular tem as seguintes características:

- seção, $H \times L = 0,2$ m $\times$ 0,8 m = 0,16 m^2;
- vazão, $V_s = 1,6$ m^3/s;
- comprimento total incluindo acessórios, $l_{12} = 10$ m.

Calcular a perda de carga (J), em kgf/m^2 (mm H$_2$O).

Solução

1. Adotando a equação de J em função de c_2 e D, o diâmetro a ser usado será o diâmetro hidráulico, dado por:

$$D_h = \frac{4\Omega}{P} = \frac{4 \times 0,16}{2(0,2 + 0,8)} = 0,32 \text{ m}$$

Cálculo de instalações de ventilação mecânica   113

Desse modo, podemos calcular:

$$J = 0,001199 l_{12} \frac{c_2^{1,9}}{D_h^{1,22}} = 0,001199 \times 10 \frac{10^{1,9}}{0,32^{1,22}} = 3,824 \text{ kgf/m}^2.$$

2. Adotando a equação de J em função de V_s e D, o diâmetro a ser usado será o diâmetro equivalente, que, no caso, de acordo com a Tab. 3.12 vale:

$$D_e = \frac{H}{0,483} = 0,4141 \text{ m}.$$

Desse modo, podemos igualmente calcular:

$$J = 0,00188 l_{12} \frac{V_s^{1,9}}{D_e^{5,02}} = 0,00188 \times 10 \frac{1,6^{1,9}}{0,4141^{5,02}} = 3,838 \text{ kgf/m}^2.$$

3. A leitura direta no diagrama de cálculo das canalizações de ventilação pelo processo da recuperação da pressão estática, onde l_{12} deve ser corrigido em função do diâmetro hidráulico correspondente, o que segundo a Tab. 3.10 vale $b = 1,52$, fornece:

- Para
  $V_s = 1,6$ m/s,
  $l_{12} = 1,52 \times 10 = 15,2$ m,
  $c_2 = 10$ m/s,

  o valor $J = 3,9$ kgf/m² (mm H$_2$O).

4. Da mesma forma, a leitura direta no diagrama de cálculo dos condutos de ventilação e ar condicionado da ASHRAE, possibilita chegar aos seguintes resultados:

- Para:
  $V_s = 1,6$ m³/s,
  $c_2 = 10$ m/s,
  $l_{12} = 1,52 \times 10 = 15,2$ m (corrigido),

  obtemos
  $i = 0,25$ kgf/m²žm,

  de onde
  $j = 1,52 \times 10 \times 0,25 = 3,8$ kgf/m².

- Para:
  $V_s = 1,6$ m³/s,
  $D = D_e = 0,4141$ m,
  $l_{12} = 10$ m (a correção foi feita no diâmetro),

  obtemos
  $i = 0,39$ kgf/m²žm,

  de onde
  $J = 10 \times 0,39 = 3,9$ kgf/m².

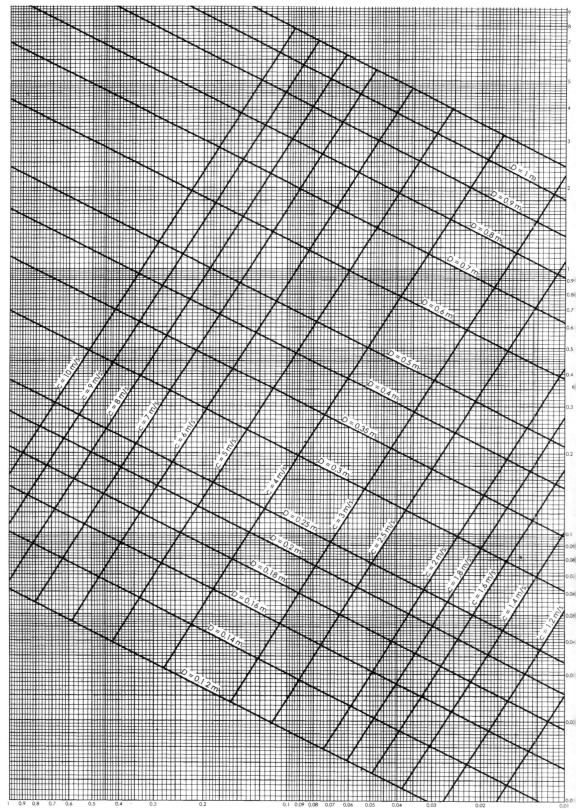

Cálculo de instalações de ventilação mecânica

3.2.3 Bocas de saída e tomadas de ar exterior

As bocas de saída do ar dos sistemas de ventilação podem ser de diversos tipos:

- venezianas comuns de chapa ou madeira;
- grades com palhetas retas;
- grades com palhetas em V;
- telas perfuradas;
- cogumelos.

Com exceção dos cogumelos, qualquer um desses tipos pode servir como tomada de ar exterior.

A localização das bocas de saída, por outro lado, pode estar:

• no teto, para extração de fumos e odores, caso em que se devem tomar cuidados especiais, para evitar curtos circuitos insuflamento-saída do ar (Fig. 3.36);

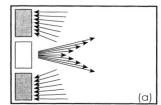 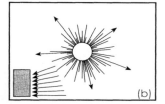

Figura 3.36 Colocação das bocas de saída para extração de fumos e odores. (a) Correta; (b) errada.

• nas paredes, a 20 cm do piso ou junto ao forro, com os cuidados da disposição indicada na Fig. 3.36;
• na parte inferior das portas, no rodapé de estrados de madeira ou mesmo armários embutidos;
• no piso, caso em que são usados cogumelos, normalmente situados sob as cadeiras, que deflexionam o ar, evitando o arrasto de pó do chão (Fig. 3.37).

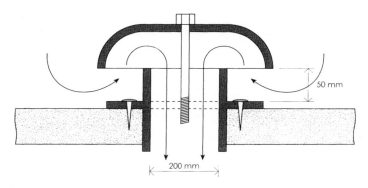

Figura 3.37 Bocas de saída tipo cogumelo para colocação no piso.

As velocidades de face c_f (velocidade aparente relacionada à área total da boca) adotadas, devem ser as que constam das Tabs. 3.1 e 3.4. Assim, para os cogumelos que geralmente têm uma área da ordem de 0,03 m², seria admitida uma vazão máxima de:

$$V_s = c_f \Omega_f \Delta \; 3 \text{ m/s} \times 0,03 \text{ m}^2 = 0,09 \text{ m}^3/\text{s} \quad (324 \text{ m}^3/\text{h}),$$

o que exigiria, para a ventilação de cinemas, teatros, etc., onde a ração de ar mínima recomendada é de 50 m³/h·pessoa, pelo menos um cogumelo para cada 6,5 pessoas.

A perda de carga nas bocas de saída podem ser calculadas, tal como para o caso das bocas de insuflamento, pela Eq. [2.4]:

$$J = \lambda \frac{c^2}{2} \rho = \lambda \frac{c^2}{2g} \gamma,$$

onde, no caso, a velocidade real c será dada por:

$$c = \frac{c_f}{a}.$$

Os valores de λ e a para os diversos tipos de boca de saída estão registrados na Tab. 3.13:

Tabela 3.13
Coeficiente de atrito de bocas de saída

Boca de saída	a	λ
Venezianas de madeira	0,5 a 0,6	1 a 3
Venezianas de chapa prensada	0,5 a 0,6	1 a 3
Venezianas de chapa soldada	0,7 a 0,8	1 a 3
Grades de palhetas retas	0,7 a 0,8	1 a 5
Grades de palhetas em V	0,7	4 a 8
Cogumelos	-	2 a 4
Tela perfurada	0,3 a 0,5	2

3.2.4 Filtros

Os filtros de ar normalmente adotados nas instalações de ventilação mecânica são:

- de tela galvanizada impregnada de óleo (Fig. 3.38);
- de tela de alumínio obtida por estiramento de chapa;
- de lã de vidro (descartável);
- de pano;
- de espuma de plástico (poliuretano).

Cálculo de instalações de ventilação mecânica

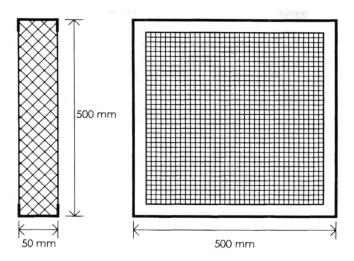

Figura 3.38 Filtro de tela galvanizada impregnada com óleo.

Em casos especiais, também podem ser usados, para a retenção de impurezas, filtros úmidos, lavadores de ar ou mesmo filtros eletrostáticos (para maiores detalhes, ver Cap. 4).

Nos filtros secos, as velocidades de face a adotar para uma boa filtragem devem ser no máximo de 2 m/s, sendo que, nos filtros de pano (ver detalhes no Cap. 4), esse valor varia de 0,15 a 2,5 m/min, para que as perdas de carga não excedam os 125 kgf/m^2.

Para os modelos mais comuns de plástico ou tela galvanizada, as perdas de carga podem ser calculadas a partir dos coeficientes de atrito λ relativos às velocidades de face, que constam da Tab. 3.14. Para os filtros mais sofisticados, é necessário usar os dados que constam no Cap. 4.

Tabela 3.14
Coeficiente de atrito de filtros

Filtro	$\lambda = f(c_f)$
Espuma de poliuretano de 12,5 mm de espessura (10 poros/centímetro)	6 a 10
Tela galvanizada múltipla de 50 mm de espessura	10 a 15
Tela de chapas de alumínio estiradas, com 15 mm de espessura	10 a 15

3.2.5 Ventiladores

Os ventiladores adotados na ventilação mecânica geral diluidora são geralmente do tipo centrífugo de pás voltadas para a frente (Siroco), que atingem as pressões necessárias com menores velocidades periféricas (u_2), que constituem a principal causa de ruídos dos ventiladores, conforme classificação da Tab. 3.15. Em casos excepcionais, usam-se também ventiladores axiais, especialmente para extração do ar, em que as diferenças de pressão necessárias são pequenas.

Tabela 3.15
Velocidade periférica de ventiladores e classe de ruído

Classe de ruído	Aplicações	Velocidade periférica (u_2)	Nível de ruído (dB)	Velocidade de descarga
I	Residências	< 20 m/s	Baixo < 60	< 7 m/s
II	Edifícios públicos	20 m/s a 30 m/s	Médio 60 a 80	7 m/s a 10 m/s
III	Indústrias	> 30 m/s	Alto > 80	> 10 m/s

Observação: a velocidade periférica é dada por:

$$u_2 = \frac{\pi D \, N \, \text{rpm}}{60} \, \text{m/s}.$$

Os ventiladores centrífugos tipo Siroco podem ser de simples aspiração ou de dupla aspiração (Fig. 3.39), e suas dimensões básicas relacionadas ao diâmetro externo do rotor (D) estão na Tab. 3.16.

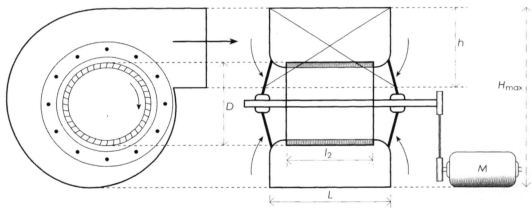

Figura 3.39 Ventilador tipo Siroco de dupla aspiração.

Tabela 3.16
Características dimensionais de ventiladores tipo Siroco

Grandeza	Ventilador de simples aspiração	Ventilador de dupla aspiração
L	0,8D	1,5D
h	1,0D ou 1,25D	1,0D ou 1,25D
H_{max}	2,2D	2,2D
l_2	0,5D	D

Cálculo de instalações de ventilação mecânica

Ao aplicar o primeiro princípio da termodinâmica ao escoamento dos fluidos que se verifica nas máquinas de fluxo, podemos estabelecer parâmetros de cálculo que permitem determinar as características de funcionamento dos ventiladores centrífugos, como sua pressão, sua vazão e a sua potência (ver COSTA (4)]. Assim, supondo a diferença de pressão total gerada pelo ventilador igual a uma energia cinética por unidade de volume, correspondente a uma velocidade teórica c, podemos escrever:

$$\Delta pt = \eta_a \frac{c^2}{2} \rho = \eta_a \frac{c^2}{2g} \gamma,$$

onde η_a caracteriza o rendimento adiabático da compressão.

Dividindo e multiplicando o segundo termo da equação por $u_2^2 = (\pi DN/60)^2$, obtemos:

$$\Delta pt = \eta_a \frac{\rho}{2} u_2^2 \left(\frac{c}{u_2}\right)^2 = \eta_a \frac{\gamma}{2g} u_2^2 \left(\frac{c}{u_2}\right)^2.$$

Ou seja, podemos calcular a diferença de pressão total da compressão em função unicamente do parâmetro $(c/u_2)^2$, que tem o nome de *coeficiente de pressão* (K_p),

$$\Delta pt = \eta_a \frac{\rho}{2} u_2^2 K_p = \eta_a \frac{\gamma}{2g} u_2^2 K_p.$$

Isso nos mostra, ao mesmo tempo, que a *pressão criada por ventiladores do mesmo tipo, funcionando em condições equivalentes a suas características, cresce com o quadrado de sua rotação N, com o quadrado de sua dimensão D e com o peso específico γ ou massa específica ρ do fluido aspirado*, isto é:

$$\Delta pt = \eta_a \frac{\rho \pi^2 D^2 N^2}{2 \times 60^2} K_p = \eta_a \frac{\gamma \pi^2 D^2 N^2}{2 \times 60^2} K_p.$$

Da mesma forma, podemos calcular a vazão do ventilador a partir da velocidade meridiana c_{2m}, de saída do ar do rotor:

$$V_s = \eta_h \Omega_- c_{2m} = \eta_h \pi D l_2 c_{2m} \quad m^3/s,$$

em que l_2 é a largura na periferia do rotor, a qual pode ser tomada como uma fração a do diâmetro do mesmo $l_2 = aD$.

Por outro lado, multiplicando e dividindo a expressão acima por u_2, obtemos:

$$V_s = \eta_h \pi a D^2 u_2 \left(\frac{c_{2m}}{u_2}\right).$$

Isto é, podemos calcular a vazão do ventilador em função do parâmetro $\pi a (c_{2m}/u_2)$, que recebe o nome de *coeficiente de vazão* K_v:

$$V_s = \eta_h D^2 u_2 K_v,$$

o que nos mostra, ao mesmo tempo, que *a vazão de ventiladores do mesmo tipo, funcionando em condições equivalentes a suas características, cresce com o cubo de sua dimensão D e com a rotação N,* isto é:

$$V_s = \eta_h \frac{\pi}{60} D^3 N K_v.$$

Da mesma forma, a relação V_s/c, que caracteriza a condição de funcionamento do ventilador, Ω_e (abertura equivalente do circuito, caracterizada pela vazão que admite para a diferença de pressão aplicada), nos será dada por:

$$\Omega_e = \frac{V_s}{\frac{2\Delta pt}{\rho}} = \frac{\eta_h D^2 u_2 K_v}{\eta_a u_2^2 K_p} = \frac{\eta_h K_v}{\eta_a K_p} D^2,$$

o que nos mostra ser *a abertura equivalente* (Ω_e), *que caracteriza as condições de funcionamento de um ventilador, diretamente proporcional ao quadrado de sua dimensão D.*

Com relação à potência de acionamento (P_m), que só é dada em função da vazão V_s e da diferença de pressão total Δp_t, podemos fazer:

$$P_m = \frac{V_s \Delta pt}{\eta_h \eta_a \eta_m} W \text{ (Nm/s)}, \quad \text{ou ainda, em cv,} \quad P_m = \frac{V_s \Delta pt \text{ kgf/m}^2}{\eta_h \eta_a \eta_m 75}.$$

Desse modo, podemos concluir que *a potência P_m de ventiladores de mesmo tipo, funcionando em condições equivalentes de sua características, cresce com a massa específica ρ ou peso específico γ, com a quinta potência de sua dimensão D e com o cubo da rotação N.* Isto é:

$$P_m = \frac{\rho}{2\eta_m} u_2^2 K_p D^2 u_2 K_v = \frac{\rho \pi^3 D^5 N^3}{2\eta_m 60^3} K_p K_v = \frac{\gamma \pi^3 D^5 N^3}{2g\eta_m 60^3} K_p K_v,$$

onde:

η_m é o rendimento mecânico do ventilador;
$\eta_h \eta_a \eta_m = \eta_t$ o rendimento total do ventilador; e
$K_p K_v = K_m$ o coeficiente de potência mecânica do ventilador.

As leis dos ventiladores estabelecidas anteriormente permitem a adequação de ventiladores já instalados em circuitos definidos (Ω_e), pela modificação de seu tamanho (D) ou simplesmente de sua rotação (N). Além disso, pelo conhecimento das relações características c/u_2, c_{2m}/u_2 e dos rendimentos, podemos fazer um dimensionamento prévio dos ventiladores (ver o Exemplo 3.3).

Assim, tratando-se de ventiladores do tipo Siroco, podemos considerar que, para equipamentos bem-projetados são válidos as seguintes características básicas:

Cálculo de instalações de ventilação mecânica

Tabela 3.17
Características operacionais de ventiladores tipo Siroco

Grandeza	Ventiladores pequenos	Ventiladores grandes
Rendimento adiabático η_a	0,8	0,9
Rendimento hidráulico η_h	0,8	0,9
Rendimento mecânico η_m	0,85	0,95
Relação de pressão c/u_2	1,5	1,68
Relação de vazão c_{2m}/u_2	0,3 a 0,6	0,3 a 0,6

Observação: os altos rendimentos se verificam para os valores de c/u_2 mais elevados.

EXEMPLO 3.3

Selecionar um ventilador tipo Siroco que atenda à movimentação do ar em condições ambientes, normais com as seguintes características:

- vazão, V_s = 10.000 m³/h;
- diferença de pressão total, Δp_t = 40 mm H$_2$O (40 kgf/m²);
- Velocidade de descarga, 8 m/s.

Solução

Para a velocidade de descarga dada, teríamos:

$$\Omega = \frac{V_s}{c_s} = \frac{10.000 \text{ m}^3/\text{h}}{3.600 \times 8 \text{ m/s}} = 0,3472 \text{ m}^2.$$

Nessas condições, para um ventilador de simples aspiração, o diâmetro correspondente seria (ver Tab. 3.15):

$$\Omega = 0,8D \times 1,25D = 0,3472 \text{ m}^2 \qquad (D = 0,589 \text{ m}).$$

Adotaremos ventilador de fabricação padronizada, que mais se aproxima desse diâmetro, que é D = 0,560 m.

Por outro lado, a diferença de pressão total nos permite calcular o salto de velocidade teórica c:

$$c = \sqrt{\frac{2g\Delta pt}{\eta_a \gamma}} = \sqrt{\frac{2 \times 9,806 \times 40}{0,9 \times 1,2}} = 26,95 \text{ m/s}.$$

Adotando, para um rendimento máximo, a relação $c/u_2 = 1,65$, podemos calcular a velocidade periférica u_2:

$$\frac{c}{u_2} = 1,65 \qquad \left(u_2 = \frac{\pi DN \text{ rpm}}{60} = \frac{26,95}{1,65} = 16,33 \text{ m/s}\right),$$

de onde obtemos a velocidade de rotação:

$$N \text{ rpm} = \frac{60 u_2}{\pi D} = \frac{60 \times 16,33}{\pi \times 0,560} = 557 \text{ rpm}.$$

Apenas como verificação podemos calcular ainda a relação c_{2m}/u_2, fazendo $l_2 = 0,5D$ (Tab. 3.15):

$$c_{2m} = \frac{Vs}{\eta_n \pi D l_2} = \frac{2,778 \text{ m}^3/\text{s}}{0,85 \times \pi \times 0,560 \times 0,280} = 6,64 \text{ m/s}.$$

E c_{2m}/u_2 seria igual a 0,406, portanto dentro dos limites esperados.

A potência mecânica do ventilador poderia igualmente ser apropriada arbitrando-se, de acordo com a Tab. 3.16, os rendimentos adiabático (90%), hidráulico já utilizado anteriormente (85%) e mecânico (90%):

$$P_m = \frac{V \text{ m}^3/\text{s } \Delta pt \text{ N/m}^2}{\eta_a \eta_h \eta_m} = \frac{2,778 \text{ m}^3/\text{s } 392,3 \Delta pt \text{ N/m}^2}{0,688} = 1.548 \text{ W}.$$

Ou, ainda:

$$P_m = \frac{2,778 \text{ m}^3/\text{s } 40 \text{ kgf/m}^2}{0,688 \times 75} = 2,154 \text{ cv}.$$

Da mesma forma, poderíamos selecionar um ventilador tipo Siroco, mas de dupla aspiração, caso em que obteríamos os seguintes valores:

- seção de saída, $\Omega = 0,3472 \text{ m}^2$;
- diâmetro do rotor $D = 0,430$ m (adotaremos o diâmetro mais próximo, $D = 0,400$ m);
- velocidade correspondente ao salto de pressão, $c = 26,95$ m/s;
- velocidade periférica, $u_2 = 16,33$ m/s;
- rotação, $N = 780$ rpm;
- velocidade meridiana de saída do rotor, $c_{2m} = 5,53$ m/s;
- relação característica da vazão $c_{2m}/u_2 = 0,36$;
- potência mecânica provável igual à anterior, $P_m = 1.584$ W (2,154 cv).

Na realidade, a solução ideal para a escolha de um ventilador é obtida a partir de digramas de suas características de desempenho, elaborados pelos próprios fabricantes. Esses diagramas fornecem as diferenças de pressão criadas pelos ventiladores, em função de suas vazões, para as rotações N mais usuais e para cada tamanho D.

Cálculo de instalações de ventilação mecânica 123

> Geralmente as características são determinadas para condições ambientes médias ($\rho = 1,2$ kg/m^3) e devem ser corrigidas para condições diversas, de acordo com as leis de funcionamento dos ventiladores centrífugos, analisadas anteriormente. É normal incluir nos diagramas, para facilitar a seleção, as velocidades de descarga, o rendimento global e a potência mecânica absorvida.
>
> O diagrama mostrado na Fig. 3.40, da fábrica Otam Ventiladores Industriais Ltda., de Porto Alegre (RS), é do ventilador tipo Siroco de dupla aspiração RSD 400, e foi obtido como uma das soluções do Exemplo 3.3.

Nos projetos de ventilação mecânica, a diferença de pressão total dos ventiladores, que serve para calcular a potência mecânica por eles absorvida, é a pressão necessária para vencer as perdas de carga de todo o circuito de ventilação, entre as quais devem estar incluídas aquelas devido:

- à tomada de ar exterior;
- à canalização de tomada de ar exterior;
- ao filtro de ar;
- a um eventual tratamento adicional do ar;
- à pressão cinética de descarga do ventilador (descontadas as recuperações de pressão que por meio dela eventualmente foram obtidas);
- ao duto principal e seus acessórios;
- aos ramais e seus acessórios;
- às bocas de insuflamento;
- à canalização de descarga caso houver;
- às bocas de descarga.

Como orientação prática para cálculos preliminares, podemos relacionar os valores de Δp_t usuais em instalações de ventilação mecânica diluidora, que constam na Tab. 3.18.

TABELA 3.18
Diferenças usuais de pressão em ventilação geral diluidora

Tipo de instalação	Δp_t (kgf/m^2)
Ventilação pura	5 a 15
Ventilação com filtragem simples	10 a 20
Ventilação com filtragem especial	30 até 100
Ventilação com filtragem simples e tratamento adicional do ar	30 a 50

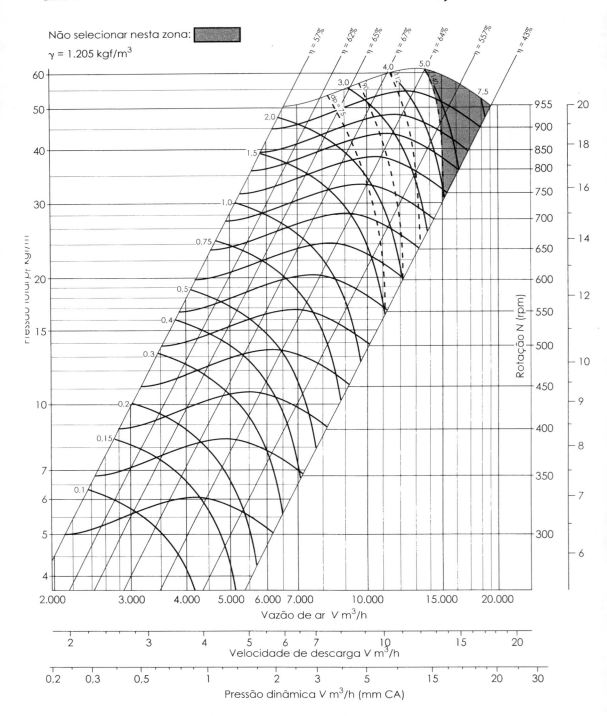

Figura 3.40 Características operacionais do ventilador tipo Siroco, de dupla aspiração, modelo RSD 400, da Otam Ventiladores Industriais Ltda.

Cálculo de instalações de ventilação mecânica

Os ventiladores dos sistemas de ventilação mecânica diluidora devem ser instalados em casas de máquinas apropriadas, com espaço suficiente para o tratamento de ar previsto, além daquele necessário à localização dos equipamentos calculados e da facilidade de acesso para sua manutenção.

As casas de máquinas devem ter ligação com o exterior para a tomada de ar e, ao mesmo tempo, permitir a eventual remoção dos equipamentos. Devem ser previstas, também, tomadas de força com a potência necessária e tubulações de água e esgoto para limpeza.

A seguir estão relacionados alguns exemplos de ventilação mecânica geral diluidora:

EXEMPLO 3.4

Projetar a instalação de ventilação do conjunto de escritórios esquematizado na Fig. 3.41. Trata-se de 100 m² de escritórios, com pé-direito de 3,6 m (360 m²).

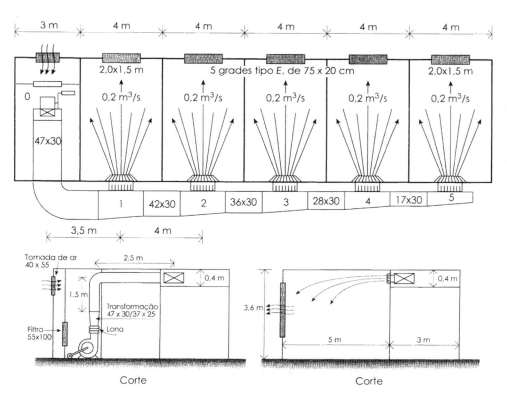

Figura 3.41 Esquema do conjunto de escritórios do Exemplo 3-4.

Solução

Como o ambiente é limpo, adotaremos a ventilação mecânica geral diluidora por insuflamento de ar filtrado. Embora a ração de ar recomendada no caso seja, no máximo,

42 m³/h (Tab. 3.8), para escritórios privados sem fumantes, para melhor diluição do calor eventualmente liberado pelas pessoas, vamos adotar o índice de renovação máximo recomendado na Tab. 3.9, que é de $n = 10$.

Nessas condições, a quantidade de ar de ventilação a ser adotada, será:

$$V = 10 \times 360 = 3.600 \text{ m}^3/\text{h} \quad (V_s = 1 \text{ m}^3/\text{s}),$$

o que permitirá uma concentração de pessoas da ordem de 85 (a lotação máxima dos escritórios, prevista pelas normas é de uma pessoa para cada 6,0 m²). Como os escritórios têm iguais dimensões, essa quantidade de ar se distribuirá uniformemente pelos cinco ambientes, tocando a cada um 0,2 m³/s.

Aproveitando o rebaixo de 0,4 m (0,3 m úteis) do corredor, foi projetada uma distribuição de ar cruzada, com insuflamento por meio de grades com 45° de divergência de jato (tipo E), colocadas como mostra a Fig. 3.41. Nessas condições, atendendo às velocidades recomendadas nas Tabs. 3.1, 3.2, 3.3 e 3.4, e aos dados obtidos no diagrama de cálculo de canalizações de ventilação pelo processo de recuperação de pressão estática, podemos elaborar a planilha de cálculos deste exemplo, cujos itens passamos a comentar.

Planilha de cálculo (Ex. 3.4)

Item	Elemento	V_s (m³/s)	l_e (m)	c (m/s)	Ω (m²)	Dimensões (cm)	J (mmH₂O)	Recup. de pressão
1	Tomada de ar exterior, c_f	1,0	-	4,5	0,220	40x55	4,4	-
2	Filtro	1,0	-	1,8	0,55	5x100	2,97	-
3	Ventilador (pres. dinâmica)	1,0	-	10,8	2x0,0463	⌀ 25	7,15	-
4	Lona de ligação do ventil.	1,0	-	10,8	0,0925	36x25	1,43	-
5	Transformação	1,0	-	↓	↓	↓	-	2,98
6	Duto principal	1,0	7,50	7,2	0,140	47x30	2,3	-
7	Duas curvas, duto principal	1,0	8,16	7,2	0,140	47x30	2,3	-
8	Ramal, trecho 1-2	0,8	4,00	6,35	0,126	42x30	0,5	0,5
9	Ramal, trecho 2-3	0,6	4,00	5,5	0,109	36x30	0,4	0,4
10	Ramal, trecho 3-4	0,4	4,00	4,7	0,085	28x30	0,35	0,35
11	Ramal, trecho 4-5	0,2	4,00	3,9	0,051	17x30	0,35	0,35
12	Bocas de insuflamento	0,2	-	2,15	0,15	75x20	0,28	-
13	Saída (janelas)	1,0	-	4,7	0,213	-	2,00	-

Cálculo de instalações de ventilação mecânica

Item 1: A tomada de ar exterior será uma veneziana executada em chapa de aço e terá uma área de face de:

$$\Omega = \frac{V_s}{c_f} = \frac{1 \text{ m}^3/\text{s}}{4,5 \text{ m/s}} = 0,222 \text{ m}^2 \quad (40 \text{ cm} \times 55 \text{ cm}).$$

De acordo com a Tab. 3.13, a perda de carga da tomada de ar exterior é dada por:

$$J = \lambda \frac{c^2}{2g} \gamma = 2 \frac{6^2}{19,6} 1,2 = 4,4 \text{ kgf/m}^2,$$

onde a velocidade real c vale:

$$c = \frac{c_f}{a} = \frac{4,5}{0,75} = 6 \text{ m/s},$$

já que a velocidade dada pela Tab. 3.1 se refere à área de face.

Item 2: O filtro deverá ser de tela galvanizada com 2 polegadas de espessura, com uma velocidade de face de 1,8 m/s, o que nos permite calcular a seção:

$$\Omega = \frac{1 \text{ m}^3/\text{s}}{1,8 \text{ m/s}} = 0,556 \text{ m}^2 \quad (55 \text{ cm} \times 100 \text{ cm}),$$

com uma perda de carga que, de acordo com a Tab. 3.14, vale:

$$J = \lambda \frac{c_f^2}{2g} \gamma = 15 \frac{1,8^2}{19,6} 1,2 = 4,97 \text{ kgf/m}^2,$$

Item 3: O ventilador escolhido foi um Siroco de dupla aspiração, cuja dimensão para a velocidade máxima recomendada na Tab. 3.1 (10,8 m/s) deverá ser no mínimo $D = 0,25$ m.

A pressão dinâmica do ventilador será, portanto, $\gamma c^2/2g = 7,15$ kgf/m^2, a qual em parte se transformará em pressão estática, para vencer as perdas de carga dos dutos situados entre as diversas bocas de insuflamento.

Item 4: A perda de carga da lona de ligação do ventilador é dada por (Tab. 3.11):

$$J = \lambda_a \frac{c^2}{2g} \gamma = 2 \times 7,15 = 1,43 \text{ kgf/m}^2.$$

Item 5: A transformação (aumento de seção que reduz a velocidade para 7,2 m/s), descontadas as perdas, apresenta uma recuperação de pressão de (Tab. 3.11):

$$0,75\left(\frac{c_1^2}{2g}\gamma - \frac{c_2^2}{2g}\gamma\right) = 0,75(7,15 - 3,18) = 2,98 \text{ kgf/m}^2.$$

Itens 6 e 7: O comprimento equivalente é fornecido por (Tab. 3.11):

$$l_e = 7,5 \text{ m} + 10D + 10D = 7,5 \text{ m} + 20 \times 0,408 \text{ m} = 15,66 \text{ m}.$$

Desse modo, com a vazão V_s e a velocidade c_2 no trecho, podemos calcular a perda de carga no trecho (diagrama de recuperação de pressão estática): $J = 2,3$ kgf/m^2.

Itens 8, 9, 10 e 11: As velocidades c_2 nos diversos trechos foram determinadas para uma recuperação de pressão integral a partir da velocidade c_1 do trecho anterior e vazão e comprimento do trecho em consideração.

Item 12: As bocas de insuflamento foram dimensionadas através da Eq. [3.2] e da Tab. 3.6 (grade tipo E):

$$\Omega = \frac{1}{a}\left(\frac{KV_s}{\text{Jato}}\right)^2 = \frac{1}{0,62}\left(\frac{7,6 \times 0,2}{5}\right)^2 = 0,15 \text{ m}^2 \quad (20 \text{ cm} \times 75 \text{ cm}),$$

resultado que confere com o obtido no diagrama de cálculo de grades anexo, de onde se obtém as dimensões 8 x 30 polegadas.

Portanto as velocidades nas bocas de insuflamento serão:

$$c_f = \frac{V_s}{\Omega} = \frac{0,2}{0,15} = 1,33 \text{ m/s} \qquad c = \frac{c_f}{a} = \frac{1,33}{0,62} = 2,15 \text{ m/s}.$$

Ou seja, a velocidade real de insuflamento é inferior ao valor indicado pela Tab. 3.3.

A perda de carga, igual para todas as bocas de insuflamento dispostas em paralelo, é dada por:

$$J = \lambda \frac{c^2}{2g}\gamma = 0,8\frac{2,15^2}{19,6}1,2 = 0,23 \text{ kgf/m}^2.$$

Item 13: Foi prevista uma perda de carga de saída do ar, através das frestas das janelas, de 2,0 kgf/m^2, a fim de manter o ambiente pressurizado em relação ao exterior, para evitar a entrada de poeiras.

Consegue-se tal perda de carga pela redução da abertura das janelas ou, de preferência, para um melhor controle, pela adoção de abertura de valor prefixado, independente das janelas, a qual poderia ser calculada como segue:

$$\Delta p = J = \lambda \frac{c^2}{2g} \gamma = 1{,}5 \frac{c^2}{19{,}6} 1{,}2 = 2{,}0 \text{ kgf/m}^2,$$

de onde $c = 4{,}7$ m/s e, igualmente, $\Omega = \frac{0{,}2 \text{ m}^3/\text{s}}{4{,}7 \text{ m/s}} = 0{,}0426 \text{ m}^2$ (20 cm × 20 cm).

Observando a planilha de cálculos, notamos que a pressão dinâmica fornecida pelo ventilador (7,15 kgf/m^2) é em grande parte transformada em pressão estática (4,58 kgf/m^2), a qual é aproveitada para vencer parte das perdas de carga, principalmente aquelas que se verificam entre as bocas de insuflamento, mantendo-se assim a desejada igualdade de suas pressões estáticas.

A diferença de pressão total a ser fornecida pelo ventilador portanto será:

$$\Delta p_t = \Sigma J + \frac{c^2}{2g} \gamma - \text{recuperação} = 14{,}98 + 7{,}15 - 4{,}58 = 17{,}55 \text{ kgf/m}^2.$$

E a potência do ventilador, considerando-se um rendimento total de $\eta_t = 50\%$, seria:

$$P_m = \frac{V_s \Delta p_t}{75 \eta_t} = \frac{1{,}0 \text{ m}^3/\text{s} \; 17{,}55 \text{ kgf/m}^2}{75 \times 0{,}5} = 0{,}47 \text{ cv}.$$

Para a casa de máquinas, previu-se um amplo local, disponível ao lado dos escritórios, embora na realidade a área necessária seja de apenas 2 m^2, com pé-direito da ordem de 1 m, o que permitiria perfeitamente a colocação do conjunto de ventilação num rebaixo de forro, aproveitando-se a parte inferior, que ficaria ainda com 2,5 m de pé-direito para depósito.

EXEMPLO 3.5

Projetar a instalação de ventilação de um cinema com 12.000 m^3, para 1.500 pessoas, esquematizado na Fig. 3.42.

Solução

A quantidade de ar de ventilação, de acordo com o Código de Obras da prefeitura de Porto Alegre, será:

$$V = 1.500 \times 50 \text{ m}^3/\text{h·pessoa} = 75.000 \text{ m}^3/\text{h} \quad (20{,}8 \text{ m}^3/\text{s}),$$

o que nos garante um índice de renovação de ar de:

$$n = \frac{75.000 \text{ m}^3/\text{h}}{12.000 \text{ m}^3} = 6,25.$$

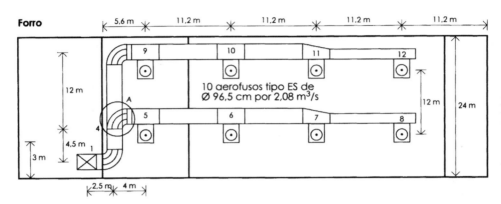

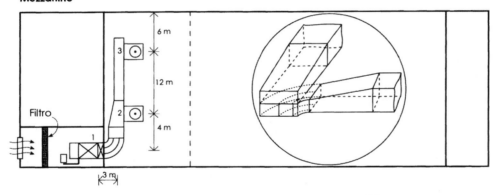

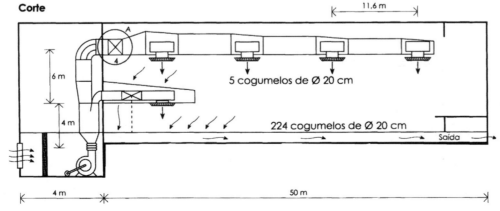

Figura 3.42 Esquema do projeto de ventilação do Exemplo 3.5.

Cálculo de instalações de ventilação mecânica

O sistema escolhido foi o de ventilação geral diluidora por insuflamento de ar filtrado. A casa de máquinas ficou localizada no porão, na parte anterior do prédio, com distribuição do ar de cima para baixo, com bocas de insuflamento localizadas no forro, do tipo aerofuso ES e com saídas de ar tipo cogumelo localizados embaixo das cadeiras. Um pleno de descarga ligando o mezanino ao piso inferior, que dispõe de porão, permite a saída do ar até o exterior.

Nessas condições, atendendo às velocidades recomendadas nas Tabs. 3.1, 3.2, 3.3 e 3.4, e aos dados obtidos no diagrama de cálculo das canalizações de ventilação pelo processo de recuperação da pressão estática, podemos elaborar a planilha de cálculo deste exemplo, cujos diversos itens esclarecemos em seguida:

Planilha de cálculo (Ex. 3.5)

Item	Elemento	V_s (m³/s)	l_e (m)	c (m/s)	Ω (m²)	Dimensões (cm)	J (mmH₂O)	Recup. de pressão
1	Tomada de ar exterior, c_f	20,8	-	4,5	4,62	200x231	4,4	-
2	Filtro	20,8	-	1,8	11,6	300x400	2,97	-
3	Ventilador (pres. dinâmica)	20,8	-	10,8	2x0,965	116	7,15	-
4	Lona de ligação do ventil.	20,8	-	10,8	1,93	166x116	1,43	-
5	Transformação	20,8	-	↓	↓	↓	-	2,98
6	Duto principal (trecho 0-1)	20,8	4	7,2	2,9	166x175	0,95	-
7	Ramal A, trecho 1-2	4,16	7+15	5,9	0,705	166x42,5	0,78	0,78
8	Ramal A, trecho 2-3	2,08	12	4,9	0,425	100x42,5	0,45	0,45
9	Ramal B, trecho 1-4	16,64	13+30	6,0	2,78	166x168	0,7	0,7
10	Ramal C, trecho 4-5	8,32	4+8	5,5	1,51	166x91	0,25	0,25
11	Ramal C, trecho 5-6	6,24	11,2	5,0	1.25	166x76	0,28	0,28
12	Ramal C, trecho 6-7	4,16	11,2	0,925	0,925	166x56	0,22	0,22
13	Ramal C, trecho 7-8	2,08	11,2	0,54	0,54	97x56	0,23	0,23
14	Ramal D, trecho 4-9	8,32	16+8	1,6	1,6	166x96	0,4	0,4
15	Ramal D, trecho 9-10	6,24	11,2	1,31	1,31	166x79	0,2	0,2
16	Ramal D, trecho 10-11	4,16	11,2	0,98	0,98	166x59	0,19	0,19
17	Ramal D, trecho 11-12	2,08	11,2	0,56	0,56	95x59	0,2	0,2
18	Bocas de insuflamento	2,08	-	0,715	0,715	⌀ 96,5	0,84	-
19	Cogumelos	20,8	-	8,32	8,32	280⌀20	1,14	-
20	Saída	20,8	-	10,4	10,4	1.300x80	0,9	-

Itens 1, 2, 4 e 5: Calculados como no Exemplo 3.4

Item 3: Escolheu-se um ventilador Siroco de dupla aspiração, cujo tamanho, a fim de se respeitar a velocidade de descarga de 11 m/s máxima recomendada na Tab. 3.1, foi fixado (para 10,8 m/s) em $D = 1,16$ m.

Nessas condições, a pressão dinâmica de descarga do ventilador, que será em parte transformada em pressão estática para vencer perdas de carga ao longo da canalização de insuflamento, vale:

$$\frac{c^2}{2g}\gamma = \frac{10,8^2}{19,6}1,2 = 7,15 \text{ kgf/m}^2 \quad (7,15 \text{ mm H}_2\text{O}).$$

Item 6: O dimensionamento do duto principal foi executado respeitando-se a velocidade máxima que consta na Tab. 3.1, que é 8,0 m/s.

Assim, escolhida a velocidade de 7,2 m/s, podemos calcular a sua seção $\Omega = 2,9$ m² (166 cm × 175 cm) e sua perda de carga J, com o auxílio do diagrama indicado, em função de V_s, l_{01} e c_2.

Itens 7 a 17: O dimensionamento dos dutos intermediários entre as diversas bocas de insuflamento foi executado a partir da velocidade inicial c_i no trecho correspondente, em função da vazão V_s e de seu comprimento equivalente l_e, com auxílio do diagrama de cálculo citado.

Nos trechos 1-2, 1-4, 4-5 e 4-9, foram incluídos, no cálculo do comprimento do trecho, os comprimentos equivalentes correspondentes às curvas (em número de duas nos trechos 1-2 e 1-4) de $7,5D$ para cada uma. Como os diâmetros não eram inicialmente conhecidos, eles foram arbitrados, calculados para o comprimento equivalente assim achado e recalculados para um dimensionamento mais exato.

Item 18: As bocas de insuflamento foram dimensionadas pela Eq. [3.2] com auxílio da Tab. 3.6. Assim, para uma vazão de 20,8 m³/s/10 = 2,08 m³/s e um jato de 6 m, num aerofuso tipo ES, teríamos:

$$\Omega = \frac{1}{a}\left(\frac{KV_s}{\text{Jato}}\right)^2 = \frac{1}{0,8}\left(\frac{1,98 \times 2,08}{6}\right)^2 = 0,59 \text{ m}^2 \quad (\Phi = 87 \text{ cm}).$$

Entretanto, para esse tamanho, a velocidade real atingida seria:

$$c = \frac{V_s}{a\Omega} = \frac{2,08 \text{ m}^3/\text{s}}{0,8 \times 0,59 \text{ m}^2} = 4,42 \text{ m/s}.$$

Ou seja, superior à recomendada como limite para o caso, em virtude de problemas de ruído (Tab. 3.3). Por essa razão, resolvemos adotar o aerofuso padrão de dimensão imediatamente superior ($\varnothing$ = 38 polegadas = 96,5 cm), que fornece o mesmo jato, com uma velocidade terminal da ordem de 0,6 m/s (superior ao mínimo indicado pela Tab. 3.5) e uma velocidade de insuflamento aceitável de:

$$c = \frac{2,08 \text{ m}^3/\text{s}}{0,8 \times 0,715 \text{ m}^2} = 3,64 \text{ m/s}.$$

A perda de carga no aerofuso escolhido, por sua vez, será dada por (Tab. 3.7):

$$J = \lambda \frac{c^2}{2g}\gamma = 1\frac{3,64^2}{19,6}1,2 = 0,81 \text{ kgf/m}^2 \quad (\text{mm H}_2\text{O}).$$

Todos esses valores calculados podem ser obtidos diretamente por meio do diagrama de seleção dos aerofusos do tipo ES anexo. Para facilitar a ligação dos aerofusos, foram previstas tomadas laterais nos dutos, todas de mesmo comprimento (1,5 m), com velocidade igual à de insuflamento, cujas dimensões são:

$$\Omega = 0,57 \text{ m}^2 \quad (110 \text{ cm} \times 52 \text{ cm}),$$

as quais acarretam uma perda de carga adicional nas bocas de insuflamento da ordem de 0,03 kgf/m^2 (ver o diagrama de cálculo de canalizações pelo processo de recuperação de pressão estática).

Item 19: Para a seleção dos cogumelos de saída do ar do recinto, adotamos a velocidade mínima recomendada pela Tab. 3.4, que é de 2,5 m/s. Nessas condições, a área total de saída necessária será de 20,8 m^3/s/2,5 m/s = 8,32 m^2.

Assim, considerando que os cogumelos de $\varnothing$ = 20 cm, têm em média 0,03 m^2 de área livre de passagem, o número de cogumelos a usar será da ordem de 280. Esses cogumelos serão distribuídos na mesma proporção que o público, ou seja, 56 no mezanino e 224 no piso inferior.

A perda de carga a considerar para o caso, de acordo com a Tab. 3.13, será:

$$J = \lambda \frac{c^2}{2g}\gamma = 3\frac{2,5^2}{19,6}1,2 = 1,14 \text{ kgf/m}^2 \quad (\text{mm H}_2\text{O}).$$

Item 20: A fim de evitar pressões elevadas demais no ambiente, as canalizações de descarga do ar foram lançadas em pleno (c < 1m/s), sendo a veneziana, de chapa, de saída para o exterior, calculada com uma velocidade de face reduzida de 2 m/s.

Daí, de acordo com a Tab. 3.13, temos uma velocidade real de $c = c_f/a$ = 2/0,75 = 2,67 m/s, e a perda na veneziana de saída, será:

$$J = 2\frac{2{,}67^2}{19{,}6}1{,}2 = 0{,}9 \text{ kgf/m}^2 \quad (\text{mm H}_2\text{O}),$$

perda que, juntamente com a do cogumelo e a do pleno de saída (praticamente nula), é aproximadamente igual a 2,0 kgf/m², sobrepressão-limite a tolerar para o ambiente.

Observando a planilha de cálculo, nota-se que a pressão dinâmica fornecida pelo ventilador (7,15 kgf/m²), dependendo do percurso do ar, é mais ou menos aproveitada. Assim:

- no percurso 0-1-2-3, são recuperados 4,21 kgf/m²;
- no percurso 0-1-4-5-6-7-8 são recuperados 4,66 kgf/m²;
- no percurso 0-1-4-9-10-11-12 são recuperados 4,67 kgf/m².

As pressões assim recuperadas são aproveitadas para vencer parte das perdas de carga, principalmente aquelas que se verificam entre as bocas de insuflamento, mantendo-se o desejado equilíbrio das pressões estáticas entre elas.

A pressão dinâmica não-recuperada, que varia de percurso para percurso, se perde no final da canalização, já que a tomada na mesma para a ligação do aerofuso é feita perpendicularmente ao fluxo do ar.

É importante ressaltar que tanto as perdas de carga como as recuperações de pressão dos percursos em paralelo não se somam. Desse modo, a diferença de pressão total a ser fornecida pelo ventilador:

$$\Delta pt = \Sigma J + \frac{c^2}{2g}\gamma - \text{recuperação}$$

será calculada apenas para um percurso do ar (desde a tomada de ar exterior, passando por qualquer uma das bocas de insuflamento, até a saída novamente para o exterior).

Como no nosso caso todas as bocas de insuflamento têm igual pressão estática, naturalmente o valor de Δp_t, calculado para qualquer percurso do ar, será igual. A fim de deixar isso bem claro, elaboramos, para os três percursos do ar que compõem o nosso projeto, o seguinte quadro de valores:

Percurso	Σj (kgf/m²)	$\gamma \frac{c^2}{2g}$ (kgf/m²)	Recuperação (kgf/m²)	Δp_t (kgf/m²)
Tomada 0-1-2-3 saída	13,005	7,150	4,210	15,945
Tomada 0-1-4-5-6-7-8 saída	13,455	7,150	4,660	15,945
Tomada 0-1-4- 9 a 12 saída	13,465	7,150	4,670	15,945

Nessas condições, considerando um rendimento total de ventilador $\eta_t = 50\%$, a potência necessária para seu acionamento será:

$$P_m = \frac{V_s \Delta pt}{75\eta_t} = \frac{20{,}8 \text{ m}^3/\text{s} \; 15{,}945 \text{ kgf/m}^2}{75 \times 0{,}5} = 8{,}9 \text{ cv}.$$

A casa de máquinas, que deve dispor de fonte adequada de energia elétrica, tomada de água para limpeza e canalização de esgoto, ficou localizada no porão, onde o filtro e o ventilador ocupam uma área de 12 m², com pé-direito de 4,0 m, conforme mostra o esquema geral da instalação da Fig. 3.42.

EXEMPLO 3.6

Projeto de ventilação do conjunto industrial da Jojapar, em Pelotas (RS). Trata-se do maior complexo industrial de beneficiamento de cereais do sul do país, constituído de vários pavilhões:

- subestações de 11.500 kVA, com uma área de 300 m²;
- expedição, com uma área de 7.000 m²;
- parbolização, com uma área coberta de 740 m² e dois pavimentos;
- beneficiamento do parbolizado, com uma área coberta de 475 m² e com dois pavimentos;
- limpeza do branco, com uma área coberta de 935 m² e dois pavimentos;
- beneficiamento do branco, com uma área coberta de 1.256 m² e dois pavimentos.

O total de área útil soma mais de 14.000 m². De uma maneira geral, as coberturas são de concreto protendido, e os forros de proteção contra insolação são de chapas de alumínio, como medida adicional contra incêndios, montadas 2 m abaixo da cobertura.

A fim de manter maior proteção contra a entrada de poeiras e insetos, a ventilação ideal, para a maior parte dos pavilhões, seria a mecânica geral diluidora por insuflamento de ar filtrado, que manteria os ambientes a uma pressão superior à exterior.

Entretanto uma analise prévia mostrou que a potência mecânica envolvida numa solução desse tipo seria da ordem de 650 cv. Diante dos valores envolvidos, optou-se por uma solução mista, sendo escolhidos os seguintes sistemas de ventilação:

- *subestações* – ventilação natural por termossifão intensificado por chaminé ao longo do comprimento de uma das paredes ($n = 55$).
- *expedição* – ventilação natural por termossifão, com arrasto do calor de insolação ($n = 7{,}5$).
- *parbolização* – ventilação mecânica geral diluidora por exaustão ($n = 25$).

- *beneficiamento do parbolizado* – ventilação mecânica geral diluidora por insuflamento de ar filtrado, com arrasto do calor de insolação ($n = 51$).
- *limpeza do branco* – ventilação mecânica geral diluidora por exaustão ($n = 25$).
- *beneficiamento do branco* – ventilação mecânica geral diluidora por insuflamento de ar filtrado, com arrasto do calor de insolação ($n = 51{,}6$).

Nessas condições, a demanda de potência mecânica ficou reduzida para cerca de 280 cv. Naturalmente, nos pavilhões onde se adotará a solução de ventilação mecânica geral diluidora por exaustão, os forros deverão ser completamente vedados e a movimentação da camada de ar acima deles, feita por termossifão, independentemente da ventilação do pavilhão.

Solução

Dos ambientes em que a opção recaiu sobre a solução de ventilação mecânica geral diluidora por insuflamento de ar filtrado com arrasto do calor de insolação, o caso mais significativo é o do beneficiamento do branco, cujas características, como exemplo de instalações de ventilação desse tipo, relacionamos a seguir (em unidades do sistema técnico MKfS):

- o pavilhão do beneficiamento do branco tem área coberta de 1.256 m², com dois pavimento;
- o pavimento superior tem um vazio de metade de sua área coberta, de modo que sua área de piso é de apenas 628 m²;
- o pé-direito do piso inferior é de 6,75 m, e o do piso superior 9 m, perfazendo um volume total de 19.782 m³;
- a carga térmica do ambiente se deve a:

    - *motores* de máquinas com captação de ar – 2.810 cv, a cerca de 1 kW de consumo por cavalo (860 kcal/cvh), com uma utilização de 90% e uma dissipação no ambiente de apenas 60%,

    $$2.810 \text{ cv} \times 860 \text{ kcal/cvh} \times 0{,}9 \times 0{,}6 = 1.304.964 \text{ kcal/h};$$

    - *motores* de máquinas sem captação de ar – 630 cv, a cerca de 1 kW de consumo por cavalo (860 kcal/cvh), com utilização de 90% e saída de calor com o material de 20%,

    $$630 \text{ cv} \times 860 \text{ kcal/cvh} \times 0{,}9 \times 0{,}8 = 390.096 \text{ kcal/h};$$

    - *pessoas*,

    $$18p \times 100 \text{ kcal/p·h} = 1.800 \text{ kcal/h};$$

    - *iluminação*, 30 W/m²,

    $$(1.256 \text{ m}^2 + 628 \text{ m}^2)\, 25{,}8 \text{ kcal/h·m}^2 = 48.607 \text{ kcal/h};$$

- *insolação* residual da cobertura,

$$1.256 \text{ m}^2 \times 10 \text{ kcal/hm}^2 = 12.560 \text{ kcal/h};$$

- *total*, 1.758.027 kcal/h.

Desse modo, para uma elevação máxima da temperatura ambiente de 5°C em relação ao exterior, a vazão do ar de ventilação deveria ser:

$$V = \frac{Q \text{ kcal/h}}{\gamma C_p \Delta t} = \frac{1.758.027 \text{ kcal/h}}{1,2 \text{ kgf/m}^3 \times 0,24 \text{ kcal/kgf} \cdot {}^\circ C \times 5 {}^\circ C} = 1.220.852 \text{ m}^3/\text{h}.$$

Adotaram-se, entretanto, para essa movimentação, devido à exigüidade de espaço, doze ventiladores do tipo Siroco de dupla aspiração, com diâmetro de rotor de 1.250 mm, motor de 15 cv cada um ($\Delta p_t = 17$ kgf/m^2), que, no limite de sua utilização ($c_s = 10$ m/s), fornecem 85.000 m^3/h.

Nessas condições, a vazão do ar de insuflamento passa a ser 12 × 85.000 m^3/h = 1.020.000 m^3/h, garantindo uma renovação do ar do ambiente de $n = 51,6$, com uma elevação de temperatura de 5,99°C em relação ao exterior.

Como, do ar insuflado, 194.160 m^3/h são captados pelas máquinas que possuem ventilação própria, a vazão restante (825.840 m^3/h) deve abandonar o ambiente através do forro, arrastando o calor de insolação da cobertura. Para tanto, estão previstas no forro aberturas, com seção de passagem (área livre) de 72 m^2, as quais, para a velocidade de 3,2 m/s adotada para o cálculo, acarretarão uma perda de carga de no máximo 1 kgf/m^2. Se forem usadas venezianas ou mesmo telas de proteção com 50% de área livre, essa seção deverá ser duplicada.

A saída do ar da cobertura se dará pela periferia desta, a qual, embora tenha uma área disponível de 141,8 × 2 m = 283,6 m^2, caso seja reduzida por obstáculos de apoio ou telas de proteção contra aves, deve manter um mínimo de 72 × 2 m = 140 m^2 de área livre, a fim de que a perda de carga adicional por ela criada seja no máximo 25% da calculada para a passagem do forro, limitando-se assim a sobrepressão do ambiente a cerca de 1,25 kgf/m^2 (1,25 mm H$_2$O).

O insuflamento do ar no ambiente será feito a uma altura de cerca de 4 m do piso, excepcionalmente a uma velocidade de 6,3 m/s, por meio de transformação com joelho veiados que constam das Figs. 3.43 e 3.44.

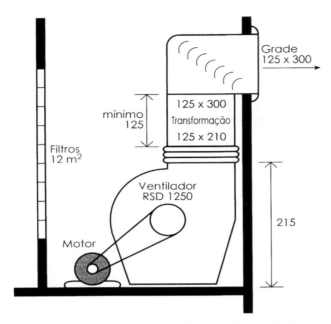

Figura 3.43 Posição do equipamento insuflador.

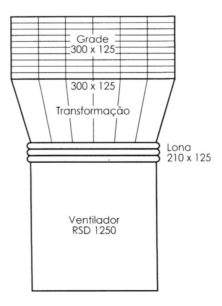

Figura 3.44 Equipamento insuflador de ar no ambiente.

VENTILAÇÃO LOCAL EXAUSTORA

4.1 Generalidades

De acordo com a classificação geral inicialmente apresentada, ventilação local exaustora é aquela que extrai o contaminante mecanicamente no próprio local em que ele é produzido, antes mesmo de se espalhar pelo ambiente. Exceção a essa definição encontramos na ventilação de capelas de laboratórios, a qual pode eventualmente ser feita por meio de termossifão, de modo que os elementos mecânicos para a movimentação do ar podem ser dispensados.

Para efetuar a extração dos contaminantes de um determinado ambiente, a ventilação local exaustora atua capturando os poluentes por meio de uma corrente de ar com velocidade adequada (velocidade de captura), criada por meio de dispositivos especiais chamados *captores*. Além disso, a ventilação local exaustora se caracteriza também por transportar pelo ar detritos como poeiras, fumos e vapores, que atingem em peso uma parcela mínima da mistura (< 0,15%).

O ar extraído do recinto é substituído naturalmente por igual quantidade de ar exterior, contribuindo assim para a ventilação por diluição do ar viciado do ambiente geral. Na maior parte dos casos, entretanto, a quantidade de ar movimentada pelos sistemas de ventilação local exaustora é insuficiente para a ventilação geral diluidora do ambiente, de forma que uma ventilação adicional - seja por exaustão ou por insuflamento - deverá ser providenciada. De uma forma ou de outra, nos ambientes dotados de ventilação local exaustora, a quantidade de ar necessária para a ventilação geral diluidora é bem menor, já que grande parte dos contaminantes não é disseminada no mesmo.

Ventilação local exaustora

Uma instalação de ventilação local exaustora é constituída normalmente de captores, que envolvem o elemento poluidor extraindo os contaminantes; de separadores ou coletores, que separam os contaminantes do ar que os arrasta; do elemento mecânico, que garante a movimentação desejada do ar; e das canalizações necessárias para a circulação do ar ao longo de todo o sistema (Fig. 4.1).

Trata-se, portanto, de um sistema de ventilação bastante especializado, adotado somente quando as fontes de contaminação são bem localizadas, como ocorre em ambientes industriais com cabines de pintura, de jato de areia ou granalha, aparelhos de solda, forjas, fogões, tanques para tratamento químico, esmeris, máquinas de beneficiamento de madeira, transporte de materiais pulverulentos, misturadores, ensacadores, britadores, peneiras, silos, etc.

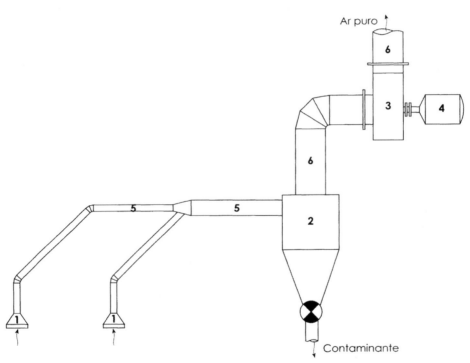

Figura 4.1 Componentes de uma instalação de ventilação local exaustora:
1, captores; 2, coletor (ciclone); 3, ventilador; 4, motor de acionamento;
5, canalizações de exaustão do ar com os contaminantes;
6, canalizações de saída do ar puro.

4.2 Captores

4.2.1 Generalidades

O captor de um sistema de ventilação local exaustora é um dispositivo que, colocado junto à fonte de contaminação, em muitos casos envolvendo-a, tem a finalidade de criar uma velocidade de captação (c') para o ar de ventilação aspirado, velocidade essa capaz de arrastar o contaminante para o seu interior.

Captores

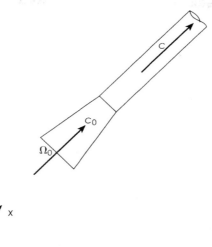

Figura 4.2 Num sistema de ventilação local exaustora, a determinação da velocidade do ar no captor é fundamental para o correto arrasto do contaminante.

A velocidade c' deve verificar-se até uma distância x da boca do captor, que limita a chamada *zona de captação*, dentro da qual as velocidades são superiores a c'. Para que isso ocorra, é necessário que a velocidade c_0, na boca de seção Ω_0 do captor, mantenha com a seção Ω', que limita a zona de captação, a seguinte relação (Fig. 4.2):

$$V = \Omega_0 \cdot c_0 = \Omega' \cdot c'. \qquad [4.1]$$

A relação K, entre a velocidade na boca do captor (c_0) e a velocidade de captura (c'),

$$K = \frac{c_0}{c'} = \frac{\Omega'}{\Omega_0}, \qquad [4.2]$$

depende da forma da boca, da seção Ω_0 e da distância x de atuação do captor:

$$K = f \,(\text{forma da boca}, \Omega_0, x).$$

4.2.2 Tipos de captores

Um bom captor deve apresentar as seguintes qualidades:

- envolver ao máximo a fonte de contaminantes (menor c');
- ter a mínima seção de boca possível (menor Ω_0);
- aproveitar em seu desempenho o movimento inicial das partículas ao serem geradas (menor c');
- não atrapalhar o trabalho dos operários;
- ser de fácil manutenção e limpeza.

As três primeiras qualidades respondem pela maior ou menor vazão de ar do sistema e, portanto, são fundamentais para a redução da potência mecânica consumida pelo mesmo. Os principais tipos de captores atualmente em uso são:

- as capelas;
- as coifas;
- as fendas;
- os captores de politrizes e esmeris;
- as campânulas;
- as simples bocas.

As *capelas* são armários, montados sobre mesas de laboratórios, colocados no centro das salas (tipo dossel) ou contra as paredes (tipo lateral) que dispõem de entrada de ar na parte inferior da porta; são geralmente de deslocamento vertical, para a execução de ensaios com produção de gases ou vapores contaminantes no seu interior.

O arrasto do contaminante no interior da capela se dá por cima, quando se trata de gases leves, ou por baixo, no caso de gases pesados (Fig. 4.3).

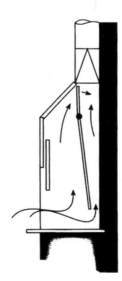

Figura 4.3 Arrasto de gases no interior de capelas.

As *coifas* são captores adotados para arrastar gases quentes ou vapores produzidos por fogões, tanques, fornos, forjas, etc. Para tanto, consistem num anteparo de forma cônica ou piramidal, colocado na vertical do equipamento gerador do contaminante, mas afastado deste a fim de não dificultar sua operação.

As coifas podem ser simples ou duplas. As duplas dispõem de anteparo interno adicional, cônico ou piramidal, de acordo com seu exterior, a fim de criar velocidades de captura mais acentuadas em sua periferia (Fig. 4.4).

Captores

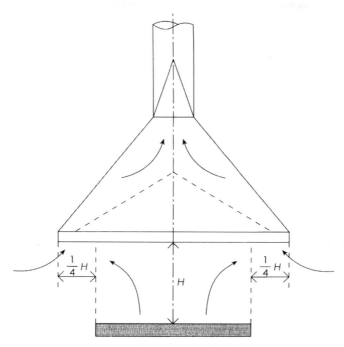

Figura 4.4 Coifa dupla.

As *fendas* são captores para gases ou vapores emitidos por tanques nos quais a movimentação do material se verifica verticalmente. Para isso, são colocadas lateralmente, perto da superfície do banho, como se vê na Fig. 4.5.

Os *captores de politrizes e esmeris* são dispositivos que envolvem os rotores dessas máquinas, deixando acessível cerca de apenas um quarto de sua circunferência. Um captor padrão desse tipo obedece à disposição mostrada na Fig. 4.6, em que a movimentação das partículas do contaminante auxilia na sua captura.

A maior parte dos captores, entretanto, é constituída por recintos ou simples caixas (*campânulas*) que envolvem o equipamento, mantendo apenas uma abertura para a captação (*boca*), por onde entra o ar do ambiente. São usados em instalações de contaminantes de moinhos, peneiras, fornalhas, fornos, secadores, dosadores de pó, misturadores, ensacadores, limpadores, jatos de areia, solda, cepilhadeiras, aplainadeiras, lixadeiras, correias transportadoras, etc.

Esses captores são projetados especificamente para cada tipo de máquina, de modo que, com uma abertura mínima para a operação, todo o equipamento fique protegido contra a saída de pós ou outros elementos contaminantes, de uma maneira geral.

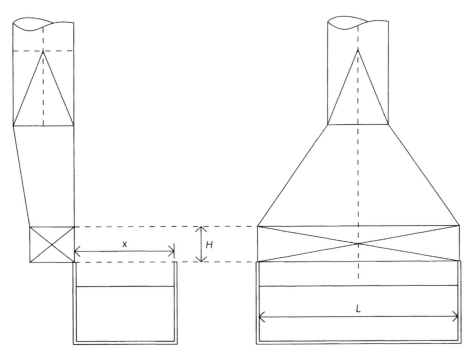

Figura 4.5 Disposição das fendas, para captura de gases e vapores.

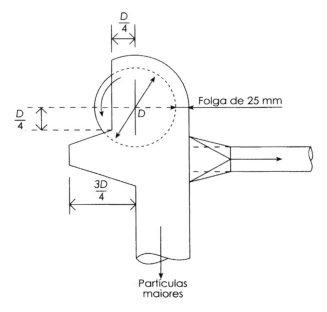

Figura 4.6 Captor para politriz ou esmeril.

Captores

4.2.3 Velocidade de captura

A velocidade de captura c', depende do peso específico real γ_m, das dimensões d_m e das condições de geração do contaminante, que determinam para este um deslocamento inicial que pode dificultar ou mesmo facilitar sua captura. Por isso, no projeto do captor, deve-se levar em conta a movimentação inicial das partículas ou o deslocamento do ar no ambiente de captação.

Assim, no caso de processos que desprendem gases quentes ou vapores, os contaminantes apresentam um movimento ascendente, arrastando com eles o ar. O captor funciona então, na realidade, como um simples receptor, podendo a movimentação do ar eventualmente ser feita de maneira natural por termossifão.

Quando, por outro lado, o captor envolve completamente o equipamento gerador dos contaminantes, a velocidade de captura deverá ser aquela suficiente tão-somente para impedir a fuga destes pela abertura do captor.

A Tab. 4.1 fornece os pesos específicos reais dos pós contaminantes mais comuns nas indústrias. E as Tabs. 4.2 e 4.3 fornecem, respectivamente, o tamanho médio em micrometros e a distribuição granulométrica em peso das partículas de alguns contaminantes.

Tabela 4.1 Peso específico dos contaminantes mais comuns nas indústrias

Tipo de pó	Procedência	γ_m (N/m²)	γ_m (kgf/m²)
Ferro	Usinagem	70.235	7.162
Cobre	Serralheria	81.130	8.273
Aço	Usinagem	80.738	8.233
Zarcão		91.359	9.316
Litargírio		84.788	8.646
Alvaiade		73.079	7.452
Oxido de zinco		70.549	7.194
Areia	Moagem	26.468	2.699
Argila	Moagem	26.233	2.675
Refratário	Moagem	25.105	2.560
Gesso	Moagem	23.330	2.379
Esmeril		30.862	3.147
Pinho	Serra	15.181	1.548

Tabela 4.2 Tamanho médio das partículas contaminantes mais comuns

Tipo de pó	Tamanho médio das partículas (μm)
Pó do ar exterior	0,5
Jato de areia	1,4
Corte de granito	1,4
Separação de produtos de fundição	1,4
Ar geral de fundição	1,2
Moagem de talco	1,5
Moagem de ardósia	1,7
Corte de mármore	1,5
Pedra-sabão	2,4
Pó de alumínio	2,2
Pó de bronze	1,5
Mineração de carvão (antracito)	0,8 a 1,0

Tabela 4.3 Granulometria das partículas contaminantes mais comuns

Tipo de pó	<$2\mu m$	3-$5\mu m$	6-$20\mu m$	21-$25\mu m$	26-$50\mu m$	51-$100\mu m$	>$100\mu m$
Areia	11,7	22,7	28,0	29,3	7,1	1,2	-
Esmeril seco	52,2	16,0	9,8	15,4	5,0	1,4	0,2
Cânhamo (seleção)	2,9	15,1	29,2	35,8	11,3	3,9	1,2
Antracito (em pó)	28,5	22,1	19,3	23,6	5,3	1,2	-
Gusa (torneamento)	73,0	8,8	6,6	8,1	2,3	1,0	0,2
Cobre (torneamento)	59,6	18,1	10,5	10,1	1,3	0,4	-
Chumbo (linotipo)	59,7	14,0	14,4	9,9	1,8	-	0,2
Óxido de zinco	6,0	16,6	27,5	30,8	13,4	4,7	1,0

As Tabs. 4.4 e 4.5, apresentam as velocidades c' de captura recomendadas pela ASHRAE, respectivamente em função das condições de geração e em função da operação específica.

Tabela 4.4 Velocidades de captura em função das condições de geração

Condição de geração	Exemplos	c' (m/s)
Sem velocidade inicial no ar parado	Evaporação de tanques, soldas Desengraxamento, eletrodeposição	0,25 a 0,5
Geração no interior de cabines	Velocidade na abertura da cabine	0,25 a 1,0
Geração com velocidade inicial baixa	Cabines de pinturas, misturadores Enchimento de barris, escolha Transferência de transporte (<1 m/s) Pesagens e embalagens	0,5 a 1,0
Geração ativa	Britadores, peneiras Limpeza de peças por trepidação Transferência de transporte (>1 m/s)	1,0 a 2,5
Geração com grande força	Esmerilhameto Jatos abrasivos	2,5 a 10,0

Tabela 4.5 Velocidades de captura em função da operação específica

Operação	c' (m/s)	Observações
Jatos abrasivos	2,5 0,3 a 0,5	Em cabines (envolvimento total) Em salas (fluxo descendente)
Ensacamento	0,5 1,0 2,0	Em cabines (sacos de papel) Em cabines (sacos de pano) Areia no ponto de operação
Enchimento de barris	0,4 a 0,5	No ponto de operação
Silo de funil	0,75 a 1,0	Face da coifa
Levantamento de garrafas	0,75 a 1,25	Face da cabine
Transferência de correias transport.	0,75 a 1,00	Face da coifa
Jato abrasivo de núcleos	0,5	No ponto de operação
Forja manual	1,0	Face do envoltório
Telas de fundição	1,0 a 2,0	Face do envoltório
Limpeza de fundição	1,0	Face do envoltório
Elevadores de grãos	2,5	Face da coifa
Corte manual de granito	1,0	No ponto de operação
Corte de granito plano	7,5	No ponto de operação
Esmerilhamento	1,0 a 2,0	Grelha de fluxo descendente
	0,5 a 0,75	Em cabines (na face)

Tabela 4.5 (continuação)

Operação	c' (m/s)	Observações
Fogão de cozinha	0,5 a 0,75	Face da coifa
Coifa de laboratório	0,5 a 1,0	Face da coifa
Metalização Tóxicos (Pb, Cd, etc.) Não-tóxicos (aço, Al, etc.) Não-tóxicos (aço, Al, etc.)	 1,0 0,6 1,0	 Face da cabine Face da cabine Face da coifa local
Misturadores (areia, etc.)	0,5 a 1,0	Face do envoltório
Empacotamento	0,25 a 0,5 0,35 a 0,75 0,5 a 2,0	Face da cabine Fluxo descendente Face do envoltório
Pintura à pistola	0,5 a 1,0	Face da cabine
Cerâmicas Misturadores Quebradores Gravadores	 2,5 3,75 0,5 a 0,75	 No ponto de operação No ponto de operação Face da cabine
Fusão de quartzo	0,75 a 1,0	Face da cabine
Calandras	0,35 a 0,5	Face da coifa
Solda de prata	0,5	Face da coifa
Banhos desengraxantes Banhos de benzol Banhos de decapagem Banhos de eletrodeposição Banhos de têmpera Banhos de vapor	0,25 0,75 0,35 a 0,5 0,25 a 0,5 0,5 0,35 a 0,5	No ponto de operação Na face do envoltório No ponto de operação No ponto de operação Face da coifa No ponto de operação
Solda elétrica	0,5–1,0	No ponto de operação

4.2.4 Vazão de ar nos captores

O cálculo da vazão de ar dos captores é feito a partir das Eqs. [4.1] e [4.2]:

$$V = c_0 \Omega_0 = c' \Omega' = K c' \Omega_0 \ \text{m}^3/\text{s},$$

onde, conforme vimos,

$$K = f \ (\text{forma da boca}, \Omega_0, x).$$

A Tab. 4.6 nos fornece os valores de K e da vazão V dos principais tipos de captores.

Captores

Tabela 4.6 Vazão do ar nos captores

Tipo de captor	K	V (m³/s)
Boca circular plana Boca retangular plana de H/L > 0,1	$\dfrac{0,1\Omega_0 + x^2}{0,1\Omega_0}$	$\left(\Omega_0 + \dfrac{x^2}{0,1}\right)c'$
Bocas circulares com flange de largura igual a D	$\dfrac{0,1\Omega_0 + x^2}{0,133\Omega_0}$	$\left(\dfrac{0,1\Omega_0 + x^2}{0,133}\right)c'$
Fenda de H/L < 0,1	$\dfrac{3,7 \times L}{\Omega_0}$	$(3,7 \times L)c'$
Fenda de H/L < 0,1 com flange de largura igual a H	$\dfrac{2,8 \times L}{\Omega_0}$	$(2,8 \times L)c'$
Coifas simples: Pequenas (1,2 m a 1,5 m)	$\dfrac{1,25 PH}{\Omega_0}$	1,25PHc'
Médias (1,5 m a 2,5 m)	$\dfrac{1,35 PH}{\Omega_0}$	1,35PHc'
Grandes (2,5 m a 5,0 m)	$\dfrac{1,45 PH}{\Omega_0}$	1,45PHc'

Politrizes:
   Rotor de 9 x 1,5 pol
   Rotor de 12,5 x 2 pol
   Rotor de 17,5 x 3 pol
   Rotor de 21,5 x 4 pol
   Rotor de 27,0 x 5 pol
   Rotor de 33,0 x 6 pol
		0,10 a 0,15
		0,20 a 0,30
		0,25 a 0,38
		0,30 a 0,45
		0,45 a 0,65
		0,60 a 0,80

4.2.5 Perda de carga nos captores

A perda de carga nos captores é calculada pela Eq. [2.4], já apresentada para o cálculo geral das perdas nas passagens de ar e nos acessórios das canalizações de ventilação (Fig. 4.7).

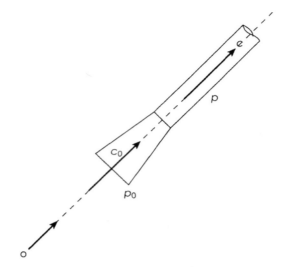

Figura 4.7 Cálculo da perda de carga no captor.

$$J_{captor} = \lambda \frac{c^2}{2}\rho = \lambda \frac{c^2}{2g}\gamma, \quad [4.3]$$

onde c é a velocidade real no duto, isto é:

$$J_{captor} = p_0 - \left(p + \frac{c^2}{2}\rho\right) \quad [4.3a]$$

Desse modo,

$$\Delta p = p_0 - p = J_{captor} + \frac{c^2}{2}\rho = (1+\lambda_{captor})\frac{c^2}{2}\rho = (1+\lambda_{captor})\frac{c^2}{2g}\gamma, \quad [4.4]$$

$$c = \sqrt{\frac{2\Delta p}{(1+\lambda)\rho}} = \sqrt{\frac{2g \cdot \Delta p}{(1+\lambda)\gamma}}, \quad [4.5]$$

$$V = \Omega c = \Omega \sqrt{\frac{2\Delta p}{(1+\lambda)\rho}} = \Omega \sqrt{\frac{2g \cdot \Delta p}{(1+\lambda)\gamma}}. \quad [4.6]$$

Daí fazemos:

$$\mu = \sqrt{\frac{1}{1+\lambda}}, \quad [4.7]$$

sendo o coeficiente de fluxo μ praticamente igual ao coeficiente de velocidade φ adotado na Mecânica dos Fluidos (para maiores detalhes, Costa 8). A Tab. 4.7 fornece os valores de γ e μ para os diversos tipos de captor.

Captores

TABELA 4.7 Coeficiente de atrito nos captores

Tipo de captor	Descrição	λ	μ
	Extremidade plana de duto	0,93	0,72
	Extremidade de duto flangeada	0,49	0,82
	Boca bem arredondada	0,04	0,98
	Orifício de cantos vivos	1,78	0,60
	Captor direto no duto	0,50	0,82
	Orifício mais duto flangeado ($c_{orifício} = c_{duto}$)	2,30	0,55
	Captor ligado ao duto por peça cônica: circular retangular	 0,15 0,25	 0,93 0,89
	Captor ligado ao duto por peça erredondada	0,06–0,10	0,97

Tabela 4.7 (continuação)				
Tipo de captor	Descrição	λ	μ	
> 45°	Captor cônico: circular retangular	0,15 0,25	0,93 0,89	
	Câmara de gravidade	1,5	0,63	
Quadrado para circular	Captor padrão de esmeril Ver também a Fig. 4.6	0,65	0,78	

4.3 Canalizações

4.3.1 Generalidades

As canalizações dos sistemas de ventilação local exaustora devem, sempre que possível, ter seção circular, para evitar arestas ou zonas de velocidade reduzida, que possibilitam a estagnação dos contaminantes.

O material dos dutos normalmente é a chapa de aço preta, soldada, ou chapa de aço galvanizada, rebitada, quando se trata de trabalho sob temperaturas inferiores a 200°C. As bitolas adotadas para o caso de contaminantes não-corrosivos são selecionadas de acordo com o diâmetro da canalização e a classificação dos serviços (Tab. 4.8).

Os tipos de serviço são classificados de acordo com o material contaminante a transportar. Assim, temos:

- classe I – materiais não-abrasivos, como pinturas, serragens, etc.;
- classe II – materiais abrasivos em pequenas quantidades, como politrizes, esmeris, etc.;
- classe III – materiais abrasivos em grande concentração, como britadores de rocha, jatos de areia, de granalha, etc.

Canalizações

Tabela 4.8 Bitola da chapa dos dutos em função do diâmetro

Diâmetro (cm)	Classe do serviço		
	I	II	III
20	24	22	20
20 a 45	22	20	18
45 a 75	20	18	16
> 75	18	16	14

Curvas, ângulos, reuniões e captores devem ser produzidos com chapa de bitola dois pontos mais espessa que a do duto correspondente. As curvas devem ser executadas em gomos; no mínimo cinco para aquelas com diâmetro igual ou inferior a 15 cm, e sete para os diâmetros superiores a 15 cm. O raio médio das curvas, deve ter no mínimo dois diâmetros, cujo comprimento equivalente é no máximo 7,5D (Fig. 4.9 e Tabs. 3.11 e 4.10).

As reuniões devem ser projetadas com ângulos de, no máximo, 45°, em peças com forma troncônica (Fig. 4.10 e Tab. 4.11). E, no caso de transporte de partículas, é preciso prever aberturas para inspeção e limpeza, preferencialmente nas curvas e a cada 3 m de duto reto.

Os dutos devem ser apoiados a cada 20-30 diâmetros e afastados das paredes e dos forros por no mínimo 20 cm para sua manutenção. Evitar os registros tipo borboleta.

4.3.2 Velocidade do ar nas canalizações

A velocidade do ar nas canalizações de ventilação local exaustora deve ser suficiente para manter as partículas do contaminante em suspensão (velocidade de flutuação, c_f) e, ao mesmo tempo, para transportá-las (velocidade do material c_m).

A velocidade de flutuação depende do peso específico do material (γ_m) e de sua granulometria (d_m). Assim, o equilíbrio entre o peso do material e a resistência oposta ao deslocamento do ar pela partícula nos permite escrever:

$$S d_m \gamma_m = K_d S \frac{c_f^2}{2g} \gamma_{ar}.$$

Isto é:

$$c_f = \sqrt{\frac{2g\, d_m \gamma_m}{\gamma_{ar} \cdot K_d}} \cong 4 \sqrt{\frac{d_m \gamma_m}{K_d}} = 0,004 \sqrt{\frac{d_\mu \gamma_m}{K_d}}, \qquad [4.8]$$

em que:
d_m é o diâmetro médio das partículas (m);
d_μ o diâmetro médio das partículas (μm);
γ_m o peso específico do material (kgf/m^3);
K_d o coeficiente de empuxo, que caracteriza a resistência oposta pelas partículas ao deslocamento do ar.

Para um escoamento turbulento em torno de uma esfera com número de Reynolds (Re = $\rho c D/\mu$) compreendido entre 10^3 e 10^4, K_d = 0,44. Na realidade, K_d será tanto menor, quanto maior for o valor de Re (para mais detalhes, veja Costa 8).

A velocidade do material (c_m), por sua vez, depende do peso específico real deste, e será da ordem de 10 a 25 m/s. Na prática, é preferível selecionar diretamente velocidades globais, que garantem simultaneamente a flutuação e o transporte adequado das partículas, como as recomendadas pela ASHRAE e que constam da Tab. 4.9.

Tabela 4.9 Velocidade do ar em canalizações segundo a ASHRAE

Material	c (m/s)
Vapores, gases, fumos, poeiras muito finas (< 0,5 µm)	10
Poeiras secas finas	15
Poeiras industriais médias	17,5
Partículas grossas	17,5 a 22,5
Partículas grandes, material úmido	> 22,5

4.3.3 Cálculo de canalizações de exaustão

Nos sistemas de exaustão, a perda de carga nos captores é dada pela Eq. [4.3] (Fig. 4.7), isto é:

$$J_{captor} = \lambda \frac{c^2}{2g} \gamma = p_0 - (p + \frac{c^2}{2g}\gamma).$$

Portanto a pressão nos dutos que cria a depressão necessária para vencer a perda de carga dos captores é a pressão total

$$p + \gamma \frac{c^2}{2g},$$

razão pela qual, uma recuperação da pressão estática não serviria, no caso, para eliminar possíveis desequilíbrios na aspiração das diversas bocas, como acontece nos sistemas de insuflamento, onde apenas a pressão estática é aproveitada para a saída do ar.

A orientação de cálculo dos sistemas de ventilação local exaustora, portanto, deve ser diferente daquela apresentada para cálculo dos dutos do sistema de ventilação por insuflamento (recuperação da pressão estática). Consiste em tornar todas as velocidades dos dutos iguais àquelas indicadas na Tab. 4.9, de tal forma que, de acordo com a Fig. 4.8, podemos escrever para cada captor:

Canalizações

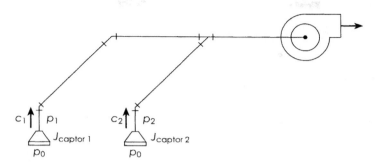

Figura 4.8 Numa ventilação local exaustora, as perdas de carga nos dutos de exaustão dos vários captores são compensadas progressivamente.

$$p_0 = p_1 + \frac{c_1^2}{2g}\gamma + J_{\text{captor 1}},$$

$$p_0 = p_2 + \frac{c_2^2}{2g}\gamma + J_{\text{captor 2}},$$

Ou seja, sendo $c_1 = c_2$, para obter

$$J_{\text{captor 1}} - J_{\text{captor 2}} = p_1 - p_2,$$

devemos necessariamente fazer:

$$J_{\text{captor 1}} - J_{\text{captor 2}} = p_1 - (p_2 + J_{\text{registro}}) = 0.$$

Isto é, o desejado equilíbrio de pressão entre as diversas bocas só pode ser obtido compensando-se progressivamente (por meio de registros de gaveta) as perdas de carga nos dutos de exaustão dos diversos captores, as quais diminuem à proporção que eles se aproximam do ventilador. Nessas condições, as perdas de carga de todos os dutos de aspiração, mesmo dimensionados para uma mesma velocidade e compensados por essa perda de carga adicional (registro), terão a mesma pressão total de aspiração nas suas bocas. Portanto captores iguais, instalados nos dutos de aspiração, terão a mesma vazão.

O cálculo da perda de carga dos dutos pode ser realizado pelas Eqs. [3.8] ou [3.9], recomendadas pela ASHRAE. Para facilitar a apropriação acima, foi elaborado o diagrama de cálculo da pág. 156, onde a perda de carga por unidade de comprimento do conduto é dada em função da vazão e da velocidade ou do diâmetro. Na realidade, esse diagrama é igual ao apresentado para o cálculo de condutos de ventilação de uma maneira geral; apenas se aumentaram os limites das velocidades para atender às velocidades recomendadas para o caso específico das instalações locais exaustoras.

Naturalmente o comprimento (l) a considerar no cálculo das perdas de carga deve ser aquele dos condutos, adicionado dos comprimentos equivalentes dos acessórios da canali-

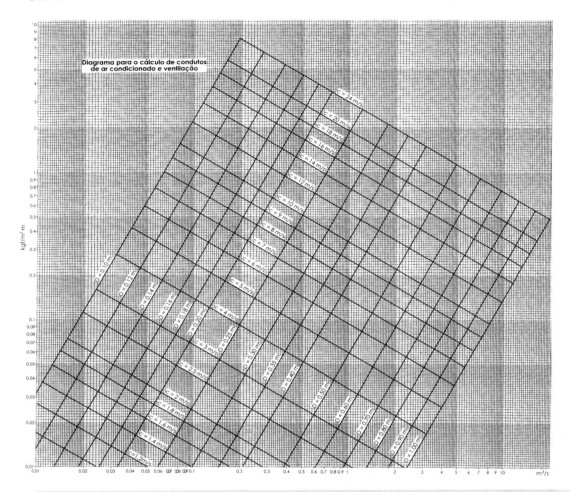

O encarte com os ábacos está disponível no link: http://livro.link/ventilacao

zação. São acessórios normais nas instalações de ventilação local exaustora as reuniões e as curvas, cujas perdas de carga são dadas pela expressão geral:

$$J_{acessório} = \lambda \frac{c^2}{2g} \gamma,$$

cujos comprimentos equivalentes, conforme vimos, podem ser tomados como:

$$l_{acessório} = \frac{\lambda_{acessório}}{\lambda_{conduto}} D \cong \frac{\lambda_{acessório}}{0,02} D.$$

Os valores de λ das curvas adotadas nos sistemas de ventilação local exaustora (Fig. 4.9) estão registrados na Tab. 4.10.

Canalizações

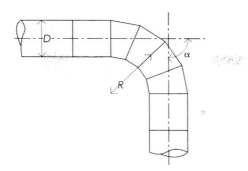

Figura 4.9 No cálculo das perdas de carga, as curvas somam-se ao comprimento dos dutos.

Tabela 4.10 Coeficiente de atrito nas curvas das canalizações										
R/D	0	0,5	0,75	1,0	1,5	2,0	3,0	4,0	5,0
λ	0,87	0,73	0,38	0,26	0,17	0,15	0,14	0,14	0,16

Já os valores de λ das reuniões adotadas nas instalações de ventilação local exaustora, com um ângulo de deflexão de 45°, dependem da proporção dos fluxos de entrada e saída no acessório (Fig. 4.10) e estão registrados na Tab. 4.11

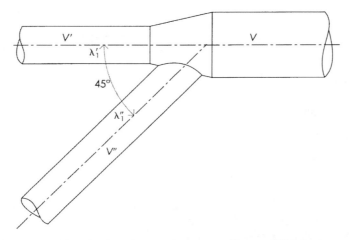

Figura 4.10 Na ventilação local exaustora, reuniões a 45° funcionam como um ventúri, arrastando o fluxo do ramal.

Tabela 4.11 Coeficiente de atrito nos captores nas reuniões das canalizações

V"/V	0	0,2	0,4	0,6	0,8	1,0
λ'	0,05	0,17	0,18	0,05	− 0,20	− 0,57
λ"	− 0,9	− 0.37	0	0,22	0,37	0,38

Como se pode ver na Tab. 4.11, com a preponderância da vazão do ramal direto V', o fluxo do ramal em derivação é arrastado, funcionando o dispositivo como um ventúri. O mesmo acontecendo com a preponderância da vazão do ramal em derivação V''', embora numa proporção menor.

4.4 Coletores

4.4.1 Generalidades

Coletores ou separadores são equipamentos utilizados nas instalações de ventilação local exaustora para separar os contaminantes do ar que os arrasta, seja para aproveitamento, seja para evitar a poluição da atmosfera.

Os coletores se caracterizam fundamentalmente por sua eficiência ou rendimento. O rendimento de um coletor consiste na relação entre o peso do material coletado e o peso total do material contaminante arrastado pelo ar que por ele circula:

$$\eta_{coletor} = \frac{G_{material\ coletado}}{G_{total\ do\ material\ contaminante}}$$

Conforme veremos, a eficiência dos coletores depende essencialmente do tipo de separador adotado, bem como das dimensões, da granulometria e do peso específico real do material a ser separado. Na prática, são empregados vários recursos, naturais ou artificiais, para facilitar ou mesmo efetuar a separação desejada. Entre esses recursos podemos citar:

- a gravidade;
- a inércia;
- a centrifugação;
- o som;
- a termoforese;
- a umidificação;
- a filtragem.

- a atração elétrica;
- a absorção;
- a adsorção;
- a combustão;
- a catálise;
- a condensação;

Desses recursos, o som funciona apenas como um floculante para as partículas de granulometria inferior a 10 μm. Adotam-se para isso sons de alta intensidade (superiores a 150 dB) e de altas freqüências (de 2 a 15 kHz).

Embora a instalação de sistemas sonoros não seja muito cara, os custos de operação e de manutenção mostram-se muito elevados, o que restringe bastante seu emprego. O mes-

Coletores

mo se pode dizer da utilização da termoforese, fenômeno pelo qual partículas sujeitas a um meio de temperatura superior tendem a migrar da zona mais quente para a zona mais fria, num movimento contrário ao do termossifão, acompanhando o fluxo térmico, que obedece às leis da transmissão de calor.

Todos os demais recursos são usados atualmente na separação tanto de partículas sólidas como de gases e vapores, de acordo com suas respectivas peculiaridades. Daí os diversos tipos de coletor existentes; entre os quais podemos citar:

- as câmaras gravitacionais;
- as câmaras inerciais;
- os ciclones;
- os ciclones associados a ventiladores (rotoclones);
- os lavadores de ar;
- as torres de borrifadores com enchimento;
- os ciclones úmidos;
- os rotoclones úmidos;
- os separadores úmidos tipo orifício;
- os filtros de tela, de pano ou de plástico;
- os filtros eletrostáticos;
- as torres de absorção;
- os absorvedores tipo ventúri;
- os leitos de adsorção;
- os incineradores;
- os pós queimadores de chama direta;
- os pós queimadores catalíticos;
- os condensadores de mistura ou de superfície

4.4.2 Câmaras gravitacionais

As câmaras gravitacionais são grandes caixas (depósitos) de decantação natural, onde o ar com o contaminante assume uma velocidade tão reduzida que as partículas por ele arrastadas têm tempo para cair no fundo do recipiente por ação da gravidade unicamente.

Embora o cálculo teórico tanto das câmaras de gravidade como das câmaras inerciais – e mesmo dos ciclones – seja pouco confiável em função do imprevisível turbilhonamento do ar, adotaremos como orientação básica para sua seleção a dinâmica da partícula no campo gravitacional [para maiores esclarecimentos, ver Costa (8)].

Assim, na queda das partículas microscópicas, a ação da gravidade é equilibrada pela resistência oposta pelo ar ao seu deslocamento:

$$G = F,$$

atingindo-se em tal situação de equilíbrio uma velocidade c de queda máxima, que toma o nome de *velocidade terminal*.

O peso G da partícula – supostamente esférica e de diâmetro d –, imersa no ar, vale:

$$G = \frac{\pi d^3}{6}(\gamma_m - \gamma_{ar}).$$

E a resistência oposta ao deslocamento ou empuxo (F), conforme vimos em 4.3.2 ao analisar a velocidade de flutuação dos contaminantes, vale:

$$F \cong K_d S \frac{c^2}{2g} \gamma_{ar} \cong K_d \frac{\pi d^2}{4} \frac{c^2}{2} \rho_{ar}.$$

Na situação de equilíbrio, devemos considerar três regimes de escoamento, de acordo com o número de Reynolds:

- regime laminar, Re < 3;
- regime intermediário, $3 < \text{Re} < 10^3$;
- regime turbulento, $\text{Re} > 10^3$.

O número de Reynolds vale

$$\text{Re} = c \frac{d}{\nu},$$

sendo:

ν a viscosidade cinemática $\left(\dfrac{\mu}{\rho} = \dfrac{\mu g}{\gamma}\right)$, em m²/s; e

μ a viscosidade ou viscosidade dinâmica, em Ns/m² (kgfs/m²).

No primeiro caso, quando Re < 3, podemos fazer, segundo Stokes:

$$K_d = \frac{24}{\text{Re}} = \frac{24\mu}{cd\rho_{ar}},$$

de modo que o empuxo seria dado por:

$$F = \frac{24\mu \cdot \pi d^2 \cdot c^2}{cd \cdot \rho_{ar} \cdot 4 \cdot 2} \rho_{ar} = 3\pi\mu cd.$$

Na situação de equilíbrio em que o empuxo é igual ao peso da partícula, teríamos:

$$F = 3\pi\mu cd = G = \frac{\mu \cdot d^3}{6}(\gamma_m - \gamma_{ar}),$$

e a velocidade terminal no caso seria:

$$c = \frac{d^2(\gamma_m - \gamma_{ar})}{18\mu} \qquad [4.9]$$

No segundo caso, para valores de Re situados entre 3 e 1.000, podemos fazer:

$$K_d = \frac{14}{\sqrt{\text{Re}}},$$

de modo que:

$$F = \frac{14 \cdot \pi d^2 \cdot c^2}{\sqrt{cd\rho_{ar}/\mu}\, 4 \cdot 2} \rho_{ar} = \frac{7}{4}\pi dc\sqrt{\mu dc\rho_{ar}}.$$

Coletores

E a velocidade terminal no caso nos seria dada por::

$$F = \frac{7}{4}\pi dc\sqrt{\mu dc\rho_{ar}} = G = \frac{\pi d^3}{6}(\gamma_m - \gamma_{ar}).$$

Isto é:

$$c = 0,21d \sqrt[3]{\frac{g(\gamma_m - \gamma_{ar})^2}{\mu\gamma_{ar}}}. \quad [4.10]$$

Finalmente, no caso de escoamentos turbulentos (Re > 1.000), podemos simplesmente fazer $K_d = 0,44$, de modo que obtemos:

$$F = 0,44\frac{\pi d^2 \cdot c^2}{4 \cdot 2g}\gamma_{ar}.$$

E a velocidade terminal pode ser calculada a partir da expressão de equilíbrio:

$$F = 0,44\frac{\pi d^2 \cdot c^2}{4 \cdot 2g}\gamma_{ar} = \frac{\pi d^3}{6}(\gamma_m - \gamma_{ar}),$$

isto é:

$$c = \sqrt{\frac{3,03g(\gamma_m - \gamma_{ar})d}{\gamma_{ar}}}. \quad [4.11]$$

Nessas condições, fazendo

$g = 9,80665$ m/s²;
$d_{\mu m} = 10^6 d$ (m);
$t = 20°C$;
$\gamma_{ar} = 1,205$ kgf/m³; e
$\mu_{ar} = 1,856$ kgf s/m²,

obteremos os valores mais práticos que seguem.

- PARA UM MOVIMENTO LAMINAR (Re<3)

$$c_{terminal} = 0,03 \times 10^{-6} d_{\mu m}^2 (\gamma_m - \gamma_{ar}). \quad [4.9a]$$

De acordo com o número de Reynolds, essas velocidades só se verificam para partículas de

$$d_{\mu m} < \frac{1.150}{\sqrt[3]{(\gamma_m - \gamma_{ar})}}. \quad [4.9b]$$

- PARA UM MOVIMENTO CARACTERIZADO COMO INTERMEDIÁRIO (3<Re<1.000)

$$c_{terminal} = 0,34 \times 10^{-4} d_{\mu m} \sqrt[3]{(\gamma_m - \gamma_{ar})^2}. \quad [4.10a]$$

De acordo com os limites do número de Reynolds, essas velocidades só se verificam para partículas de

$$d_{\mu m} = \frac{1.150 \text{ a } 21.000}{\sqrt[3]{(\gamma_m - \gamma_{ar})}}.$$ [4.10b]

- Para um movimento turbulento (Re > 1000)

$$c_{terminal} = 0,00498 \sqrt[3]{d_{\mu m}(\gamma_m - \gamma_{ar})}.$$ [4.11a]

De acordo com o valor-limite do número de Reynolds, essas velocidades só se verificam para:

$$d_{\mu m} > \frac{21.000}{\sqrt[3]{(\gamma_m - \gamma_{ar})}}.$$ [4.11b]

A Tab. 4.12 relaciona, para os tipos de pós contaminantes mais comuns na indústria, caracterizados por seus respectivos pesos específicos, as granulometrias que delimitam o tipo de escoamento a que estarão sujeitos e que nos permitirá calcular a velocidade terminal correspondente.

Tabela 4.12 Granulometria de pós contaminantes de acordo com o peso específico

Tipo de pó	γ_m (kgf/m³)	Re < 3 ($d_{\mu m}$)	3 < Re < 10³ ($d_{\mu m}$)	Re > 10³ ($d_{\mu m}$)
Ferro	7.165	< 60	60 a 1.090	> 1.090
Cobre	8.273	< 57	57 a 1.038	> 1.038
Aço	8.233	< 57	57 a 1.040	> 1.040
Zarcão	9.316	< 55	55 a 998	> 998
Litargírio	8.646	< 56	56 a 1.023	> 1.023
Alvaiade	7.452	< 59	59 a 1.075	> 1.075
Óxido de zinco	7.194	< 60	60 a 1.088	> 1.088
Areia	2.699	< 83	83 a 1.508	> 1.508
Argila	2.675	< 83	83 a 1.513	> 1.513
Refratário	2.560	< 84	84 a 1.535	> 1.535
Gesso	2.374	< 86	86 a 1.573	> 1.573
Esmeril	3.147	< 78	78 a 1.433	> 1.433
Madeira de pinho	1.548	< 100	100 a 1.816	> 1.816

Coletores

O projeto de uma câmara gravitacional consiste em dimensioná-la de tal forma que os componentes da velocidade do ar (c_{ar}) e de queda das partículas ($c_{terminal}$) permitam a separação dos contaminantes; isto é, que se verifique ao longo da caixa a relação:

$$\frac{c_{terminal}}{c_{ar}} = \frac{\text{Profundidade } A \text{ da caixa}}{\text{Comprimento } L \text{ da caixa}}.$$

A solução mais simples consiste em fazer a caixa com seção quadrada, de modo que:

$$\Omega = A \times B = A^2 = \frac{V_s}{c_{ar}},$$

e de tal forma que seu volume será dado por:

$$V = \Omega L = A^3 \frac{c_{ar}}{c_{terminal}} = \sqrt{\left(\frac{V_s}{c_{ar}}\right)^3 \frac{c_{ar}}{c_{terminal}}}.$$

Ou seja, o volume da câmara vai depender da vazão de ar (V_s), das características do contaminante a separar ($c_{terminal}$) e da velocidade do ar escolhida.

Na prática, para evitar turbilhonamentos imprevisíveis (componentes verticais, no deslocamento do ar, que poderiam prejudicar a decantação), as velocidades adotadas para o ar são bastante baixas, recomendando-se valores inferiores a 1,0 m/s. Nessas condições, as perdas de carga das câmaras gravitacionais são muito pequenas, restringindo-se praticamente só àquelas correspondentes à entrada e saída do ar.

EXEMPLO 4.1

Calcular as dimensões de uma câmara gravitacional para separação de partículas de madeira em uma instalação de ventilação local exaustora com as seguintes características:

- V = 3.600 m³/h (1 m³/s);
- γ_m = 1.500 kgf/m³;
- d > 50 µm.

Solução

De acordo com a Tab. 4.12, o regime de deslocamento do contaminante em queda livre no ar é o de um movimento laminar. Sua velocidade terminal será dada pela Eq. [4.9a]:

$$c_{terminal} = 0,03 \times 10^{-6} d_{\mu m}^2 (\gamma_m - \gamma_{ar}) = 0,1124 \text{ m/s},$$

de modo que podemos adotar qualquer uma das soluções que constam da tabela deste exemplo. Naturalmente, do ponto de vista técnico, a melhor solução é a de menor velocidade, embora do ponto de vista do custo seja a mais cara.

Tabela Ex. 4.1							
Solução	V_s (m³/s)	c_{ar} (m/s)	Ω (m²)	A (m)	B (m)	L (m)	V (m³)
I	1	0,25	4	2	2	4,45	17,80
II	1	0,50	2	1,414	1,414	6,28	12,58
III	1	0,75	1,333	1,155	1,155	7,70	10,27
IV	1	1,00	1	1	1	8,90	8,90

Para evitar o efeito do jato na entrada e garantir ao longo desta a velocidade projetada, o conduto de chegada deve ser provido de aumento de seção adequado. Uma mudança de direção com entrada lateral, telas ou mesmo defletores, desde que mantenham a velocidade programada para o ar, também são soluções aceitáveis (Fig. 4.11).

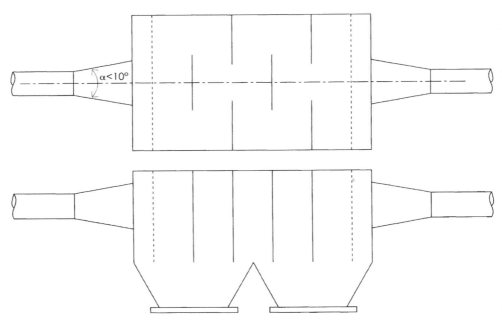

Figura 4.11 Um aumento na seção do duto de chegada evita o efeito de jato.

4.4.3 Câmaras inerciais

Nas câmaras inerciais, a separação das partículas é feita aproveitando-se a maior inércia destas em relação à do ar. Basta uma rápida mudança na direção do escoamento da massa fluida, que pode passar de uma velocidade $+c$ para uma velocidade $-c$. Isso vai acarretar nas partículas arrastadas uma variação da energia cinética de até mc^2, energia essa que, apesar de instantânea, é muito superior àquela em jogo quando uma partícula cai unicamente por ação da gravidade. Ainda assim, as câmaras inerciais só se mostram eficientes para a separação de partículas de maior tamanho (50 a 200 µm), que garantem uma inércia razoável.

A disposição construtiva das câmaras inerciais varia bastante. As Figs. 4.12, 4.13 e 4.14 dão uma idéia dos modelos mais usados desse tipo de separador.

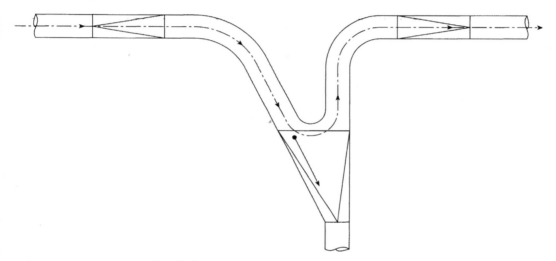

Figura 4.12 Separador de câmara inercial.

O separador da Fig. 4.15 é constituído de uma série de pratos cônicos (25 a 100), sem fundo, com 20 mm de altura e com 6 mm de separação entre eles. Esse tipo de separador é instalado normalmente na descarga do ventilador e tem uma perda de carga da ordem de:

$$J_{separador} = 2{,}3 \frac{c^2}{2g} \gamma_{ar}.$$

As velocidades adotadas são as mesmas dos ciclones (15 m/s a 30 m/s), daí as perdas de carga que variam de 30 a 120 kgf/m².

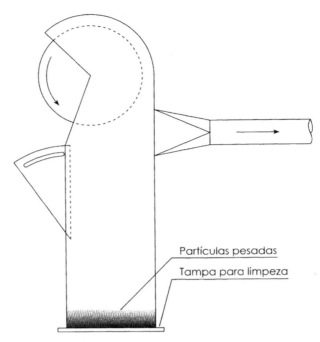

Figura 4.13 Separador de câmara inercial.

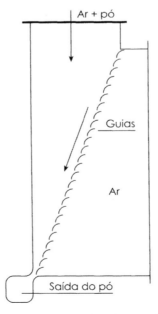

Figura 4.14 Separador de câmara inercial.

Coletores

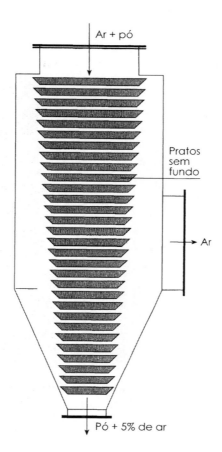

FIGURA 4.15 Separador inercial de pratos cônicos.

4.4.4 Ciclones

Normalmente os ciclones apresentam formato cilíndrico na parte superior e troncônico na parte inferior, onde a separação das partículas sólidas dos contaminantes é obtida por meio de uma forte aceleração centrífuga do ar. Este, entrando tangencialmente pelo topo do equipamento, desloca-se num fluxo espiral descendente entre a parede externa e o duto de saída.

Na parte inferior, troncônica, do ciclone, o fluxo espiral desloca-se para a parte central do equipamento e torna-se ascendente, deslocando-se pelo tubo de saída para o exterior (Fig. 4.16). É fácil observar na figura que, no topo dos ciclones mais simples, surgem zonas de turbulências secundárias e indesejáveis, as quais podem ser em parte contornadas, dando origem a ciclones de diversos tipos. Alguns são citados a seguir.

Os ciclones *comuns* são constituídos apenas por uma parte cilíndrica, por onde o ar entra tangencialmente, e uma parte troncônica, por onde o contaminante é recolhido (Fig. 4.16).

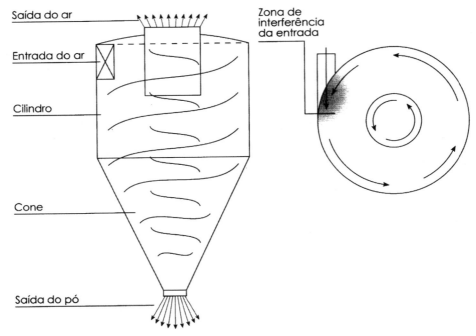

Figura 4.16 Ciclone comum.

Nos ciclones *com tampa helicoidal*, esta obriga o fluxo espiral a passar por baixo da entrada, a fim de evitar a zona de interferência citada (Fig. 4.17).

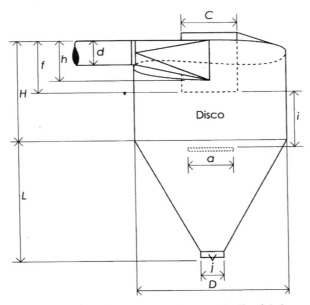

Figura 4.17 Ciclone com tampa helicoidal.

Coletores

Nos ciclones *com defletor de entrada* ou *de entrada envolvente*, igualmente, a fim de contornar em parte os turbilhonamentos desfavoráveis na primeira rotação do fluxo do ar, a entrada é tangencial e a saída, excêntrica (Fig. 4.18).

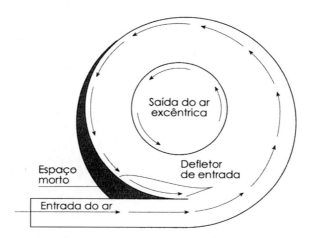

Figura 4.18 Ciclone com defletor de entrada.

Os ciclones *com guias internas* têm a finalidade de reduzir a perda de carga do sistema. Para tanto, têm a parte superior também troncônica, aumentando de diâmetro para baixo, onde estão situadas as guias que orientam o ar para o centro, posição em que o fluxo do ar passa a ser ascendente (Fig. 4.19).

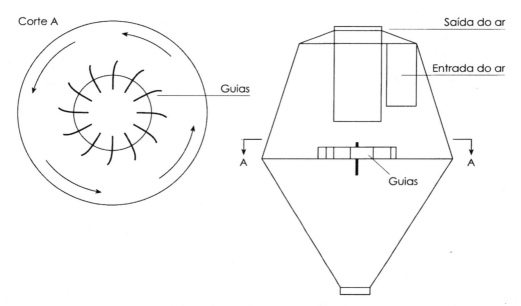

Figura 4.19 Ciclone com guias internas.

No ciclone *do tipo tangencial*, tanto a entrada do ar como a saída do contaminante são racionalmente tangenciais. E a saída do ar se dá pelo centro, tanto para baixo como para cima, reduzindo significativamente as perdas por mudanças na direção principal do fluxo de ambos.

Esse ciclone pode ainda ser simples ou com guias inerciais, com entrada envolvente ou com defletor de entrada. É o modelo que apresenta menor perda de carga entre os diversos tipos de ciclone até aqui citados (Figs. 4.20 e 4.21).

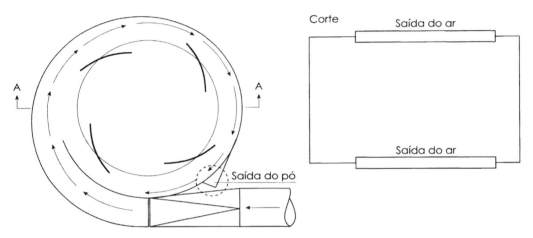

Figura 4.20 Ciclone tangencial simples.

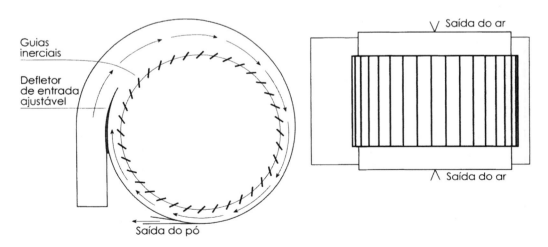

Figura 4.21 Ciclone tangencial com guias inerciais.

Os ciclones *miniatura*, com diâmetros inferiores a 30 cm, de tipo comum, com entrada envolvente ou mesmo com saída de ar tangengial, caracterizam-se pela sua alta eficiência (Fig. 4.22).

Coletores

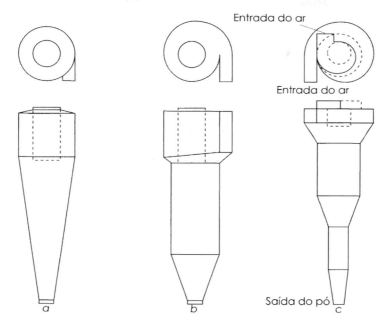

Figura 4.22 Ciclone miniatura.

Os ciclones *associados a ventiladores*, os chamados *rotoclones*, com o rotor provido de pás que não são paralelas ao seu eixo, além de aumentar a aceleração centrífuga das partículas também as lançam contra o disco do rotor, orientando-as no sentido da saída do pó, que é separada da saída do ar puro (Fig. 4.23). Essa associação é bastante vantajosa, pois alia as vantagens da centrifugação a uma perda de carga da ordem de 25 kgf/m^2, bastante inferior, portanto, à dos ciclones.

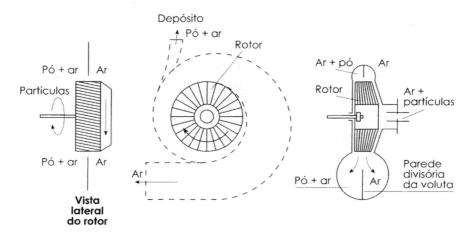

Figura 4.23 Ciclone associado a ventilador, ou rotoclone.

Como a força centrífuga aplicada às partículas (mc^2/R) é bastante superior àquela proporcionada unicamente pela ação da gravidade (mg), a eficiência dos ciclones é muito superior à das câmaras gravitacionais. Assim, dá-se o nome de *fator de separação da força centrífuga*, em relação àquela devida à gravidade, ao quociente entre a aceleração centrífuga e a aceleração da gravidade:

$$\text{Fator de separação} = \frac{c^2}{Rg}. \qquad [4.12]$$

Fica portanto evidente que o poder de separação ou mesmo a eficiência dos separadores centrífugos é diretamente proporcional ao quadrado da velocidade criada para o ar e inversamente proporcional ao raio de rotação gerado pelo fluxo do ar.

Segundo C. N. Davies (*Separation of air borne dust an particles*, Institute of Mecanical Engineers, Londres, 1952), o tempo necessário para que uma partícula de diâmetro d se desloque do raio interno (R_i) para o raio externo (R_e) de um ciclone é dado pela expressão:

$$\tau = \frac{9\mu g(R_e^4 - R_i^4)}{2d^2c^2(\gamma_m - \gamma_{ar})R_e^2} = \frac{9\mu g R_e^2}{2d^2c^2(\gamma_m - \gamma_{ar})}\left[1 - \left(\frac{R_i^4}{R_e^4}\right)\right]. \qquad [4.13]$$

Na realidade, esse tempo τ é o de permanência do fluxo do ar em deslocamento helicoidal descendente ao longo da altura H do ciclone, durante o qual ocorre a separação das partículas. Na pior das hipóteses podemos considerar que a componente descendente da velocidade desse deslocamento seja igual à própria velocidade c de entrada do ar no ciclone. Isto é:

$$\tau = \frac{H}{c}.$$

Assim considerando, a menor partícula que pode ser removida do fluxo do ar seria dada com segurança pela expressão:

$$d_{\text{mínimo}} = \sqrt{\frac{9\mu g R_e^2}{2c(\gamma_m - \gamma_{ar})H}\left[1 - \left(\frac{R_i^4}{R_e^4}\right)\right]}. \qquad [4.14]$$

De acordo com a Eq. [4.14], fazendo construtivamente (Fig. 4.24);

$$H = D = 2R_e$$

e ainda, a favor da segurança,

$$\frac{R_i^4}{R_e^4} = 0.$$

Coletores

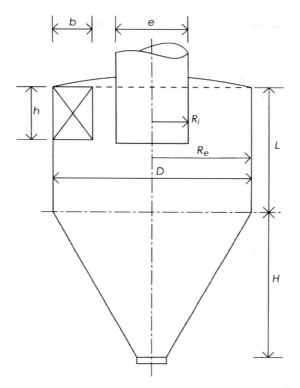

Figura 4.24 Cálculo da menor partícula a ser removida.

Obtemos então:

$$d_{\text{mínimo}} = \sqrt{\frac{9\mu g D}{8(\gamma_m - \gamma_{\text{ar}})c}}.$$

[4.15]

E podemos calcular facilmente o diâmetro do ciclone para uma determinada separação:

$$D = \frac{8(\gamma_m - \gamma_{\text{ar}})cd^2}{9\mu g}.$$

[4.16]

Assim, fazendo:

γ_m em kgf/m^3;
γ_{ar} em 1,205 kgf/m^3;
d em μm;
c em m/s;
$\mu_{\text{ar}} = 1,856 \times 10^{-6}$ kgf s/m^2;
$g = 9,80665$ m/s^2; e
D em m,

obtemos a fórmula prática de uso imediato:

$$D = 0,0488 \times 10^{-6} \cdot (\gamma_m - \gamma_{ar}) c d_{\mu m}^2. \qquad [4.17]$$

Para facilitar mais ainda a seleção dos ciclones, elaboramos a Tab. 4.13, que nos fornece os valores de

$$\frac{10^6 D}{\gamma_m - \gamma_{ar}}.$$

em função de $d_{\mu m}$ e c m/s.

Tabela 4.13 Seleção dos ciclones em função de c_{ar} e $d_{\mu m}$

c_{az}	10 µm	20 µm	30 µm	40 µm	50 µm	60 µm	70 µm	80 µm	90 µm	100 µm
10 m/s	-	195	439	781	1.220	1.757	2.391	3.123	3.953	4.880
15 m/s	-	293	659	1.171	1.830	2.635	3.587	4.685	5.929	7.320
20 m/s	-	390	878	1.562	2.440	3.514	4.782	6.246	7.906	9.760
25 m/s	122	488	1.098	1.952	3.050	4.392	5.978	7.808	9.882	12.200
30 m/s	147	586	1.318	2.342	3.660	5.270	7.174	9.370	11.858	14.640
35 m/s	171	683	1.537	2.733	4.270	6.149	8.369	10.931	13.835	17.080

Mais prático ainda é o diagrama anexo, que nos fornece $10^6 D/(\gamma_m - \gamma_{ar})$ em função de $d_{\mu m}$ e c m/s

Além de garantir a separação desejada, os ciclones devem permitir a passagem da vazão de ar (V_s) prevista para o sistema de captação, com a velocidade de entrada c selecionada. Nessas condições, de acordo com a Fig. 4.24, fazendo:

$$h = e = 2b.$$

devemos ter, no mínimo,

$$D > 2b + e > 4b,$$

de modo que, necessariamente,

$$V_s = cbh = c2b^2 < c2\left(\frac{D}{4}\right)^2 < \frac{cD^2}{8}, \qquad [4.18]$$

expressão que nos permite estabelecer as vazões máximas dos ciclones em função de seu diâmetro e da velocidade de entrada do ar (Tab. 4.14).

Coletores

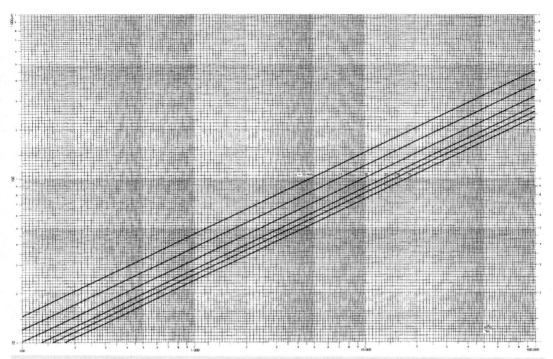

O encarte com os ábacos está disponível no link: http://livro.link/ventilacao

TABELA 4.14 Vazão máxima de ciclones em função de c_{ar} e D

c	D										
	20 cm	40 cm	60 cm	80 cm	100 cm	120 cm	140 cm	160 cm	180 cm	200 cm
10 m/s	0,050	0,200	0,450	0,800	1,250	1,800	2,450	3,200	4,050	5,000
15 m/s	0,075	0,300	0,675	1,200	1,875	2,700	3,675	4,800	6,075	7,500
20 m/s	0,100	0,400	0,900	1,600	2,500	3,600	4,900	6,400	8,100	10,00
25 m/s	0,125	0,500	1,125	2,000	3,125	4,500	6,125	8,000	10,12	12,50
30 m/s	0,150	0,600	1,350	2,400	3,750	5,400	7,350	9,600	12,15	15,00
35 m/s	0,175	0,700	1,575	2,800	4,375	6,300	8,575	11,20	14,17	17,50

Assim, selecionado o ciclone (D, c) para atender uma determinada separação $(d_{\mu m}, \gamma_m)$, podemos verificar se ele tem tamanho adequado para atender à vazão de ar (V_s) requerida ou eventualmente determinar o número de ciclones em paralelo a adotar para poder atender a essa vazão.

Por outro lado, a perda de carga dos ciclones depende fundamentalmente da pressão dinâmica de entrada, de suas dimensões (seção de entrada, seção de saída, diâmetro e alturas) e do tipo de construção (comum, com entrada helicoidal, com defletor de entrada, etc.).

Assim, de acordo com a expressão geral das perdas de carga:

$$J_{ciclone} = \lambda \frac{c^2}{2g} \gamma_{ar},$$

podemos fazer, segundo First:

$$\lambda = K \frac{bh}{\dfrac{k\pi e^2}{4}} \sqrt[3]{\frac{D^2}{HL}}, \qquad [4.19]$$

onde K é um coeficiente experimental que varia de 5 a 10, e k depende do tipo de ciclone, podendo-se adotar:

- para ciclones comuns, $k = 0,5$;
- para ciclones com entrada helicoidal, $k = 1,0$;
- para ciclones com defletores de entrada, $k = 2,0$.

EXEMPLO 4.2

Selecionar os ciclones para separação de partículas de madeira de um sistema de ventilação local exaustora cujas características que interessam são:

- $V_s = 3$ m³/s;
- $\gamma_m = 1.600$ kgf/m³;
- $d_{\mu m} \geq 20$.

Solução

A orientação a ser obedecida é a que segue:

a) Com o tamanho da menor partícula a ser separada, podemos calcular, com auxílio da Eq. [4.17] e da Tab. 4.13, ou mesmo do diagrama anexo, os valores de $10^6 D/(\gamma_m - \gamma_{ar}) \approx 10^6 D/\gamma_m$ em função de cada uma das velocidades recomendadas, os quais estão registrados na segunda coluna da tabela deste exemplo.

b) Com os valores acima definidos podemos calcular os diâmetros D correspondentes, que estão registrados na terceira coluna da tabela deste exemplo.

c) A partir dos diâmetros calculados e das velocidades correspondentes, podemos determinar, com auxílio da Eq. [4.18] ou da Tab. 4.14, a vazão máxima admissível para cada ciclone selecionado, de onde vem o número inteiro N de ciclones necessários para atender à vazão de 3 m³/s de ar, constantes da quarta coluna da tabela deste exemplo.

d) A partir do número de ciclones de cada uma das soluções registradas, podemos calcular simplesmente a vazão individual correspondente a cada um deles, as quais constam da quinta coluna da tabela deste exemplo.

Coletores

e) Com a vazão individual de cada ciclone, podemos calcular sua seção de entrada Ω, que consta da sexta coluna da tabela deste exemplo.

f) A partir da seção de entrada, podemos definir as dimensões de entrada ($b \times h$) e de saída (e), para as quais faremos $h = e = 2b$. Na sétima coluna da tabela deste exemplo estão registrados os valores de b, ponto de partida para o cálculo dos demais.

g) Finalmente com auxílio da equação de First, onde faremos $D = L = H$, podemos calcular a perda de carga ocasionada pelos ciclones, para cada uma das soluções apresentadas:

$$J_{ciclone} = K \frac{bh}{\frac{k\pi e^2}{4}} \sqrt[3]{\frac{D^2}{HL}} \frac{c^2}{2g} \gamma_{ar} = \frac{4K}{k\pi} \frac{c^2}{2g} \gamma_{ar}.$$

Assim, para um coeficiente experimental mínimo $K = 5$ e um valor de $k = 0,5$ correspondente a um ciclone comum, teremos:

$$J_{ciclone} = 0,39 c^2,$$

valores que constam na oitava coluna da tabela deste exemplo.

Analisando as soluções apresentadas na tabela, concluímos que a de menor investimento é a V, a qual, entretanto, apresenta elevado custo operacional. O contrário se verifica na solução I, que é a de menor custo operacional, mas de implantação caríssima.

Como solução mais adequada, optaríamos pela V, de um único ciclone ou, atendendo a uma melhoria operacional, pela solução IV, de dois ciclones, cujo custo não seria muito elevado.

| Tabela Ex. 4.2 ||||||||
Solução	$10^6 D/\gamma_m$	D (m)	N	V_s/ciclone	Ω (m²)	b (m)	J(kgf/m²)
I - 10 m/s	195	0,31	25	0,12	0,012	0,077	39
II - 15 m/s	293	0,47	8	0,375	0,025	0,112	88
III - 20 m/s	390	0,62	4	0,750	0,0375	0,137	156
IV - 25m/s	488	0,78	2	1,500	0,060	0,173	244
V - 30 m/s	586	0,94	1	3,000	0,100	0,224	341
VI - 35m/s	683	1,09	1	3,000	0,0857	0,207	478

4.4.5 Coletores úmidos

Trata-se de equipamentos para eliminação de contaminantes sólidos, que adotam a umidificação do ar a fim de aglomerar as partículas contaminantes. Isso aumenta suas dimensões e facilita a separação, seja por precipitação seja por centrifugação, ou mesmo por impacto contra obstáculos como enchimentos, pratos, anteparos, defletores, captores de gotas, etc. Embora a perda de carga nesses coletores não seja alterada significativamente pelo umedecimento dos contaminantes, o aumento de sua eficiência no processo de separação é apreciável.

A água movimentada varia bastante, conforme o tipo de equipamento empregado. Podem-se registrar valores de 3% até cerca de 200% em relação ao peso do ar, embora para as condições ambientes normais apenas 1 ou 2% sejam arrastados, porém mais devido à evaporação. A água restante pode ser recuperada por filtragem ou por decantação, tratada com sulfato de alumínio e um corretivo do pH (carbonato de sódio).

Os coletores citados a seguir estão entre os mais usados, comumente.

Lavadores de ar

Nesses equipamentos, o ar com os contaminantes é colocado em contato com água atomizada, por meio de borrifadores, que funcionam com pressão de 1 a 2 kgf/cm^2.

Os lavadores de ar mais simples são os horizontais, onde o ar entra em contato com uma ou mais baterias de borrifadores em contracorrente para, em seguida, passar por captores de gotas, que retêm a água juntamente com o contaminante (Fig. 4.25). A quantidade de água empregada nesses casos é normalmente elevada, podendo atingir até 200% em relação ao peso do ar.

Em grandes instalações, a disposição adotada para os lavadores de ar é cilíndrica, vertical, com os borrifadores dispostos perifericamente a diversas alturas. As *câmaras de borrifadores*, como também são chamados os lavadores de ar, adotam velocidades de deslocamento do ar da ordem de 1,5 m/s; daí o fato de sua perda de carga – que depende mais de seus captores de gotas – só excepcionalmente exceder os 25 kgf/m^2 (mm H$_2$O).

O maior inconveniente desse tipo de coletor está no elevado custo, devido às suas grandes dimensões.

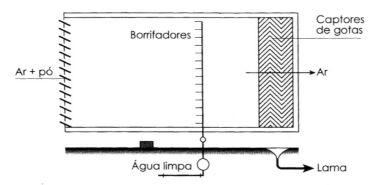

Figura 4.25 Lavador de ar horizontal, o tipo mais simples.

Coletores

Torres com enchimento

Trata-se de equipamentos em forma de torre, sendo a água borrifada a baixa pressão sobre obstáculos de madeira, de plástico ou mesmo de fibrocimento, onde o ar circula em contra-corrente a velocidades de 1 1,5 m/s, acarretando perdas de carga da ordem de 40 a 90 kgf/m^2 (Fig. 4.26).

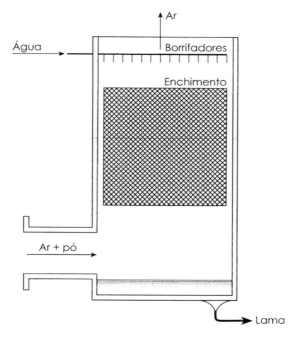

Figura 4.26 Torre com enchimento.

Como enchimento mais comum, essas torres adotam os anéis de Rasching, e são mais usadas em processos de retenção de gases e vapores nos coletores ditos *de absorção* (ver item 4.4.8).

Ciclones úmidos

São coletores basicamente iguais aos ciclones, porém providos de borrifadores no interior com o objetivo de aglomerar as partículas contaminantes e assim facilitar sua separação (Fig. 4.27).

Uma variante desse tipo de coletor são as torres cilíndricas providas de borrifadores na periferia, nas quais o ar contaminado é injetado tangencialmente pela parte inferior, percorrendo, à semelhança dos ciclones, em movimento helicoidal ascendente, toda a altura da torre até sair pela parte superior.

Como, em virtude da maior granulometria das partículas, a velocidade de deslocamento do ar pode ser menor em comparação à dos ciclones secos, o consumo de energia e mesmo a eficiência da separação podem ser muito melhorados.

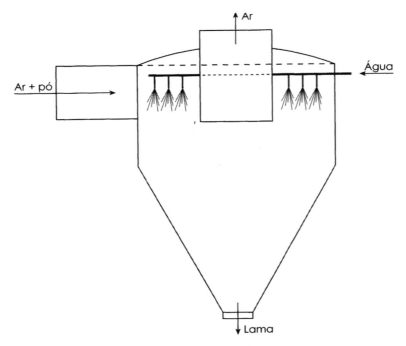

Figura 4.27 Ciclone úmido.

Rotoclones úmidos

Nos rotoclones úmidos, a água é injetada na aspiração do ventilador, na proporção de aproximadamente 10% em peso do ar em circulação, aumentando assim o efeito de separação do rotoclone seco.

Tipo orifício

Nos coletores úmidos tipo orifício – ou misturadores auto-induzidos –, o ar é forçado a passar dentro da água, vencendo um desnível da ordem de 60 a 150 mm. A disposição adotada varia muito, mas em princípio todos os modelos têm como objetivo a passagem do fluxo do ar através da massa de água, repartindo-a em gotas de tamanhos maiores ou menores, de acordo com a velocidade adotada, a qual varia normalmente de 15 a 60 m/s, dando origem a perdas de carga que vão de 50 a 250 kgf/m^2 (Fig. 4.28).

Misturadores tipo ventúri

Esses misturadores servem apenas para adicionar água ao fluxo do ar com contaminantes. A adição é feita normalmente na seção estrangulada do ventúri, onde a pressão estática efetiva é nula ou mesmo negativa (ver Sec. 4.5). A quantidade de água adotada vai de 6 a 30% do peso do ar com contaminante em circulação.

Coletores

Após a mistura, o ar é injetado tangencialmente num corpo cilíndrico, que separa por centrifugação os contaminantes aglutinados e a água. A perda de carga desses equipamentos é da ordem de 250 a 750 kgf/m^2, mas a eficiência é elevadíssima, chegando a 98% para partículas da ordem de 1 μm.

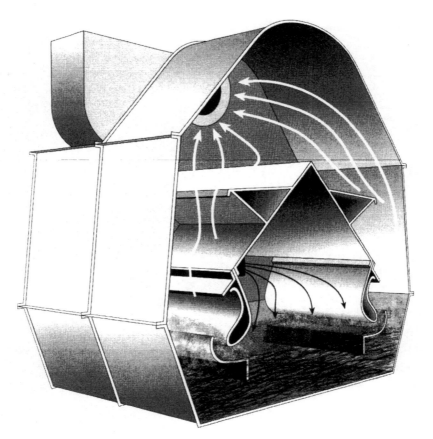

Figura 4.28 Coletor úmido tipo orifício, ou misturador auto-induzido.

Misturadores mecânicos

Esses misturadores são equipados com aspersores rotativos tipo disco, semelhantes aos usados nos *spray driers*, ou do tipo cilíndrico semi-imersos, que diferem dos rotoclones por ser a separação feita após a mistura, por sedimentação ou mesmo por impacto, que ocorrem fora do elemento móvel (Fig. 4.29).

Lavadores de espuma

Como o nome diz, empregam espuma para aumentar a área de contato superficial do aglomerante. Consegue-se com isso um aumento substancial na eficiência desses equipamentos no processo de separação dos contaminantes. A espuma é geralmente obtida mediante adição, na água, de 0,15% em peso de essência de terebintina.

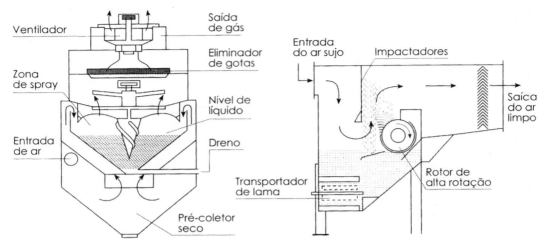

Figura 4.29 Misturador mecânico.

4.4.6 Filtros de tecidos

Ao contrário dos filtros usados nas instalações de ventilação geral diluidora (item 3.2.4), que na maior parte dos casos usam velocidades de face de até 2 m/s, com perdas de carga da ordem de 4 kgf/m², os filtros das instalações de ventilação local exaustora adotam velocidades de face que variam de 0,15 a 2,5 m/min e podem reter partículas de 0,5 μm com rendimentos de até 99%.

Esses filtros são executados com tecidos, onde as partículas já depositadas exercem um papel preponderante na eficiência da filtragem, à proporção que a perda de carga aumenta, atingindo valores da ordem de 50 a 120 kgf/m², conforme a expressão:

$$J_{filtro} = K_1 c + K_2 W c, \qquad [4.20]$$

sendo:

c a velocidade do ar (m/min);
K_1 um coeficiente correspondente ao filtro limpo, que varia de 35 a 65;
K_2 um coeficiente correspondente ao pó aderente, que varia de 25 a 50; e
W a carga em peso do pó aderente (kgf/m²).

Como a área de face desses filtros assume por vezes dimensões muito grandes, em virtude das baixas velocidades adotadas para o ar, eles podem ser dispostos na forma de quadros desencontrados, de sacos, de mangas ou mesmo em ziguezague (Fig. 4.30). Periodicamente (de 4 a 8 horas), os filtros precisam ser recondicionados, por raspagem ou agitação mecânica. Os métodos mais usados para isso são:

- batimento das mangas, por meio de vibração mecânica destas.
- colapso das mangas, em que, por excesso de material depositado, ele é naturalmente desalojado;
- reversão do fluxo do ar.

Coletores

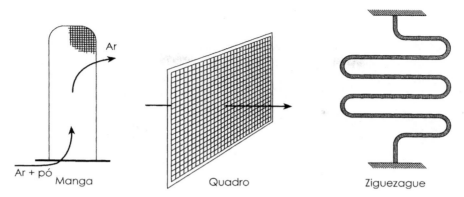

Figura 4.30 Na ventilação local exaustora, os filtros podem ser arranjados de várias maneiras.

A fim de reduzir as deposições exageradas sobre os filtros, eles devem ser usados em série com outro tipo de separador, para que retenham as partículas maiores, como os filtros comuns usados normalmente nas instalações de ventilação geral diluidora, as câmaras gravitacionais ou mesmo as câmaras inerciais, que são de baixa perda de carga.

Os filtros de tecido só são usados nos casos em que o ar e os contaminantes apresentam-se suficientemente secos, a fim de se evitar seu empastamento.

Por outro lado, o material usado nesses filtros limita sua temperatura de utilização. Podemos estabelecer as seguintes temperaturas-limite para os diversos materiais de uso corrente nesse tipo de filtro:

- algodão, 80°C;
- lã, 90°C;
- polipropileno, 90°C;
- náilon, 90°C;
- Orlon, 135°C;
- Dacron, 135°C;
- lã de vidro, 285°C.

Outros tipos de filtro empregados nas instalações de ventilação local exaustora ou mesmo de ventilação diluidora que exigem um nível de pureza muito elevado - como operações industriais especiais na área de semicondutores ou na coleta de materiais radioativos - são os filtros absolutos, constituídos de materiais porosos, com espessuras da ordem de 40 mm, e que apresentam altíssima eficiência. Mas são de utilização bastante específica, em virtude de seu alto custo, elevada perda de carga e de não possibilitarem recondicionamento.

4.4.7 Filtros eletrostáticos

Filtros eletrostáticos – ou precipitadores eletrostáticos – são coletores cujo funcionamento se baseia na atração elétrica, ocasionada sobre as partículas contaminantes carregadas de eletricidade. Para tanto, o fluxo de ar com os contaminantes passa por um campo elétrico de elevada diferença de potencial, onde o ar se ioniza e transmite sua carga elétrica para as partículas. Estas podem então ser atraídas por um eletrodo coletor de polaridade contrária.

O eletrodo carregador é normalmente constituído por fios ou obstáculos com pontas de carga negativa; e o eletrodo coletor é constituído pelas paredes do próprio equipamento, ligadas à terra, e carregadas positivamente (Figs. 4.31 e 4.32). E tensão elétrica aplicada é classificada como:

- baixa tensão, de 10 a 15 kV;
- alta tensão; 30 a 100 kV.

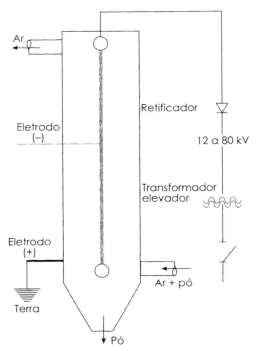

Figura 4.31 Filtro eletrostático, com eletrodo de fios.

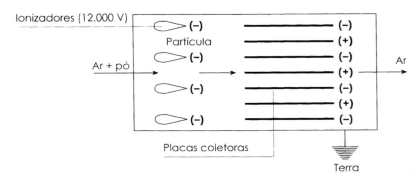

Figura 4.32 Filtro eletrostático, com eletrodo de obstáculos.

A energia consumida é apenas aquela correspondente à carga das partículas, a qual é da ordem de 0,7 a 8 Wh para cada metro cúbico de ar movimentado. A velocidade adotada para o ar é bastante baixa (de 1 a 3 m/s), de modo que a perda de carga no equipamento, que praticamente não apresenta obstáculos à passagem do ar, também é muito baixa (3 a 10 kgf/m^2). E o rendimento obtido, por outro lado, é elevadíssimo, atingindo valores de 99% para partículas com dimensões entre 0,1 e 200 μm.

A única restrição ao uso dos precipitadores eletrostáticos está na resistividade das partículas. Assim, as resistividades de melhor captação se situam entre 10^4 e 2×10^{10} Ω·cm.

Partículas de resistividade muito baixa perdem facilmente sua carga elétrica, podendo, ao atingir o eletrodo captor, ser repelidas, deixando de ser coletadas. Para contornar esse inconveniente, o recurso adotado - embora pouco prático – consiste no recobrimento das placas captoras com material viscoso.

Por outro lado, partículas com resistividades mais altas vão formando camadas no eletrodo coletor, de 3 a 12 mm, que dificultam a precipitação de novas partículas. Para contornar esse problema, que se caracteriza por dar origem a um centelhamento na superfície do eletrodo coletor (*efeito back corona*), adotam-se agentes condicionadores: para partículas de reação ácida, a amônia e a trietilamina; para partículas de reação básica, o ácido sulfúrico e o SO_2).

Os precipitadores eletrostáticos, apesar do levado custo e de suas grandes dimensões, podem tratar gases a altas temperaturas e têm sido largamente empregados em usinas termoelétricas, fábricas de cimento, fábricas de celulose, aciarias e fundições.

4.4.8 Filtros de materiais absorventes

A absorção é o processo pelo qual a massa de um gás ou vapor, ao ser colocado em contato com um líquido no qual ele é solúvel, se transfere para o líquido, em quantidade proporcional à sua solubilidade e à diferença de sua concentração neste.

A retenção de gases e vapores por absorção é feita normalmente nos coletores úmidos, sobretudo os do tipo lavadores de ar, torres de enchimento, torres de pratos e os lavadores tipo ventúri. Nos casos em que o gás ou vapor reage com o líquido ou com uma substância nele dissolvida, a absorção pode ser grandemente aumentada. Após a operação de absorção, tanto o soluto como o solvente podem ser separados e eventualmente reaproveitados.

4.4.9 Filtros de materiais adsorventes

Adsorção é a capacidade de certos materiais de alta porosidade de reter, por meio de forças intermoleculares, ditas de van Der Waals, ou por afinidade química, os gases e vapores. Os materiais adsorventes mais conhecidos são:

- carvão ativado;
- alumina ativada (Al_2O_3);
- sílica gel;
- vidro poroso; e
- terras diatomáceas.

A capacidade de adsorção desses materiais, varia de acordo com o produto a adsorver e o tamanho de seus poros, sendo normal valores em peso que variam de 10 a 50%.

À medida que o contaminante é adsorvido, o adsorvente vai se saturando, diminuindo sua capacidade de separação. O material adsorvente, após a sua saturação, pode ser regenerado por meio de calor (100 a 150°C).

Os filtros de carvão ativado podem coletar solventes, odores etc., sendo largamente utilizados:

- na lavagem a seco;
- no desengraxamento à base de solventes;
- na fabricação de produtos químicos e farmacêuticos;
- na fabricação de tintas, vernizes, etc.

4.4.10 Eliminadores de combustão

Nesses coletores, o ar contaminado serve de ar primário e secundário de alimentação para uma câmara de combustão, onde é queimado um combustível líquido ou preferencialmente gasoso. A elevação da temperatura permite a decomposição de gases, a eliminação de bactérias, ou mesmo a combustão de contaminantes combustíveis como pó de madeira, partículas orgânicas, etc.

Entretanto a eliminação de contaminantes pela combustão é bastante discutível, pois os produtos da combustão podem apresentar elementos mais nocivos que os próprios contaminantes originais. Assim, uma combustão pode dar origem a monóxido de carbono caso seja incompleta, dióxido de enxofre caso o combustível contenha enxofre, óxidos de nitrogênio e hidrocarbonetos não-queimados, produtos que evidentemente contribuem para a poluição da atmosfera.

Os recursos mais usados para a incineração de gases e vapores efluentes dos processos industriais são os *flares*, os pós-queimadores de chama direta e os pós-queimadores catalíticos.

Os *flares* são usados quando os efluentes dispõem de poder calorífico para manter a combustão sem o uso de um combustível adicional.

Nos *pós-queimadores de chama direta*, os efluentes, a velocidades de 5 m/s, entram em contato direto com os gases de uma combustão secundária com excesso de ar, elevando-se a temperatura do conjunto a valores da ordem de 500 a 800°C.

Os *pós-queimadores catalíticos* são constituídos por uma câmara provida de um leito com material catalisador, por onde o contaminante combustível aeriforme é obrigado a passar. O efeito do catalisador é completar a combustão dos efluentes que, por falta de contato com o comburente ou temperatura inferior à de ignição, não entraram em combustão.

A combustão catalítica verifica-se sem chama e a uma temperatura inferior à temperatura autógena. Na realidade, o fenômeno é de adsorção, com produção de calor que mantém a combustão dos reagentes na superfície do catalisador, onde deve se verificar uma temperatura de 350 a 550°C, sendo usado um pré-aquecedor caso necessário.

Coletores

Em geral, os catalisadores usados são os óxidos metálicos da platina, do manganês (MnO_2) do vanádio (V_2O_5), montados normalmente em leitos de material adsorvente. Modernamente, os pós-queimadores catalíticos são de uso comum nos veículos equipados com motores de combustão interna.

4.4.11 Coletores de condensação

A condensação é um processo econômico e muito eficiente para separar poluentes quando estes são vapores nocivos, na maior parte das vezes misturados com grandes quantidades de vapor de água, como é o caso dos efluentes de autoclaves de processos industriais e lavadores de ar contaminado, nos quais a temperatura é muito superior à do ambiente.

Na realidade, os condensadores, apesar de poderem eliminar quantidades apreciáveis de vapor, não conseguem reter os incondensáveis e mesmo certas partículas sólidas, servindo por vezes apenas como pré-separadores dos separadores principais de um sistema de ventilação local exaustora, os quais têm assim seu tamanho – e portanto seu custo – reduzido.

O fluido empregado para retirar o calor de condensação (o calor de condensação da água à pressão atmosférica normal é de ~600 kcal/kgf) é a água à temperatura ambiente. Os condensadores utilizados com coletores de vapor podem ser classificados como de mistura ou de superfície.

Nos *condensadores de mistura*, o efluente é colocado em contato direto com água à temperatura ambiente, podendo sua temperatura aumentar no máximo até valores inferiores a 100°C, a fim de evitar a interrupção do processo de condensação – tanto do vapor de água como de vapores diversos –, cujas temperaturas de saturação sejam inferiores à temperatura de vaporização da mesma.

A quantidade de água utilizada depende do tipo de vapor a condensar e pode atingir, no caso do vapor de água, até cerca de quinze vezes o peso do vapor condensado. O equipamento empregado para isso pode ser um lavador de ar, uma torre de borrifadores ou mesmo um misturador tipo ventúri. Eventualmente, a água com os condensados deverá ser tratada depois, para separação dos elementos nocivos.

Nos *condensadores de superfície*, o efluente não entra em contato com a água. Os mais usados para separação de vapores em instalações de ventilação local exaustoras são os condensadores tipo tubo e carcaça (*shell and tube*), em que a água circula pelo interior de um feixe de tubos paralelos, e o efluente com os condensáveis circula externamente a eles.

Para assegurar uma diferença de temperatura razoável, que garanta um equipamento de tamanho mais reduzido, a quantidade de água em circulação nesse tipo de condensador é muito superior à adotada nos condensadores de mistura, podendo atingir, num projeto econômico, valores da ordem de 60 vezes o peso do vapor condensado.

Felizmente, nesse tipo de equipamento, a água usada para a retirada do calor de condensação pode ser recuperada com facilidade numa torre de arrefecimento, onde se perde cerca de 10% de seu peso, sendo a parte restante reaproveitada no processo.

Para maiores detalhes sobre o dimensionamento de condensadores do tipo *shell and tube* e de torres de arrefecimento, ver Costa (2).

4.4.12 Seleção dos coletores

A escolha do coletor mais adequado para um determinado sistema de ventilação local exaustora deve levar em conta o seguintes fatores:

- as características físicas e químicas de cada um dos contaminantes, tais como:
  - estado físico (gás, vapor, líquido ou sólido),
  - densidade,
  - concentração,
  - solubilidade,
  - adesividade,
  - resistividade,
  - atividade química (corrosividade, oxidação, decomposição, formação de compostos nocivos, etc.);
- eficiência desejada (percentual em peso dos contaminantes a serem retidos);
- análise granulométrica dos contaminantes sólidos ou granulometria mínima para o percentual de retenção desejado;
- forma das partículas sólidas;
- condições do efluente (temperatura umidade e pressão);
- facilidade de remoção e limpeza do material coletado;
- perda de carga na operação de separação;
- custo do investimento e da operação do sistema.

Quando se trata de contaminantes sólidos de granulometria conhecida, a escolha do tipo de coletor pode ser feita sumariamente pela prática Tab. 4.15, que nos fornece o tamanho mínimo das partículas retidas economicamente pelos diversos coletores estudados.

Tabela 4.15 Seleção de coletores em função do tamanho das partículas retidas

Tipo de coletor	Tamanho mínimo da partícula coletada (μm)
Câmaras de gravidade	200
Câmaras inerciais	50 a 150
Ciclones grandes	40 a 60
Ciclones pequenos	20 a 30
Rotoclones	15 a 30
Coletores úmidos	0,5 a 2
Filtros de tecidos	0,5
Filtros eletrostáticos	0,001 a 1

Ao tratar, no primeiro capítulo, dos diversos tipos de contaminantes, apresentamos a Tab. 1.7, que caracteriza a produção destes para diversas operações específicas e, ao mesmo tempo nos indica também o tipo de separador mais adequado. Entretanto uma escolha mais acurada é oferecida pelo diagrama de Sylvan, adotado pela American Air Filter (página 189), o qual possibilita a escolha do coletor mais apropriado em função do tamanho das partículas, granulometria, concentração, eficiência e mesmo operação específica.

Ventiladores e ejetores

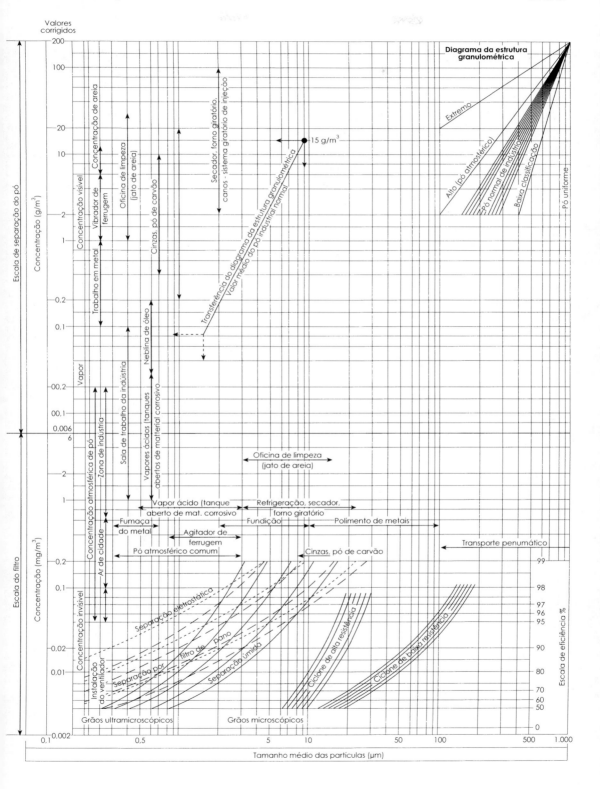

4.5 Ventiladores e ejetores

No item 3.2.5, foram apresentados os ventiladores usados nas instalações de ventilação geral diluidora. Ficou claro que os ventiladores mais indicados para aquele tipo de instalação eram os centrífugos de pás voltadas para frente (Siroco), que se caracterizam por movimentar grandes quantidades de ar (relações de vazão c_{2m}/u_2 elevadas), a par de pressões adequadas, com baixas velocidades periféricas (relações de pressão c/u_2 elevadas), a fim de garantir um baixo nível de ruído (nível I, $u_2 < 20$ m/s).

Esses ventiladores, entretanto, têm uma característica de potência absorvida que aumenta muito com a abertura equivalente do circuito. Nessas condições, para evitar sobrecargas no motor de acionamento dos ventiladores, decorrentes do aumento da abertura equivalente dos circuitos de ventilação local exaustora, que se caracterizam às vezes por variar muito sua perda de carga, os ventiladores centrífugos indicados para esse tipo de instalação são aqueles com as pás voltadas para trás (*limit load*) ou eventualmente os de pás radiais.

Tais ventiladores apresentam uma característica favorável para esse tipo de serviço, pois, além de produzir grandes diferenças de pressão para as vazões necessárias, não sofrem um aumento sensível da potência consumida em função da redução da perda de carga do sistema. As principais características dimensionais e operacionais desses ventiladores constam da Tab. 4.16 (ver também a Fig. 3.16).

Tabela 4.16 Principais características dos vetiladores *limit load* e radiais

Ventiladores	Limit load	Radiais
Tamanho		
L	0,8D	0,15D a 0,8D
h	0,8D	0,275D a 0,8D
H_{max}	2,1D	1,8D
ℓ_2	0,5D	0,075D a 0,5D
Rendimentos		
Adiabático η_a	95%	85% a 95%
Hidráulico η_h	90%	70% a 90%
Mecânico η_m	85% a 95%	85% a 95%
Relação de pressão c/u_2	0,90 a 1,0	1,0 a 1,2
Relação de vazão c_{2m}/u_2	0,10 a 0,15	0,25

Os ventiladores de pás radiais são escolhidos quando há transporte de partículas através do ventilador, ou quando se deseja, para acoplamento direto às rotações normais dos motores elétricos síncronos, pressões mais elevadas. Isso porque esses ventiladores apresentam uma relação de pressão superior à do tipo *limit load*. Excepcionalmente, para grandes vazões e baixas perdas de carga, podem ser usados para esse tipo de serviço, os ventiladores centrífugos de pás voltadas para frente (Siroco), ou mesmo os axiais. Para maiores detalhes sobre as características gerais e as leis de funcionamento dos ventiladores centrífugos, ver o item 3.2.5 e também Costa (3).

Ventiladores e ejetores

Quando o material a ser arrastado é corrosivo, o ventilador deverá receber um tratamento anticorrosão ou ser construído com material apropriado. Desse modo, são usuais equipamentos em aço inoxidável, revestimentos com chumbo, pinturas com tinta ou resina anticorrosiva, etc.

A potência do motor de acionamento dos ventiladores será dada por:

$$P_m = \frac{V_m \text{ m}^3/\text{s} \cdot \Delta pt \text{ Nm}^2}{\eta_{\text{total}}} \text{ W}, \qquad [4.21a]$$

$$P_m = \frac{V_m \text{ m}^3/\text{s} \cdot \Delta pt \text{ kgf}/\text{m}^2}{75\eta_{\text{total}}} \text{ cv}, \qquad [4.21b]$$

onde a diferença de pressão total deve incluir:
- a diferença de pressão criada pelo captor (item 4.2.5);
- a perda de carga da canalização de exaustão mais longa;
- a perda de carga do coletor ou coletores em série, se for o caso;
- a perda de carga da canalização de ar puro.

Solução diversa do uso de ventiladores para a movimentação do efluente nos sistemas de ventilação local exaustoras é a adoção de ejetores, que funcionam com injeção de ar (primário de um ventilador ou compressor), de vapor ou mesmo de água. A vantagem dessa solução está em que o efluente não passa pelo elemento motriz, sempre mais sujeito a deterioração pela ação dos contaminantes.

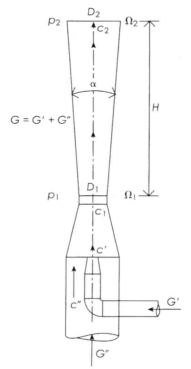

Figura 4.33 Vista esquemática de um ejetor.

A disposição básica de um ejetor pode ser vista na Fig. 4.33. Nesses equipamentos, é criada uma velocidade elevada c_1 numa seção estrangulada Ω_1, de diâmetro D_1, por meio do choque entre as massas de um fluido secundário (insuflado pelo elemento motriz – ventilador, caldeira a vapor ou bomba de água) e do fluido primário (efluente do sistema de ventilação local exaustora), para a seguir a mistura sofrer uma recuperação da pressão estática num conduto divergente adequado, até atingir uma velocidade c_2, numa seção Ω_2, de diâmetro D_2.

Nessas condições, a equação de equilíbrio das energias no choque de massas (ou pesos) permite calcular a velocidade atingida na seção estrangulada:

$$(G' + G'')c_1 = Gc_1 = G'c' + G''c''. \qquad [4.22]$$

O resultado dessa operação é o aparecimento de uma diferença de pressão que, descontadas as perdas no aumento de seção, vale:

$$\Delta p = (1 - K)\left(\frac{c_1^2}{2g}\gamma - \frac{c_2^2}{2g}\gamma\right), \qquad [4.23]$$

onde K é a parcela da perda de carga, no aumento de seção, relativa à variação de pressão dinâmica desta, a qual, para $\Omega_2 \leq 4\Omega_1$, varia com o ângulo α de abertura, de acordo com a Tab. 4.17.

Tabela 4.17 Parcela K da perda de carga de ejetores em função do ângulo α

α	tg $\alpha/2$	K
4°	0,0350	0,150
5°	0,0437	0,175
6°	0,0524	0,200
7°	0,0612	0,220
8°	0,0700	0,240
9°	0,0788	0,260
10°	0,0875	0,280
20°	0,1763	0,450
30°	0,2679	0,590
40°	0,3640	0,730

Essa diferença de pressão pode ser aproveitada, como acontece com os ventiladores, tanto na sucção dos efluentes como na descarga da mistura da massa indutora com eles. A massa indutora G' é da ordem de 25 a 100% da massa dos efluentes, de modo que o fluxo total na saída do sistema será $G = G' + G'' = (2 \text{ a } 5)G'$.

Ventiladores e ejetores

A potência mecânica necessária para um sistema de ejeção é muito maior do que aquela correspondente a um sistema de exaustão direta, devido às perdas por choque das massas, às perdas no aumento de seção do ejetor e ao aumento da massa fluida em movimento, como se pode observar no Exemplo 4.3. Ainda assim, o uso dessa solução é particularmente importante nos sistemas de ventilação local exaustora em que os contaminantes são altamente corrosivos e não devem passar através do ventilador; ou quando se deseja misturar o efluente com a água a fim de facilitar a separação dos contaminantes ou mesmo provocar a condensação de seus vapores, caso em que a própria água é usada como fluido indutor do ejetor.

A seguir estão apresentados vários exemplos de cálculo de instalações de ventilação local exaustoras, os quais para mais fácil identificação com a tecnologia atualmente em uso, foram elaborados nas unidades de sistema técnico de unidades MKfS.

EXEMPLO 4.3

Calcular o ejetor para um sistema de ventilação local exaustora, cujas características básicas são:

- vazão, 1 m³/s (3.600 m³/h);
- duto de saída, diâmetro de 40 cm (Ω = 0,1257 m²);
- perda de carga total do sistema, Δpt = 50 kgf/m² (para o uso de ejetores, a perda de carga máxima viável é da ordem de 100 kgf/m², caso contrário a pressão de injeção ultrapassa os 1.000 kgf/m² e o consumo de energia se torna muito elevado).

Solução

A orientação dos cálculos obedece à ordem que segue:

1. De acordo com a simbologia adotada no item anterior, que consta na Fig. 4.33, as condições de saída do efluente do sistema, são:

   V''' = 1 m³/s;
   G'' = $V''' \cdot \gamma$ = 1 m³/s × 1,2 kgf/m³ = 1,2 kgf/s;
   c'' = V'''/Ω = 7,955 m/s = 1 m³/s/0,1257 m² = 7,955 m/s.

2. A partir da diferença de pressão necessária para a exaustão, podemos calcular a velocidade c_1 na base do ejetor, normalmente compreendida entre 20 e 50 m/s.

Para tal arbitraremos, a velocidade de saída do ejetor c_2 em 10 m/s (normalmente esse valor é fixado entre 5 e 10 m/s). O ângulo de abertura do ejetor, para uma perda de carga reduzida (K = 0,24), fixaremos em α = 8° (Tab. 4.17).

Nestas condições, de acordo com a Eq. [4.23], podemos calcular:

$$c_1 = \sqrt{\frac{2g\Delta pt}{(1-K)\gamma} + c_2^2} = \sqrt{\frac{2 \times 9,806 \text{ m/s} \times 50 \text{ kgf/m}^2}{(1-0,24)1,2 \text{ kgf/m}^3} + (10 \text{ m/s})^2} = 34,3 \text{ m/s}.$$

3. Arbitra-se a seguir a parcela de fluido a ser injetada $G' = A \cdot G''$, a qual varia normalmente de 0,25 a 1,0, tendo-se em mente que uma parcela elevada implica num acréscimo de fluido em movimento, o que irá onerar muito o consumo de potência, ao passo que uma parcela pequena implicaria numa velocidade de injeção muito grande e, portanto, numa pressão de injeção que poderia ultrapassar os 1.000 kgf/m².

Nessas condições, optaremos por uma parcela $A = 0,5$; ou seja, a injeção de ar puro no montante de 50% em peso (no caso, volume) do efluente:

$$G' = 0,5G'' = 0,5 \times 1,2 \text{ kgf/s} = 0,6 \text{ kgf/s}.$$

4. Com as velocidades c_1 e c_2, podemos calcular a seção estrangulada Ω_1 e a de saída Ω_-, assim como o comprimento H do aumento de seção:

$$\Omega_1 = \frac{V'' + V'}{c_1} = \frac{1 \text{ m}^3/\text{s} + 0,5 \text{ m}^3/\text{s}}{34,3 \text{ m/s}} = 0,0437 \text{ m}^2 \ (D_1 = 0,236 \text{ m}),$$

$$\Omega_2 = \frac{V' + V''}{c_2} = \frac{1 \text{ m}^3/\text{s} + 0,5 \text{ m}^3/\text{s}}{10 \text{ m/s}} = 0,15 \text{ m}^2 \ (D_2 = 0,437 \text{ m}),$$

$$H = \frac{D_2 - D_1}{2 \text{ tg} \frac{\alpha}{2}} = \frac{0,437 \text{ m/s} - 0,236 \text{ m}}{2 \times 0,0700} = 1,436 \text{ m}.$$

5. A partir do valor de G', com auxílio da Eq. [4.22], do equilíbrio dinâmico das massas que se chocam, podemos calcular a velocidade c' do fluido injetado:

$$c' = \frac{(G' + G'')c_1 - G''c''}{G'} = \frac{(0,6 + 1,2) \text{ kgf/s} \times 34,3 \text{ m/s} - 1,2 \text{ kgf/s} \times 7,955 \text{ m/s}}{0,6 \text{ kgf/s}} = 87 \text{ m/s}.$$

6. A pressão de injeção, por sua vez, será dada por:

$$\Delta pt_{\text{injeção}} = \frac{c'^2}{2g}\gamma = 463 \text{ kgf/m}^2.$$

7. Desse modo, a potência envolvida no processo de injeção (ventilador secundário de injeção) seria dada por:

$$P_{m \text{ injeção}} = \frac{V'\Delta pt_{\text{injeção}}}{75\eta_t} = \frac{0,5 \text{ m}^3/\text{s} \times 463 \text{ kgf/m}^2}{75 \times 0,5} = 6,173 \text{ cv}.$$

E a potência absorvida num processo de exaustão direta seria dada por:

Ventiladores e ejetores

$$P_{m\text{ exaustão}} = \frac{V'\Delta pt_{\text{exaustão}}}{75\eta_t} = \frac{1,0 \text{ m}^3/\text{s} \times 50 \text{ kgf/m}^2}{75 \times 0,5} = 1,333 \text{ cv}.$$

Essa discrepância se deve às perdas adicionais do sistema de ejeção, a seguir explicadas.

- À perda de carga no aumento de seção do ejetor que representa um aumento de potência de:

$$\frac{1}{1-0,24} = 1,3158 \text{ vezes}.$$

- Às perdas de energia na operação de choque, que representam um aumento de potência de:

$$c' = \frac{G'c'^2}{(G'+G'')(c_1^2 - c_2^2)} = \frac{0,6 \times 87^2}{1,8(34,3^2 - 10^2)} = \frac{4.541}{1.938} = 2,343.$$

- À carga adicional devido à movimentação de uma vazão de ar secundário, que representa 50% da vazão do efluente do sistema, para se conseguir a diferença de pressão desejada no ejetor (multiplicador 1,5).

Na realidade, essa vazão adicional obriga apenas ao aumento do ejetor, sem alteração de suas características dinâmicas, como velocidades e perdas de carga. Daí o aumento global de potência de 1,3158 × 2,343 × 1,5 = 4,63, como se verifica pelo cálculo direto das potências, feito anteriormente para cada uma das soluções aventadas.

EXEMPLO 4.4

Selecionar o tipo de coletor mais indicado para separação de poeiras industriais, efluentes de um forno de calcinação, cuja concentração é de 15 g/m^3, com uma granulometria média de 9 μm.

Solução

A Tab. 4.15 indica que para granulometrias inferiores a 15 μm, os únicos coletores plausíveis para uma eficiência razoável, são os de tipo úmido, os filtros de tecido e os precipitadores eletrostáticos. Entretanto, com o uso do diagrama de Sylvan, podemos fazer uma seleção mais detalhada.

Assim, a partir de ponto A (15 g/m^3, 9 μm) no diagrama da página 189, com a inclinação da estrutura granulométrica correspondente às poeiras industriais (que aparece na parte superior direita), podemos selecionar diversos tipos de coletores em função de vários rendimentos:

1. Para um rendimento de 50%, a concentração do efluente se reduziria para 0,5 × 15 = 7,5 g/m^3, as partículas não-separadas seriam em média um pouco inferiores a 7 μm, e o coletor a ser usado poderia ser um ciclone de alta eficiência (pequenos diâmetros com altas velocidades).

2. Para um rendimento de 90%, a concentração do efluente se reduziria para 0,1 × 15 = 0,15 g/m^3, as partículas não-separadas seriam em média inferiores a 4 μm, e o coletor a ser usado poderia ser um coletor úmido.

3. Para um rendimento de 95%, a concentração do efluente se reduziria para 0,05 × 15 = 0,75 g/m^3, as partículas não-separadas seriam em média um pouco superiores a 3 μm, e o coletor a ser usado poderia ser um filtro de tecido.

4. Para rendimentos de até 97%, a concentração do efluente baixaria para 0,03 × 15 = 0,45 g/m^3, as partículas não-separadas seriam em média inferiores a 1,6 μm e o coletor a ser usado seria necessariamente um precipitador eletrostático.

EXEMPLO 4.5

Numa esteira transportadora de cereal (arroz) estão instaladas três campânulas, num total de aberturas de 0,1 m^2 em cada uma, de acordo com o esquema da Fig. 4.34. Dimensionar o sistema de ventilação local exaustora correspondente, com separação dos pós por ciclone, com uma eficiência mínima de 85%.

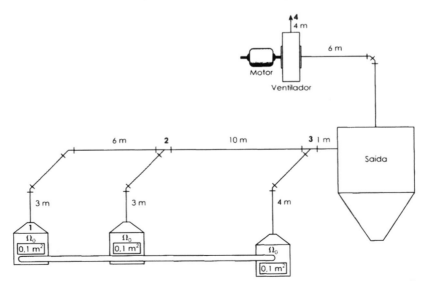

FIGURA 4.34 Componentes da esteira transportadora do Exemplo 4.5.

Ventiladores e ejetores

Dados:

- $\gamma_m = 1.600$ kgf/m^3;
- Granulometria:
  - 20 μm, 85%,
  - 30 μm, 80%,
  - 40 μm, 40%.

Solução

Inicialmente selecionamos as velocidades a adotar. Assim, de acordo com a Tab. 4.4, para o caso de transferências de transporte, adotaremos a velocidade de captura c' máxima recomendada, que é de 2.5 m/s. Já para as canalizações de ar, de acordo com a Tab. 4.9, adotaremos a velocidade de 15 m/s para o ar contaminado e a velocidade mínima de 10 m/s para o ar puro (na saída do ciclone).

Depois, acompanhamos a orientação seguinte:

1. Calcula-se a vazão de cada captor de acordo com as Eqs.[4.1] e [4.2]:

$$V = Kc'\Omega_0 = 1 \times 2,5 \text{ m/s} \times 0,1 \text{ m}^2 = 0,25 \text{ m}^3/\text{s}.$$

2. Calculam-se as dimensões (diâmetros) das canalizações.

Trecho 1-2:

$$\Omega = \frac{V_s}{c} = \frac{0,25 \text{ m}^3/\text{s}}{15 \text{ m/s}} = 0,017 \text{ m}^2 \quad (D = 0,146 \text{ m}).$$

Trecho 2-3:

$$\Omega = \frac{V_s}{c} = \frac{0,50 \text{ m}^3/\text{s}}{15 \text{ m/s}} = 0,033 \text{ m}^2 \quad (D = 0,206 \text{ m}).$$

Trecho 3-4:

$$\Omega = \frac{V_s}{c} = \frac{0,75 \text{ m}^3/\text{s}}{15 \text{ m/s}} = 0,050 \text{ m}^2 \quad (D = 0,252 \text{ m}).$$

Trechos S-V e V-4:

$$\Omega = \frac{V_s}{c} = \frac{0,75 \text{ m}^3/\text{s}}{10 \text{ m/s}} = 0,075 \text{ m}^2 \quad (D = 0,309 \text{ m}).$$

3. Seleciona-se o ou os ciclones, para garantir a separação de partículas de até 20 μm, ou seja, para garantir, de acordo com a granulometria apresentada, uma eficiência de 85%.

Assim, de acordo com a Tab. 4.13, que fornece os valores de $10^6 D(\gamma_m - \gamma_{ar})$ em função de $d_{\mu m}$ e c m/s (ou do diagrama correspondente), e com a Tab. 4.14, que estabelece a vazão máxima dos ciclones em função de D_m e c m/s, podemos calcular os diâmetros D e as vazões máximas para as diversas opções de velocidade. Os valores assim encontrados estão relacionados na planilha de cálculo que segue.

Tabela Ex. 4.5

Solução	c (m/s)	D (cm)	V_{max} (m³/s)	N	$J_{cicl.}$ (kgf/m²)
1	15	47,0	0,431	2	87,7
2	20	62,7	0,995	1	155,9
3	25	78,4	1,930	1	243,6
4	30	94,1	3,352	1	350,8
5	35	109,8	5,320	1	477,4

A partir das vazões máximas de cada ciclone selecionado, também está anotado na planilha o número de ciclones necessários para atender à vazão total do sistema. Por outro lado, constam ainda da planilha as perdas de carga dos coletores (ciclones), as quais estão calculadas no item seguinte.

Das soluções relacionadas para seleção dos ciclones, as únicas aceitáveis são a número 1 e a número 2. A primeira, por ser a solução de menor consumo de energia; e a segunda, por ser a de menor investimento.

As demais soluções foram apresentadas somente para deixar bem claro que o aumento no tamanho do ciclone, acima daquele necessário, exige uma velocidade cada vez maior para atender à separação desejada, e redunda não só no aumento progressivo do custo de instalação mas também do consumo de energia.

4. Calculam-se todas as perdas de carga que constam do circuito mais longo da canalização de movimentação dos efluentes e de ar puro do sistema. Assim, podemos relacionar:

- De acordo com a Tab. 4.7:

$$J_{captor} = \lambda \frac{c^2}{2} \gamma = 0,25 \cdot \frac{15^2}{2 \times 9,806} 1,2 = 3,5 \text{ kgf/m}^2.$$

- De acordo com a Eq. [3.9] ou pelo diagrama de cálculo da ASHRAE, podemos calcular a perda de carga dos condutos de ar de exaustão:

$$J_{condutos} = 0,00188 l \frac{V_s^{1,9}}{D^{5,02}} = 0,001026 l \frac{c^{2,51}}{V_s^{0,61}}.$$

Ventiladores e ejetores

- Para calcular as perdas de cargas dos acessórios, adotamos também a equação geral:

$$J_{\text{acessórios}} = \Sigma\lambda \frac{c^2}{2g}\gamma,$$

onde os coeficientes de atrito λ são os registrados nas Tabs. 4.10 e 4.11, conforme relacionado a seguir.

Tabela Ex. 4.5			
Acessório	**N**	**λ**	**Σλ**
Curva de 45°	2	0,075	0,150
Reunião 45° 50% + 50% 66% + 33%	1 1	0,115 0,050	0,115 0,050
Total			0,315

- Por sua vez, a perda de carga da canalização do ar puro que é constituída de uma adaptação ao ciclone (λ desprezável), uma curva de 90° ($\lambda = 0,15$), descarga para a atmosfera ($\lambda = 1$) e 10 m de condutos, nos é dada por:

$$J_{\text{saída}} = 0,001026\, l\, \frac{c^{2,51}}{V_s^{0,61}} + \Sigma\lambda\frac{c^2}{2g}\gamma = 3,96 + (1,15 \times 6,1) = 10,98 \text{ kgf/m}^2.$$

- Finalmente, a perda de carga do separador nos é dada pela Eq. [4.19]:

$$J_{\text{ciclone}} = K\, \frac{bh}{\dfrac{k\pi e^2}{4}}\, \sqrt[3]{\frac{D^2}{HL}}\, \frac{c^2}{2g}\gamma,$$

onde, fazendo (ver o item 4.4.4):

$K = 5$ (valor mínimo),
$k = 0,5$ (ciclones comuns),
$D = L = H$, e

$$\frac{bh}{\dfrac{\pi e^2}{4}} = \frac{2b^2}{\pi b^2} = 0,637,$$

obtemos:

$$J_{\text{ciclones}} = \frac{5 \times 0,637 \cdot c^2}{0,5 \cdot 2g}\gamma = 0,3897 c^2.$$

Nessas condições, adotando para a separação a solução 2 (ciclone único com menor perda de carga), podemos calcular as dimensões do ciclone:

$$D = L = H = 62,7 \text{cm};$$

$$bh \times c = 2b^2 \times c = 2b^2 \times 20 \text{ m/s} = 0,75 \text{ m}^3/\text{s};$$

$$b = 0,137 \text{ m} \quad (13,7 \text{ cm});$$

$$h = e = 2b = 0,274 \text{ m} \quad (24,7 \text{ cm});$$

e a sua perda de carga:

$$J_{\text{ciclone}} = 0,3897 c^2 = 0,3897 \times 20^2 = 155,9 \text{ kgf/m}^2.$$

Todas as perdas de cargas que fazem parte do circuito do sistema de ventilação local exaustora em estudo constam da planilha deste exemplo, onde aparece a perda de carga total, a qual deve ser suprida pela diferença de pressão total do ventilador.

Tabela Ex. 4.5

Elemento	V (m³/s)	l (m)	c (m/s)	D (cm)	J (kgf/m²)
Captor	0,25	-	2,5	-	3,5
Trecho 1-2	0,25	6	15	14,6	12,84
Trecho 2-3	0,50	10	15	20,6	14,02
Trecho 3-S	0,75	1	15	25,2	1,10
Acessórios	-	-	15	-	13,77
Canalização de saída	0,75	10 + 17,6	15	30,9	10,98
Ciclone	0,75	-	20		155,9
ΣJ					212,25

Nessas condições, o ventilador a ser adotado seria centrífugo do tipo *limit load* de simples aspiração, o qual, de acordo com a Tab. 4.16, para um rendimento elevado, teria as seguintes características:

$c = 10$ m/s (duto de ar puro);
$0,8D \times D \times c = 0,75$ m³/s $D = 0,31$ m;
$c/u_2 = 1,0 \quad c = 4,04 \sqrt{\Delta pt/\eta_a} = 62$ m/s $\quad u_2 = 1 \times c = 62$ m/s $\quad N = 3.820$ rpm;
$c_{2m} = V_s/\eta_h \quad \pi D l_2 = 5,52$ m/s $\quad c_{2m}/u_2 = 0,089$ (menor que o normal devido à baixa velocidade de saída);

Ventiladores e ejetores   201

potência mecânica de acionamento:

$$P_m = \frac{V_m \text{ m}^3/\text{s} \cdot \Delta pt \text{ kgf}/\text{m}^2}{75\eta_{total}} = \frac{0,75 \text{ m}^3/\text{s} \cdot 212,25 \text{ kgf}/\text{m}^2}{75 \times 0,7} \cong 3,0 \text{ cv}.$$

Observação: Caso fosse adotada a solução de ciclone duplo, o custo de investimento seria bem maior, mas a potência de acionamento do sistema seria de apenas 2,1 cv.

EXEMPLO 4.6

Projetar um sistema de ventilação local exaustora para quatro banhos de 1,5x1,0 m de superfície, destinado ao tratamento de chapas metálicas, com separação de gases e vapores por um coletor úmido tipo orifício, obedecendo às dimensões mostradas na Fig. 4.35.

Solução

De acordo com a orientação anterior, podemos selecionar as velocidades a serem adotadas na instalação em estudo com auxílio das Tabs. 4.4 e 4.9:

- velocidade de captura, $c' = 0,25$ m/s;
- velocidade do ar poluído com gases e vapores, $c = 10$ m/s;
- velocidade do ar puro, $c = 10$ m/s.

Daí temos:

1. De acordo com a Tab. 4.6, para uma fenda de $H/L<0,1$, com flange de largura $>H$, a vazão dos captores é:

$$V = K \times Lc' = 2,8 \times 1 \text{ m} \times 1,5 \text{ m} \times 0,25 \text{ m/s} = 1,05 \text{ m}^3/\text{s}.$$

2. As dimensões da canalização:

Trecho 1-2:

$$\Omega = \frac{V_s}{c} = \frac{1,05 \text{ m}^3/\text{s}}{10 \text{ m/s}} = 0,105 \text{ m}^2 \quad (D = 0,37 \text{ m}).$$

Trecho 2-3:

$$\Omega = \frac{V_s}{c} = \frac{2,10 \text{ m}^3/\text{s}}{10 \text{ m/s}} = 0,210 \text{ m}^2 \quad (D = 0,52 \text{ m}).$$

Trecho 3-4:

$$\Omega = \frac{V_s}{c} = \frac{3,15 \text{ m}^3/\text{s}}{10 \text{ m/s}} = 0,315 \text{ m}^2 \quad (D = 0,63 \text{ m}).$$

Trechos 4-S e V-5:

$$\Omega = \frac{V_s}{c} = \frac{4{,}20 \text{ m}^3/\text{s}}{10 \text{ m/s}} = 0{,}420 \text{ m}^2 \quad (D = 0{,}73 \text{ m}).$$

O separador, por sua vez, terá dimensões de entrada e saída iguais à da ultima seção.

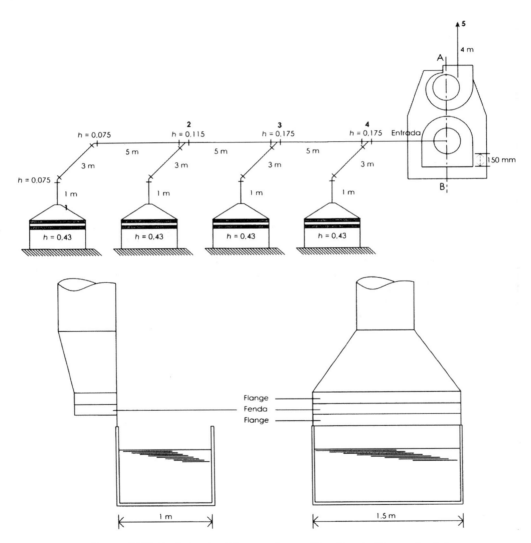

Figura 4.35 Projeto do sistema de ventilação do Exemplo 4.6.

Ventiladores e ejetores

3. As perdas de carga, dispostas em série, do circuito mais longo e do separador, correspondentes a um desnível da água de lavagem de 150 mm (150 kgf/m²), estão registradas na tabela deste exemplo, onde:

$$J_{canalização} = 0,001026 \, l \, \frac{c^{2,51}}{V_s^{0,61}};$$

$$J_{acessórios} = \Sigma \lambda \frac{c^2}{2g} \gamma,$$

Tabela Ex. 4.6

Elemento	V (m³/s)	l (m)	Σλ	c (m/s)	D (m)	J (kgf/m²)
Captor	1,05	-	0,49	10	-	3,00
Trecho 1-2	1,05	9	-	10	0,37	2,90
Trecho 2-3	2,10	5	-	10	0,52	1,06
Trecho 3-4	3,15	5	-	10	0,63	0,83
Trecho 4-S	4,20	1	-	10	0,73	0,14
Trecho V-5	4,20	4	-	10	0,73	0,55
Acessórios	-	-	0,61	10	-	3,73
Saída ext.	4,20	-	1	10	0,73	6,12
Separador	4,20	-	-	-	-	150,00
					Total	168,33

donde a potência mecânica provável da instalação:

$$P_m = \frac{V_s \Delta pt}{75 \eta_{total}} = \frac{4,2 \text{ m}^3/\text{s} \cdot 168,33 \text{ kgf/m}^2}{75 \times 0,7} = 13,5 \text{ cv}.$$

O ventilador mais indicado para o caso, tal como no exemplo anterior, é um centrífugo, do tipo *limit load*, de simples aspiração, cujas características para um rendimento como o arbitrado, de 70%, devem ser aproximadamente, de acordo com a Tab. 4.16:

$c = 10$ m/s (duto de ar puro);

$0,8 \, D \times D \times c = 4,2 \text{ m}^3/\text{s} \quad D = 0,725 \text{ m};$

$\dfrac{c}{u_2} = 1,0 \quad c = 4,04 \sqrt{\dfrac{\Delta pt}{\eta_a}} = 55,3 \text{ m/s} \quad u_2 = 55,3 \text{ m/s} \quad N = 1.455 \text{ rpm};$

$c_{2m} = \dfrac{V_s}{\eta h \cdot \pi D l_2} = \dfrac{V_s}{\eta h \cdot \pi D 0,5 D} = 5,7 \text{ m/s} \quad \dfrac{c_{2m}}{u_2} = 0,108.$

Outra solução seria adotar um lavador ejetor, usando água como fluido indutor, o qual serviria como elemento motriz e ao mesmo tempo como separador. Nesse caso, a depressão necessária para aspiração do ar do sistema seria apenas de 18,33 kgf/m², de modo que o ejetor deveria atender às condições dadas pela Eq. [4.23]:

$$\Delta p = K \left(\frac{c_1^2}{2g} \gamma - \frac{c_2^2}{2g} \gamma \right).$$

Desse modo, adotando uma construção de $\alpha = 8°$ para a qual $K = 0,24$ (Tab. 4.17), e arbitrando a velocidade de saída em 10 m/s, poderíamos calcular:

$$c_1 = 36,72 \text{ m/s}.$$

Nessas condições adotando uma quantidade de água suficiente para a condensação com pequena elevação de temperatura ($\Delta t < 30°$) de uma quantidade de vapor de, no mínimo, 10% do peso do efluente, deveremos ter:

$$G_{\text{água}} > 20 \times 10\% \text{ peso do ar}.$$

Assim, adotaremos:

$$G_{\text{água}} > 20 \times 0,1 \times 4,2 \text{ m}^3/\text{s} \times 1,2 \text{ kgf/m}^3 = 10,8 \text{ kg/s},$$

de onde obtemos a velocidade de injeção da água (Eq. [4.22]):

$$c' = \frac{(G' + G'')c_1 - G''c''}{G'} = \frac{(10 + 5,04)36,72 - 5,04 \times 10}{10,8} = 49,2 \text{ m/s}.$$

Essa velocidade corresponde a uma pressão na água de:

$$\Delta p_{\text{água}} = \frac{c'^2}{2g} \gamma = \frac{49,2^2}{2g} \cdot 1.000 \text{ kgf/m}^3 = 123.419 \text{ kgf/m}^2 \quad (12,34 \text{ kgf/cm}^2).$$

De onde vem a potência da bomba de água a ser usada:

$$P_m = \frac{V_s \text{ m}^3/\text{s} \cdot \Delta pt \text{ kgf}/\text{m}^2}{75\eta_{\text{bomba}}} = \frac{\frac{10,8}{1.000} \times 123.419}{75 \times 0,7} = 25,4 \text{ cv}.$$

Portanto um consumo de energia que é praticamente o dobro, mas com a garantia de um melhor contato entre a água e o efluente, o que resultará numa maior eficiência da separação.

A água servida poderá ser recolhida numa bacia de decantação e eventualmente, após tratamento químico, reaproveitada.

EXEMPLO 4.7

Projetar um sistema de exaustão para um fogão de 2 × 1,2 m, localizado no centro de uma cozinha de 8 × 8 × 5 m.

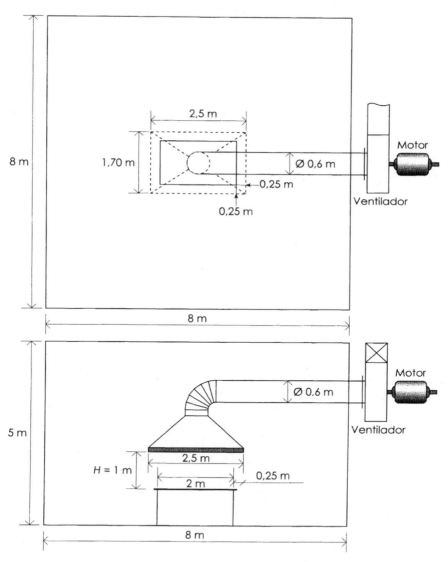

FIGURA 4.36 Coifa do sistema de exaustão do Exemplo 4.7.

Solução

As velocidades a adotar serão:

- velocidade de captura $c' = 0,25$ m/s (Tab. 4.4);
- velocidade do ar no sistema, $c = 10$ m/s (Tab. 4.9).

O tipo de captor para contaminantes de fogões é a coifa, que deve ultrapassar a borda destes em $0,25H$ em cada face (Fig. 4.36). Trata-se, no caso, de uma coifa tamanho médio, de modo que, de acordo com a Tab. 4.6, a vazão a considerar será dada por:

$$V = KPHc' = 1,35(2,5 \times 2 + 1,7 \times 2)1 \times 0,25 = 2,835 \text{ m}^3/\text{h},$$

que fornece uma velocidade na face da coifa de:

$$c_0 = \frac{V_s}{\Omega} = \frac{2,835}{2,5 \times 1,7} = 0,667 \text{ m/s},$$

perfeitamente de acordo com o recomendado na Tab. 4.5

O índice de renovação de ar N do recinto obtido com essa vazão seria:

$$N = \frac{3.600 V_s}{V_{cozinha}} = \frac{10.206 \text{ m}^3/\text{h}}{8 \times 8 \times 5} = 32,$$

o que justifica o tamanho escolhido para a cozinha.

A canalização de exaustão terá uma seção de:

$$\Omega = \frac{V_s}{c} = \frac{2,835 \text{ m}^3/\text{s}}{10 \text{ m/s}} = 0,2832 \text{ m}^2 \quad (D = 0,6 \text{ m}).$$

As perdas de carga em série a considerar estão registradas na planilha de cálculo deste exemplo. Elas foram calculadas a partir das equações:

\multicolumn{7}{c	}{Tabela Ex. 4.7}
Elemento	V_s (m³/s)	l (m)	λ	c (m/s)	D (m)	J (kgf/m²)
Captor	2,835	-	0,25	10	-	1,53
Canalização	2,835	5	-	10	0,6	0,88
Curva	2,835	-	0,15	10	0,6	0,92
Saída	2,835	-	1,0	10	0,6	6,12
Total						9,45

Ventiladores e ejetores

$$J_{\text{canalizações}} = 0,001026 \, l \frac{c^{2,51}}{V_s^{0,61}}$$

e

$$J_{\text{acessórios}} = \lambda \frac{c^2}{2g} \gamma,$$

de onde vem a potência mecânica da instalação:

$$P_m = \frac{V_s \Delta pt}{75 \eta_{\text{total}}} = \frac{2,835 \text{ m}^3/\text{s} \cdot 9,45 \text{ kgf}/\text{m}^2}{75 \times 0,7} = 0,72 \text{ cv}.$$

Devido à pequena diferença de pressão e à pouca possibilidade de variação da carga, o ventilador a ser usado pode ser um centrífugo tipo Siroco, de simples aspiração, que apresenta menor nível de ruído e cujas características básicas, de acordo com as Tabs. 3.16 e 3.17, seriam:

$c = 10$ m/s;

$0,8 D \times D \times c = 2,835$ m³/s $(D = 0,60$ m$)$;

$\dfrac{c}{u_2} = 1,6$ $c = 4,04 \sqrt{\dfrac{\Delta pt}{\eta_a}} = 13,1$ kgf/m² $u_2 = 8,2$ m/s $N = 260$ rpm;

$c_{2m} = \dfrac{V_s}{\eta h \cdot \pi D l_2} = 5,6$ m/s $\dfrac{c_{2m}}{u_2} = 0,71$.

Observação: Caso se adote, na parede interna da coifa, além do recolhimento da gordura depositada, um filtro lavável de tela metálica, este seria colocado no interior da coifa, tendo-se o cuidado de posicioná-lo de modo a não se exceder a velocidade de 1,8 m/s. A perda de carga, nesse caso, seria acrescida de um valor inferior a 3 kgf/m², e a potência instalada excederia pouco o valor de 1 cv.

EXEMPLO 4.8

Projetar o sistema de ventilação por exaustão para uma pequena cabine de pintura, cujas dimensões constam das Figs. 4.37 e 4.38.

Solução

De acordo com as Tabs. 4.4 e 4.5, para cabines de pintura a pistola, a velocidade de captura c' na porta da cabine deve ser no mínimo de 0,5 m/s. Nessas condições, a vazão do ar do sistema em projeto será:

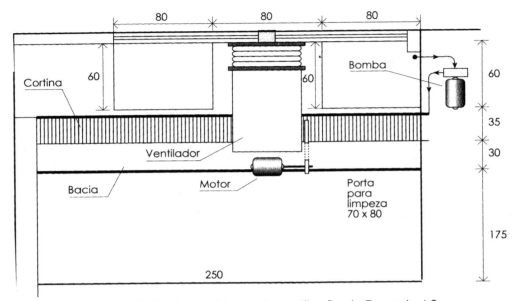

Figura 4.37 Planta do sistema de ventilação do Exemplo 4.8.

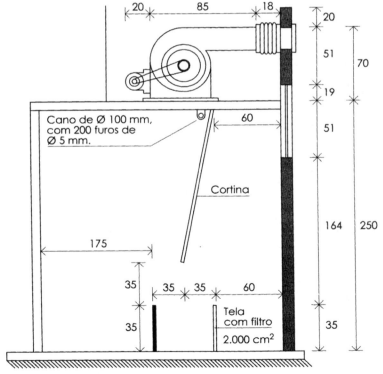

Figura 4.38 Vista em corte do sistema de ventilação do Exemplo 4.8.

Ventiladores e ejetores

$$V = \Omega c = 2{,}50 \text{ m} \times 2{,}80 \text{ m} \times 0{,}5 \text{ m/s} = 3{,}5 \text{ m}^3/\text{s},$$

de modo que podemos calcular as perdas de carga do circuito do ar:

1. Na porta da cabine, onde $c = c' = 0{,}5$ m/s:

$$J_{\text{porta}} = \lambda \frac{c^2}{2g}\gamma = 1{,}5 \frac{0{,}5^2}{2g} 1{,}2 = 0{,}023 \text{ kgf/m}^2.$$

2. Passagem pela cortina de água, onde a seção Ω é $0{,}35 \times 2{,}80$ m $= 0{,}98$ m²:

$$c = \frac{V_s}{\Omega} = \frac{3{,}5 \text{ m}^3/\text{s}}{0{,}98 \text{ m}^2} = 3{,}57 \text{ m/s}.$$

E a perda de carga para um $\lambda = 8$ (ver item 4.4.5) será dada por:

$$J_{\text{cortina}} = \lambda \frac{c^2}{2g}\gamma = 8\frac{3{,}5^2}{2g} 1{,}2 = 6{,}24 \text{ kgf/m}^2.$$

3. Passagem pelo forro, protegidas por tela, com 50% de área livre, onde a seção Ω é $2 \times 0{,}60 \times 0{,}80$ m $= 0{,}96$ m²:

$$c = \frac{V_s}{\Omega} = \frac{3{,}5 \text{ m}^3/\text{s}}{0{,}96 \text{ m}^2} = 3{,}55 \text{ m/s}.$$

E a perda de carga, para $\lambda = 6$ (ver item 2.2.2), será dada por:

$$J_{\text{forro}} = \lambda \frac{c^2}{2g}\gamma = 6\frac{3{,}65^2}{2g} 1{,}2 = 4{,}89 \text{ kgf/m}^2.$$

4. Saída para o exterior, cuja velocidade – que é a velocidade de descarga do ventilador – arbitraremos em 10 m/s:

$$J_{\text{saída}} = \frac{c^2}{2g}\gamma = \frac{10^2}{2g} 1{,}2 = 6{,}12 \text{ kgf/m}^2,$$

de onde obtemos as características de funcionamento do ventilador:

$$V_s = 3{,}5 \text{ m}^3/\text{s} \quad (12.600 \text{ m}^3/\text{h}),$$

e

$$\Delta pt = 17{,}3 \text{ kgf/m}^2,$$

o qual deverá, para uma escolha racional absorver uma potência mecânica da ordem de:

$$P_m = \frac{V_s \Delta pt}{75\eta_{\text{total}}} = \frac{35 \text{ m}^3/\text{s} \cdot 17{,}3 \text{ kgf}/\text{m}^2}{75 \times 0{,}6} = 1{,}35 \text{ cv (motor de 2 cv)}.$$

Devido à baixa diferença de pressão total necessária, a par da possibilidade de uma flutuação de carga relativamente pequena, o ventilador mais indicado para o caso seria um centrífugo de dupla aspiração tipo Siroco, de baixo nível de ruído, cujas características básicas seriam, de acordo com as Tabs. 3.16 e 3.17:

velocidade de saída, $c = 10$ m/s;

$1,5D \times D \times c = 3,5$ m³/s $\qquad D = 0,48$ m;

$\dfrac{c}{u_2} = 1,6 \qquad c = 4,04\sqrt{\dfrac{\Delta pt}{\eta_a}} = 17,7$ m/s $\quad u_2 = 11,1$ m/s $\quad N = 440$ rpm;

$c_{2m} = \dfrac{V_s}{\eta h \cdot \pi D l_2} = 5,4$ m/s $\qquad \dfrac{c_{2m}}{u_2} = 0,49.$

Por outro lado, para formar uma cortina de água com um mínimo de 2 mm de espessura e na altura prevista de 1,8 m, a velocidade resulta do equilíbrio dinâmico do escoamento em uma placa [ver COSTA (8)]. Assim, no escoamento turbulento em placas lisas, as perdas de carga, à semelhança daquelas que se verificam nos tubos, podem ser calculadas pela equação:

$$J_{\text{placa}} = \dfrac{fX}{h}\dfrac{c^2}{2g}\gamma_{\text{água}},$$

onde:

f é o coeficiente de atrito da placa, que, para números de Reynolds $\text{Re} = \dfrac{c\rho X}{\mu}$ da ordem de 10^6, pode ser considerado 0,005;

X o comprimento da placa, que no caso pode ser considerado igual à sua altura H;

e

h a espessura da camada de água na placa.

Nessas condições, identificando a perda de carga com a disponibilidade de pressão hidrostática, que é $H\gamma_{\text{água}}$, podemos escrever:

$$H\gamma_{\text{água}} = \dfrac{fXc^2}{h2g}\gamma_{\text{água}} = \dfrac{0,005Hc^2}{0,002 \times 2g}\gamma_{\text{água}},$$

de modo que, para a altura H de 1,8 m, a velocidade da água para formar uma película de 2 mm (0,002 m) sobre a placa seria $c = 2,80$ m/s. E seria necessária uma vazão de água correspondente a:

$$V = \Omega c = 0,002 \text{ m} \times 2,80 \text{ m} \times 2,80 \text{ m/s} = 0,0157 \text{ m}^3/\text{s} \quad (56,5 \text{ m}^3/\text{h}),$$

a qual, a 2 m/s, seria canalizada por um tubo de 100 mm de diâmetro e distribuída por duzentos furos de 5 mm de diâmetro, por onde sairia com uma velocidade de 4 m/s.

Por outro lado, considerando as perdas de carga devido:

- à altura (1,8 m), $H\gamma_{água}$=1,8 m × 1.000 kgf/m³ = 1.800 kgf/m²;
- à saída nos orifícios, $\gamma_{água}c^2/2g$ = 1.000 kgf/m³ × 16/2g = 815,8 kgf/m²;
- às canalizações, $\dfrac{\lambda l}{D}\dfrac{\gamma_{água}c^2}{2g}$ = 979 kgf/m²;
- num total de Δpt = 3.594,8 kgf/m²,

podemos calcular a potência necessária para o acionamento da bomba de água:

$$P_m = \frac{V_s \Delta pt}{75\eta_{bomba}} = \frac{0,0157 \text{ m}^3/\text{s} \cdot 3.594,8 \text{ kgf}/\text{m}^2}{75 \times 0,7} = 1,075 \text{ cv}.$$

Observação: a água deve ser renovada esporadicamente, apesar de estar previsto um filtro de 2.000 cm² entre aquela aspirada pela bomba e a efluente da cortina.

CAPÍTULO 5

TRANSPORTE PNEUMÁTICO

5.1 GENERALIDADES

O transporte pneumático consiste no deslocamento de materiais a granel (sólidos em grãos) por meio de uma corrente de ar com velocidade adequada. A característica principal desse processo é que o material transportado flutua na corrente de ar que se movimenta num conduto fechado, geralmente de seção circular.

Existem outros processos de transporte de material sólido por deslocamento de ar em que o material transportado serve de vedação para a corrente de ar, que simplesmente o desloca por pressão, como no chamado *correio pneumático*, ou a corrente de ar atua em ambiente aberto, como acontece na *esteira pneumática*. Esses exemplos não se enquadram no sistema definido acima.

De um modo geral, o consumo de energia no transporte pneumático é muito elevado, podendo atingir até cinco vezes o consumo de energia dos sistemas convencionais de transporte mecânico a granel, como as correias transportadoras, os elevadores de caçambas, os parafusos sem fim, etc.

Dependendo da distância, do desnível e do material a transportar, o consumo de energia de um sistema pneumático de material a granel pode variar de 1 a 6 cvh/t. A única vantagem do sistema de transporte em estudo está na sua praticidade, pela facilidade de tomada e circulação do material, que, além do mais, não requer embalagem durante o seu deslocamento.

O transporte pneumático do material a granel pode ser efetuado por aspiração, por compressão ou por aspiração e compressão simultaneamente (sistema misto).

Por aspiração

O transporte pneumático por aspiração é empregado sempre que se deseja remover material a granel que não pode ser deslocado para o sistema por simples ação da gravidade, como ocorre em porões de navios, silos enterrados, etc. O transporte pneumático por aspiração normalmente é constituído dos seguintes elementos (Fig. 5.1):

- bocal de aspiração, para evitar embuchamento e, ao mesmo tempo, regularizar a admissão do material aspirado;
- canalizações para arrasto do material, constituídas de mangueiras flexíveis para facilitar o manuseio do bocal de aspiração, e tubos de aço, que servem também para a saída do ar puro do sistema;
- coletor, geralmente do tipo ciclone com válvula rotativa, que serve para separar do ar o material transportado;
- ventilador ou compressor, para a necessária movimentação do ar do sistema.

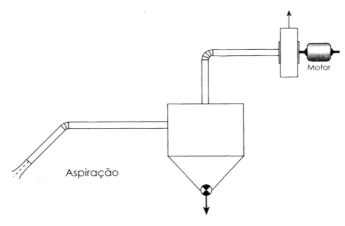

Figura 5.1 Esquema de um transporte pneumático por aspiração.

Por compressão

O transporte pneumático por compressão é usado sempre que o material pode ser introduzido no sistema por gravidade, como ocorre nos silos elevados, ou quando se dispõe de uma tulha ou moega de alimentação com saída do material pela parte inferior. Esse tipo de transportador pneumático é constituído dos seguintes elementos (Fig. 5.2):

Generalidades 215

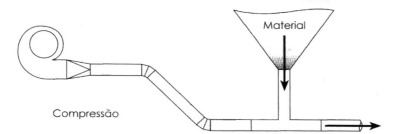

Figura 5.2 Esquema de um transporte pneumático por compressão.

- ventilador ou compressor, para a necessária movimentação do ar do sistema;
- canalizações de aço, para ligar a descarga do elemento propulsor do ar no sistema e, ao mesmo tempo, arrastar o material ao longo do percurso e desnível desejados;
- silo provido de válvula rotativa, para alimentar o sistema com o material a transportar na proporção de sua capacidade.

Quando a alimentação do material resulta de uma produção contínua e definida, é mais prático deixar que ele entre diretamente no sistema, num ponto de pressão estática efetiva nula, criada por um ventúri, podendo-se nesse caso dispensar a válvula rotativa (Fig. 5.3).

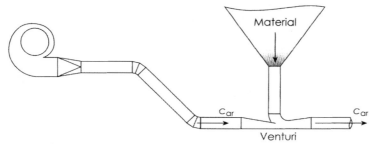

Figura 5.3 A alimentação se dá num ponto de pressão estática nula, criada por um ventúri.

Misto — aspiração e compressão

O sistema de transporte pneumático misto aspiração/compressão é usado mais na forma de equipamento portátil, de pequena capacidade, geralmente montado sobre rodas, para efetuar transferências de material a granel, por exemplo de um caminhão para um vagão, de um caminhão para uma tulha, para beneficiamento em engenhos, etc. Geralmente esse sistema (Fig. 5.4) é constituído por:

- ventilador, para a necessária movimentação do ar do sistema;
- condutos de aço, para interligar o ciclone com a aspiração e a descarga do ventilador, e as mangueiras para arrasto do material a transportar, seja no circuito de aspiração seja no circuito de compressão;

- ciclone, provido de válvula rotativa ou ventúri para o controle da alimentação no circuito de compressão.

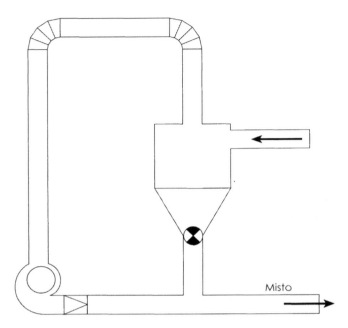

Figura 5.4 Sistema misto aspiração e compressão.

5.2 Elementos de cálculo (unidades MKfS)

5.2.1 Relação em peso

A relação em peso no transporte pneumático por um fluxo de ar é aquela entre o peso do material transportado e o peso do ar que o transporta:

$$r_p = \frac{G_m \text{ kgf/h}}{G_{ar} \text{ kgf/h}}. \qquad [5.1]$$

Atendendo ao problema do consumo de energia, a relação em peso de um transporte pneumático deve ser a maior possível. Na prática, seu valor é limitado apenas pela possibilidade de embuchamento, de modo que se aconselha adotar como máxima relação em peso o valor fornecido pela expressão empírica:

$$r_{p\,\text{max}} = \frac{7.000}{\gamma_m}, \qquad [5.2]$$

valor que varia de 1 a 15.

Elementos de cálculo (unidade do M.K.F.S)

O peso específico real do material (γ_m), de difícil determinação em grande parte das vezes, pode ser estabelecido, para materiais de granulometria uniforme, com boa aproximação, a partir do peso específico aparente ($\gamma_{aparente}$), pela expressão:

$$\gamma_m = 16\gamma_{aparente}^{2/3}. \qquad [5.3]$$

Conceito semelhante à relação em peso é o de *diluição* ou *saturação*, dado pela relação entre os volumes do ar e do material transportado:

$$d_v = \frac{V_{ar}\ m^3/h}{V_m\ m^3/h}, \qquad [5.4]$$

que pode variar de 300 a 4.500, e mantém com a relação em peso o seguinte equacionamento

$$d_v = \frac{V_{ar}}{V_m} = \frac{G_{ar}\gamma_m}{\gamma_{ar}G_m} = \frac{\gamma_m}{\gamma_{ar}r_p}. \qquad [5.5]$$

5.2.2 Velocidades

A seleção das velocidades é um dos aspectos mais importantes do transporte pneumático, pois delas vão depender o bom desempenho da operação de deslocamento e, sobretudo, o consumo de energia do sistema.

As velocidades bem definidas que interferem nesse processo são a velocidade necessária para a flutuação do material a transportar (c_f), a velocidade própria do material em transporte (c_m) e a soma das duas, que deve ser a velocidade de deslocamento do ar ($c_{ar} = c_f + c_m$).

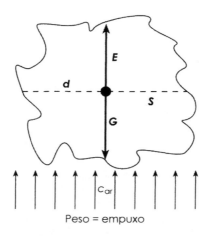

FIGURA 5.5 A velocidade de flutuação.

A velocidade de flutuação é a mesma velocidade terminal, analisada 4.4.2, que resulta do equilíbrio entre o peso do material e o empuxo que suas partículas sofrem no fluxo do ar que o transporta (Fig. 5.5). Ou seja, considerando a partícula como uma esfera:

$$\frac{1}{6}\pi d^6 (\gamma_m - \gamma_{ar}) = K_D S \frac{c_{ar}^2}{2g} \gamma_{ar} = K_D \frac{\pi d^2 c_{ar}^2}{4 \times 2g} \gamma_{ar},$$

onde, supondo-se o escoamento turbulento, com Re >1.000, como aquele que acontece normalmente nos transportes pneumáticos, obtemos a Eq. [4.11a]:

$$c_f = 0{,}00498 \sqrt{d_{\mu m}(\gamma_m - \gamma_{ar})}.$$

Normalmente, a velocidade do material é da ordem de 15 a 30 m/s, embora, para se evitarem perdas de cargas excessivas, seja interessante fazer:

$$c_m = 0{,}55 \text{ a } 1{,}9\sqrt{\gamma_m}. \qquad [5.6]$$

A velocidade do ar, é sempre superior à do material, devido à velocidade de flutuação, já analisada, de modo que podemos calculá-la considerando um fator de multiplicação em relação a esta; isto é:

$$c_{ar} = c_f + c_m = (1{,}2 \text{ a } 1{,}35)c_m = 0{,}66 \text{ a } 2{,}5\sqrt{\gamma_m}. \qquad [5.7]$$

Mais racionais, entretanto, são as fórmulas empíricas de Hudson, que levam em conta não só a granulometria e o peso específico do material, mas também sua natureza e as características do circuito – se horizontal ou vertical, se os dutos são de mangueiras flexíveis ou tubulações em chapas de aço (Tab. 5.1).

Tabela 5.1 Velocidades recomendadas na técnica do transporte pneumático (Hudson)

Dutos	Material	c_f (m/s)	c_{ar} (m/s) mangueiras	c_{ar} (m/s) dutos de chapa
Horizontais	Pó	$0{,}0030\sqrt{d_{\mu m}\gamma_m}$	$1{,}20\sqrt{\gamma_m}$	$0{,}75\sqrt{\gamma_m}$
	Grão	$0{,}0038\sqrt{d_{\mu m}\gamma_m}$	$1{,}52\sqrt{\gamma_m}$	$0{,}91\sqrt{\gamma_m}$
	Irregular	$0{,}0045\sqrt{d_{\mu m}\gamma_m}$	$1{,}83\sqrt{\gamma_m}$	$1{,}13\sqrt{\gamma_m}$
Verticais	Pó	$0{,}0060\sqrt{d_{\mu m}\gamma_m}$	$1{,}52\sqrt{\gamma_m}$	$0{,}95\sqrt{\gamma_m}$
	Grão	$0{,}0075\sqrt{d_{\mu m}\gamma_m}$	$1{,}83\sqrt{\gamma_m}$	$1{,}13\sqrt{\gamma_m}$
	Irregular	$0{,}0090\sqrt{d_{\mu m}\gamma_m}$	$2{,}28\sqrt{\gamma_m}$	$1{,}42\sqrt{\gamma_m}$

Observação: os valores tabelados podem sofrer uma correção para mais ou para menos de 6%.

5.2.3 Vazão de ar

A quantidade de ar necessária para uma instalação de transporte pneumática pode ser calculada a partir da quantidade de material a transportar e da relação em peso adotada:

$$V_{ar} = \frac{G_{ar}}{\gamma_{ar}} \approx \frac{G_m}{r_p \gamma_{ar}}.$$

Desse modo, considerando a relação em peso máxima dada pela Eq. [5.2], podemos dizer que a vazão de ar mínima a ser adotada num sistema de transporte pneumático depende do peso específico real do material a ser transportado (γ_m), e nos será dada por:

$$V_{ar\,min} = \frac{G_m \gamma_m}{7.000 \gamma_{ar}} \cong \frac{G_m \gamma_m}{8.400}. \qquad [5.8]$$

5.2.4 Perdas de carga

As perdas de carga usuais nas instalações de transporte pneumático se devem:

- à entrada do ar no sistema;
- à inércia do material;
- aos desníveis a vencer com o material;
- a condutos de chapa ou mangueiras que transportam o material;
- a condutos de chapa, para circulação do ar puro, interligando ventilador e separador ao exterior (sistemas de aspiração), ou interligando ventilador e alimentador (sistemas de compressão);
- ao equipamento de separação do material transportado;
- ao ventúri, quando eventualmente usado nas instalações de compressão, em substituição à válvula rotativa.

Entrada do ar no sistema

Na entrada do ar, quando esta é feita em ar puro (sistemas de compressão), em que a admissão se dá na própria aspiração do ventilador, a qual poderá eventualmente ser protegida, a perda de carga será dada pela equação geral:

$$J_{entrada} = \lambda \frac{c^2}{2g} \gamma,$$

onde λ pode assumir valores de 0,5 (entrada arredondada), 1,5 (seção abrupta) até 3 (seção abrupta, protegida por tela, com 70% de área livre).

Quando a admissão do ar acontece juntamente com o material a transportar, é preferível incluir a perda de carga na canalização de aspiração, onde o λ correspondente depende da relação em peso adotada.

Inércia do material

A inércia do material, ao passar do repouso para a velocidade de transporte (c_m), consome energia cinética, a qual por unidade de volume corresponde a uma perda de carga, que vale:

$$J_{\text{inérciar}} = \frac{Mc_m^2}{2V} = \frac{G_m c_m^2}{V_{\text{ar}} 2g} = \frac{G_m c_m^2}{G_{\text{ar}} 2g} \gamma_{\text{ar}} = r_p \frac{c_m^2}{2g} \gamma_{\text{ar}},\qquad [5.9]$$

onde a velocidade do material, de acordo com a Eq. [5.7] vale:

$$c_m = \frac{c_{\text{ar}}}{1{,}2 \text{ a a}35} = 0{,}55 \text{ a } 1{,}85\sqrt{\gamma_m}. \qquad [5.10]$$

Desnível

O trabalho para vencer a gravidade, por unidade de volume de ar, também corresponde a uma perda de carga, a qual, para uma diferença de altura (H) no campo gravitacional, vale:

$$J_{\text{desnível}} = \frac{G_m H}{V_{\text{ar}}} = \frac{G_m H}{G_{\text{ar}}} \gamma_{\text{ar}} = r_p H \gamma_{\text{ar}}. \qquad [5.11]$$

Condutos de transporte

A perda de carga nos condutos de chapa e mangueiras que transportam o material pode ser calculada pela equação geral da perda de carga em condutos, já apresentada em 3.2.2:

$$J_{\text{condutos}} = \frac{\lambda l c^2}{D 2g} \gamma,$$

onde λ passa a ser um λ_m, coeficiente de atrito do ar com o material em suspensão, o qual pode ser avaliado como:

$$\lambda_m = \lambda_{\text{ar}}(1 + \frac{r_p}{K}), \qquad [5.12]$$

em que:

λ_{ar} é o coeficiente de atrito do ar puro, função do número de Reynolds (Re) e da rugosidade relativa do conduto (k/D) e que pode ser determinado pelo diagrama de Stanton (usualmente 0,02 para canalizações de chapa e 0,03 para mangueiras); e

K é um coeficiente que depende da velocidade do ar (c_{ar}), e que se pode selecionar com o auxílio da Tab. 5.2.

Tabela 5.2 Correção K do coeficiente de atrito de dutos pneumáticos							
c_{ar} (m/s)	5	10	15	20	25	> 25
K	1,00	1,15	2,14	3,11	3,5	3,5

Elementos de cálculo (unidade do M.K.F.S)

Observação: as mesmas correções devem ser feitas para os coeficientes de atrito dos acessórios em relação àquele correspondente ao ar puro, embora a solução mais prática seja considerar tais perdas de carga em função de um comprimento equivalente, dado como já ficou esclarecido por:

$$l_e = \frac{\lambda_{\text{acessório}}}{\lambda_{\text{conduto}}} D = \lambda_{\text{acessório}} \frac{D}{0{,}02 \text{ ou } 0{,}03}. \qquad [5.13]$$

Entre os acessórios – que no caso se restringe apenas a curvas –, deve-se incluir também a tomada dos sistemas de transporte pneumático por aspiração, cujo coeficiente de atrito, dependendo do tipo de bocal, pode atingir o valor de $\lambda = 2$.

Canalizações de ar puro

A perda de carga dos condutos de ar puro, normalmente executados em chapa metálica e onde a velocidade de deslocamento do ar é cerca de 2/3 da dos condutos de transporte, à semelhança dos demais, também pode ser calculada por meio da equação geral analisada no item 3.2.2, em que o coeficiente de atrito λ, para o caso, pode ser considerado 0,02.

Nas canalizações de ar puro, devem ser incluídas também as perdas de carga devidas aos acessórios e à saída para o exterior - que eventualmente poderá incluir uma proteção contra a chuva -, cujos coeficientes de atrito variam de 1 a 2 (Fig. 5.6). Para maior proteção e menor perda de carga ($\lambda \leq 1$), pode-se utilizar a saída usual de chaminés, representada na Fig. 5.7.

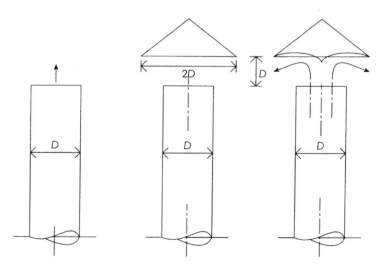

Figura 5.6 A extremidade da canalizações de ar puro as vezes incluem proteção contra chuva.

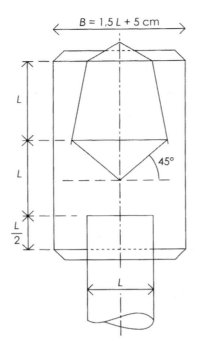

Figura 5.7 A saída usual de chaminés oferece maior proteção e menor perda de carga

Separador

O separador normalmente adotado nas instalações de transporte pneumático é o tipo ciclone, cujo dimensionamento e perda de carga já tivemos oportunidade de analisar no item 4.4.4 (Fig. 5.8).

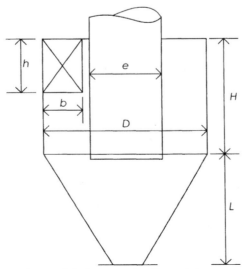

Figura 5.8 Separador tipo ciclone.

Elementos de cálculo (unidade do M.K.F.S) 223

$$J_{\text{ciclone}} = \lambda \frac{c^2}{2g} \gamma_{\text{ar}} = K \frac{bh}{ke^2} \sqrt[3]{\frac{D^2}{HL}} \frac{c^2}{2g} \gamma_{\text{ar}},\qquad [4.19]$$

onde, para o caso, podemos fazer:

K = 5 a 10;
k = 0,5 para ciclones comuns;
  = 1,0 para ciclones com entrada helicoidal;
  = 2,0 para ciclones com defletor de saída.

Nas instalações de transporte pneumático por compressão, por vezes o material transportado é descarregado em caixas, moegas, tulhas ou silos. Nesse caso, quando o material transportado arrasta grandes quantidades de pó, este pode ser eventualmente retido por meio de amplos filtros de tecido, cuja perda de carga deve ser incluída na saída do ar do sistema.

Ventúri

Eventualmente, nos sistemas de transporte pneumático por compressão, a válvula rotativa de alimentação é substituída por um ventúri. Nesses casos, a perda de carga do sistema fica adicionada da perda de carga causada pela variação de seção deste, a qual, conforme vimos na Sec. 4.5 ao analisar os ejetores, é igual a uma parcela de variação da pressão dinâmica que se verifica no ventúri (ver Sec. 5.4).

5.2.5 Potência da instalação

A potência de uma instalação de transporte pneumático de material a granel depende essencialmente:

- da quantidade do material a ser transportado;
- da distância de transporte;
- do desnível;
- do tipo de instalação (de aspiração, de compressão ou mista);
- da natureza do material (d_m, γ_m);
- da relação em peso adotada;
- do traçado da rede e equipamentos acessórios adotados.

O cálculo da potência é feito a partir da soma de todas as perdas de carga analisadas no item anterior e que constem da instalação em estudo, a qual deve ser identificada com a diferença de pressão total (Δp_t) do ventilador ou compressor a ser usado. Como, entretanto, essa diferença de pressão é bastante elevada no caso do transporte pneumático, podendo atingir valores da ordem de 3.000 kgf/m², a potência do compressor deve ser calculada de uma maneira mais exata [ver Costa (3)]:

$$P_m = \frac{G_{\text{ar}}\ (\text{kgf/s}) \cdot L\ (\text{m})}{75\eta_m}\ \text{cv},\bullet$$

onde:

$$L\ (m) = \frac{nRT_1}{1-n}\left[\left(\frac{p_2}{p_1}\right)^{\frac{n-1}{n}} - 1\right] \text{ kgfm/kgf}$$

Ou por meio da expressão aproximada do trabalho de compressão isométrico corrigido, isto é:

$$L\ (m) = v\,\Delta p_t \left(\frac{10.332 \pm \dfrac{\Delta p_t}{2}}{10.332}\right) \text{ kgfm/kgf,}$$

onde o sinal positivo corresponde a uma instalação tipo aspiração e o sinal negativo corresponde a uma tipo compressão. Teríamos então:

$$P_m = \frac{V_{ar}\ (m^3/s)\,\Delta p_t}{75\eta_t}\left(\frac{10.332 \pm \dfrac{\Delta p_t}{2}}{10.332}\right) \text{ cv.}$$

5.3 Ventiladores e compressores

Os elementos mecânicos indicados para a movimentação do ar nas instalações de transporte pneumático são: ventiladores centrífugos com pás voltadas para trás; com pás radiais; e os compressores de engrenagem.

5.3.1 Ventiladores com pás voltadas para trás

Os ventiladores centrífugos com pás voltadas para trás ($\beta_2 < 90°$) são do tipo *limit load*, cujo consumo de potência é limitado (Fig. 5.9). Esses equipamentos, entretanto, de acordo com a Tab. 4.16, têm uma relação de pressão pouco favorável ($c/u_2 = 0,9$ a $1,0$), além de apresentarem uma velocidade periférica bastante limitada ($u_2 \cong 100$ m/s), em função de sua disposição construtiva, de modo que a sua pressão máxima é da ordem de 1.000 kgf/m².

5.3.2 Ventiladores com pás radiais

Os ventiladores centrífugos de pás radiais ($\beta_2 = 90°$), por sua vez, têm uma relação característica de pressão bem mais favorável ($c/u_2 = 1,0$ a $1,2$), podendo excepcionalmente, com a velocidade periférica máxima compatível com a resistências dos aços ($u_2 = 200$ m/s), atingir com um único rotor a pressão de 3.500 kgf/m² (Fig. 5.10).

Na realidade, esses ventiladores centrífugos já são classificados como compressores centrífugos ($\Delta p_t > 700$ kgf/m²), embora essa pressão máxima normalmente se limite, nos equipamentos disponíveis na praça, a cerca de 2.000 kgf/m².

Ventiladores e compressores

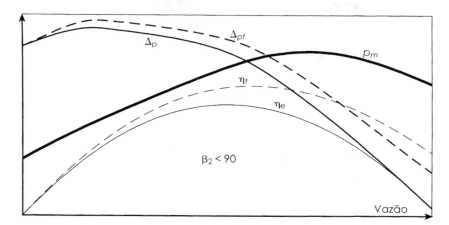

Figura 5.9 Desempenho de ventiladores de pás voltadas para trás, tipo *limit load*.

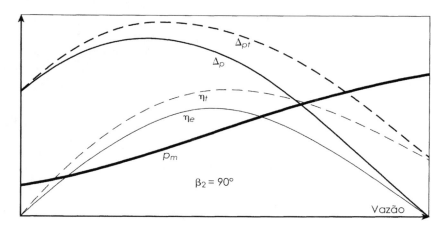

Figura 5.10 Desempenho de ventiladores de centrífugos de pás radiais.

Esses compressores, por outro lado, já têm uma característica de aumento de potência mecânica, com a redução da perda de carga do circuito, bastante pronunciada, como mostra a Fig. 5.10, exigindo cuidados na seleção de seu motor de acionamento para evitar eventuais sobrecargas.

5.3.3 Compressor de engrenagens

Um compressor bastante usado para movimentação do ar nas instalações de transporte pneumático é o de engrenagens. Entre os vários modelos, o mais adequado para essa aplicação é o de fluxo tangencial, conhecido com o nome de compressor Roots. Ele é constituído de duas engrenagens, uma que transmite o movimento para o conjunto e outra que desloca o fluido. A particularidade está em que as engrenagens dispõem de apenas dois dentes cada uma (Fig. 5.11).

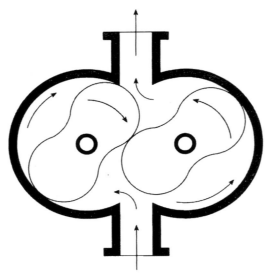

Figura 5.11 Compressor de duas engrenagens.

A grande vantagem desse tipo de compressor é que, além de deslocar grandes quantidades de ar com dimensões relativamente reduzidas, eles não sofrem sobrecargas com a abertura equivalente do circuito, que ocorre nas instalações de transporte pneumático ao se diminuir a quantidade do material transportado.

Realmente, ao contrário dos compressores centrífugos que são máquinas de fluxo, nas quais a compressão é obtida pela aceleração da massa fluida, os compressores de engrenagens são do tipo volumétrico, funcionando sob o princípio da redução do volume para se obter o aumento de pressão e, portanto, não estão sujeitos a aumento de carga, com a redução da pressão de descarga.

5.4 Ventúri

O uso dos ventúris nas instalações de transporte pneumático por compressão tem por objetivo substituir as válvulas rotativas que controlam a alimentação do material a transportar, criando para isso uma pressão favorável, a fim de que o material entre no sistema simplesmente por gravidade. No estudo dos ejetores das instalações de ventilação local exaustoras, ficou claro que esses dispositivos criam diferenças de pressão estáticas, as quais, à semelhança dos ventiladores, podem servir tanto para aspiração como para compressão dos efluentes nesses sistemas.

No caso dos ventúris usados nas instalações de transporte pneumático de compressão, eles devem criar diferenças de pressão estáticas capazes de vencer todas as perdas de cargas, inclusive as deles, situadas entre a seção estrangulada e a saída para o exterior, onde a pressão é igual à atmosférica (p_0). Nestas condições, a pressão estática na seção estrangulada será igualmente p_0, e ela pode ser aberta e não haverá entrada nem saída de ar do sistema, enquanto que o material a transportar poderá entrar nessa seção simplesmente por ação da gravidade.

Ventúri

Realmente, de acordo com a Fig. 5.12, a única pressão disponível na seção estrangulada (1) é a pressão dinâmica $\gamma c_1^2/2g$, a qual, na forma de pressão estática, deve ser suficiente para vencer todas as perdas de cargas existentes entre 1 e a saída para o exterior, isto é:

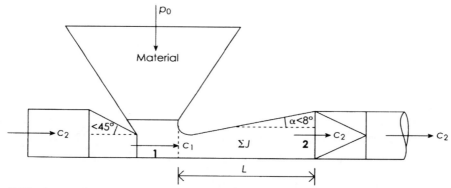

FIGURA 5.12 A pressão na seção estrangulada deve ser suficiente para vencer todas as perdas de carga a partir do ponto 1.

$$\frac{c_1^2}{2g}\gamma = \Sigma J \text{ entre o ponto 1 e a saída do sistema.} \qquad [5.14]$$

As perdas de carga que se verificam desde a seção estrangulada (1) e a saída do sistema para o exterior incluem normalmente os seguintes itens:

$$J_{\text{ventúri}} = K\left(\frac{c_1^2}{2g}\gamma - \frac{c_2^2}{2g}\gamma\right);$$

$$J_{\text{inércia}} = r_p \frac{c_m^2}{2g}\gamma;$$

$$J_{\text{desnível}} = r_p H \gamma;$$

$$J_{\text{canalizações}} = \frac{\lambda_m l \cdot c^2}{D \cdot 2g}\gamma;$$

$$J_{\text{acessórios}} = \Sigma\lambda \frac{c^2}{2g}\gamma.$$

Isto é:

$$\frac{c_1^2}{2g}\gamma - \frac{c_2^2}{2g}\gamma + \frac{c_2^2}{2g}\gamma - K\left(\frac{c_1^2}{2g}\gamma - \frac{c_2^2}{2g}\gamma\right) = \Sigma J \text{ de 1 em diante } -J_{\text{ventúri}},$$

onde o valor:

$$\Delta p_{\text{ventúri}} = (1-K)\left(\frac{c_1^2}{2g}\gamma - \frac{c_2^2}{2g}\gamma\right) \qquad [5.15]$$

representa a recuperação da pressão estática, descontadas das perdas do ventúri, a qual, adicionada da pressão dinâmica de saída dele $\gamma c_2^2/2g$, constitui a pressão total disponível no ponto 2 para vencer as perdas de carga existentes a partir desse ponto até a saída dos efluentes do sistema para o exterior, onde reina a pressão atmosférica (p_0), isto é:

$$\Delta p_{\text{ventúri}} + \frac{c_2^2}{2g}\gamma = \Sigma J \text{ de 2 em diante até a saída para a atmosfera.} \quad [5.16]$$

Não raro, a descarga do sistema para o exterior é feita numa saída direta ($\lambda = 1$) com a velocidade da canalização de saída do ventúri (c_2), de modo que a perda de carga correspondente se identifica com $\gamma c_2^2/2g$, e a expressão [5.16] se simplifica.

O dimensionamento do ventúri é feito a partir da vazão de ar do sistema e das perdas de carga que caracterizam o circuito a partir do ponto 2, segundo a orientação:

a) arbitra-se a velocidade c_2, de saída do ventúri, a qual normalmente é igual à da canalização que se segue;

b) calcula-se a seção Ω_2 de saída do ventúri e selecionam-se suas dimensões $H_2 \times B$, no caso de retangular;

c) arbitrando-se um ângulo $\alpha < 10°$ (Tab. 4.17), a partir da Eq. [5.16], podem-se calcular $\Delta p_{\text{vetúri}}$ e a velocidade c_1 da seção estrangulada;

d) calcula-se Ω_1 da seção estrangulada do ventúri e selecionam-se suas dimensões $H_1 \times B$, no caso de retangular;

e) calcula-se o comprimento L do ventúri para garantir o ângulo de abertura α arbitrado:

$$L = \frac{H_2 - H_1}{2 \text{ tg } \alpha}. \quad [5.17]$$

Se a seção do ventúri for circular de diâmetro D, ou retangular de lado A, o comprimento L será dado por:

$$L = \frac{D_2 - D_1}{2 \text{ tg } \dfrac{\alpha}{2}} = \frac{A_2 - A_1}{2 \text{ tg } \dfrac{\alpha}{2}}. \quad [5.17a]$$

Para o mesmo aumento de seção Ω_2/Ω_1 e o mesmo ângulo de abertura α, o seu valor seria muito menor. Assim, para $\Omega_2/\Omega_1 = 4$ e o mesmo ângulo de abertura α, o comprimento seria apenas um terço daquele correspondente ao do ventúri da ilustração, cujo aumento de seção se verifica numa única dimensão.

O uso de um ventúri dá origem a uma perda de carga adicional no sistema ($J_{\text{ventúri}}$), anteriormente relacionada, e deve ser incluída na apropriação da diferença de pressão total para a seleção do compressor e no cálculo da potência mecânica necessária para seu acionamento.

Projeto de instalações de transporte pneumático 229

5.5 Projeto de instalações de transporte pneumático

O projeto de uma instalação de transporte pneumático a granel é feito normalmente a partir da quantidade de material a transportar (G_m) e de suas características básicas, como granulometria ($d_{\mu m}$), geometria e peso específico real (γ_m). A orientação a seguir seria:

a) escolha do tipo de instalação e equipamentos a serem usados, como depósitos, válvulas, ventúris e separadores;

b) lançamento da instalação, caracterizando canalizações com seus comprimentos, desníveis e acessórios;

c) escolha da relação de peso e da vazão de ar do sistema;

d) determinação das velocidades a serem usadas;

e) dimensionamento das canalizações, depósitos e separadores;

f) cálculo das perdas de carga e dimensionamento do ventúri, se for o caso;

g) seleção do compressor e cálculo da potência mecânica de acionamento.

Para um esclarecimento mais completo de todos os aspectos relativos a esse tipo de projeto, além da análise dos fatores que podem influenciar em seu desempenho – como relação de peso, distâncias de transporte e equipamento escolhido –, desenvolvemos a seguir um exemplo de cálculo de cada um dos tipos de transporte pneumático apresentados.

EXEMPLO 5.1

Calcular os elementos de um sistema de transporte pneumático para a instalação de britagem de granito esquematizada na Fig. 5.13, cujas características são:

- G_m=50.000 kgf/h;
- γ_m=2.750 kgf/m²;
- Composição granulométrica em peso acumulado.

$d_{\mu m}$	Peso acumulado (%)	$d_{\mu m}$	Peso acumulado (%)
10	20	60	69
15	26	70	75
20	32	80	82
30	43	90	86
40	53	100	90
50	62	200	100

- A separação do material deve ser feita em três porções:

  - material grosso (areão), de 50 a 200 μm [G_{m1} = 19.000 kgf/h (38%)];
  - areia, de 15 a 50 μm [G_{m2} = 18.000 kgf/h (36%)];
  - pó, abaixo de 15 μm [G_{m3} = 13.000 kgf/h (26%)].

Os equipamentos a adotar são:
- separador inercial (Fig. 4.14) para separação do material grosso;
- ciclone com entrada helicoidal, para a separação das areias (Fig. 4.17);
- filtros de tecido tipo manga para os pós (Fig. 4.30).

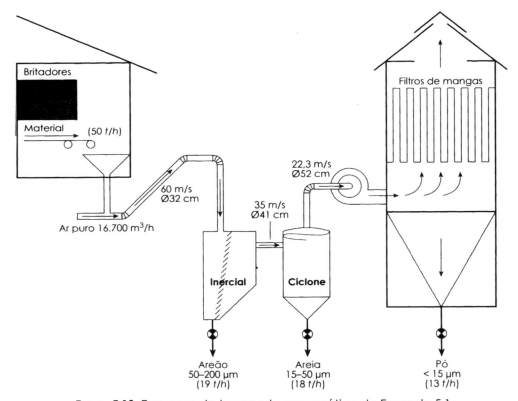

Figura 5.13 Esquema do transporte pneumático do Exemplo 5.1.

A disposição geométrica da instalação é a do esquema anterior, no qual foram evitados deslocamentos verticais bruscos e distâncias excessivas entre os equipamentos. O traçado da rede consta de três circuitos distintos, quais sejam:

  - britadores até o separador inercial;
  - do separador inercial até o ciclone;
  - do ciclone até a câmara dos filtros de manga.

Projeto de instalações de transporte pneumático

Para evitar elevadas diferenças de pressão na casa dos filtros de manga, o que oneraria sua construção, o ventilador foi posicionado a montante desta ultima, na saída do ciclone.

Solução

- *Relação em peso*

Para uma maior economia de potência, a relação em peso foi estabelecida no valor-limite, para evitar problemas de embuchamento. É dada pela expressão:

$$r_p = \frac{7.000}{\gamma_m} = \frac{7.000}{2.750 \text{ kgf/m}^3} = 2,5.$$

- *Quantidade de ar*

A quantidade de ar a ser movimentada pelo sistema, nessas condições, será dada por:

$$G_{ar} = \frac{G_m}{r_p} = \frac{50.000 \text{ kgf/h}}{2,5} = 20.000 \text{ kgf/h}.$$

$$V_{ar} = \frac{G_{ar}}{\gamma_{ar}} = \frac{20.000 \text{ kgf/h}}{1,2 \text{ kgf/m}^3} = 16.667 \text{ m}^3/\text{h} \quad (4,63 \text{ m}^3/\text{s}).$$

- *Velocidades*

As velocidades a adotar, foram selecionadas de acordo com a Tab. 5.1:

- velocidade de flutuação, $c_f = 0,004\sqrt{d\mu_m \gamma_m} = 3,34$ m/s;
- velocidade do ar no trecho britadores-separador inercial, $1,13\sqrt{\gamma_m} = 60$ m/s);
- velocidade do ar no trecho separador inercial-ciclone, a mesma selecionada para a entrada do ciclone (35 m/s);
- velocidade do ar no trecho ciclone-filtros, a mesma selecionada para a saída do ciclone (22,3 m/s).
- velocidade do material, $c_m = c_{ar} - c_f = 60 - 3,34 = 56,66$ m/s (inércia inicial).

• *Dimensionamento*

Canalizações no trecho britadores-separador inercial:

$$\Omega = \frac{V_s}{c} = \frac{4,63 \text{ m}^3/\text{s}}{60 \text{ m/s}} = 0,0772 \text{ m}^2 \quad (D = 0,32 \text{ m}).$$

Canalizações no trecho separador inercial-ciclone:

$$\Omega = 0,1323 \text{ m}^2 \, (D = 0,41 \text{ m}).$$

Canalizações no trecho ciclone-filtros de manga:

$$\Omega = 0,2076 \text{ m}^2 \, (D = 0,52 \text{ m}).$$

O separador inercial terá uma seção de entrada, para uma perda de carga não muito elevada (c = 30 m/s), igual a duas vezes a seção do duto de chegada (2 × 0,0772 = 0,1544 m^2), com dimensões 0,64 × 0,24 m, a qual sofre estrangulamento até a seção 0,64 × 0,02 m. A saída lateral, venezianada, terá uma velocidade de face de, no máximo, 4 m/s, daí a seção de 0,64 × 2,00 m.

O ciclone deverá reter partículas de 15 μm e ter uma capacidade para 4,63 m^3/s. Temos então as seguintes opções (ver Eqs. [4.17] e [4.18]):

Solução	c (m/s)	D (m)	V$_s$ (m^3/s)	N	J (kgf/m^2)
I	25	0,755	1,78	3	122
II	30	0,906	3,08	2	176
III	35	1,057	4,88	1	239

Por uma questão de praticidade de montagem e também de custo, optaremos pela solução III, de ciclone único, com entrada helicoidal, e com as seguintes dimensões básicas:

$$D = L = H = 106 \text{ cm};$$
$$e = h = 2b = 52 \text{ cm}.$$

Os filtros de manga serão dimensionados para uma velocidade de 1,66 m/min e, portanto, deverão ter uma área de face de:

$$\Omega = \frac{4{,}63 \text{ m}^3/\text{s} \times 60 \text{ s/min}}{1{,}66 \text{ m/min}} = 167{,}4 \text{ m}^2,$$

área que se obtém com cem mangas de 2 m de comprimento e diâmetro de 0,3 m.

Para uma operação contínua, esses filtros devem ser duplicados, a fim permitir sua limpeza e manutenção (batimento para limpeza), sem interromper a operação do sistema.

- *Perdas de carga*

As perdas de carga da instalação são calculadas conforme relacionado a seguir.

A canalização inicial, cuja velocidade é 60 m/s, é constituída por 8 m de condutos de chapa, além dos seguintes acessórios, caracterizados pelos respectivos coeficientes de atrito ou comprimentos equivalentes em diâmetros ou mesmo perdas de carga:

- tomada de ar do sistema, arredondada, λ = 0,05 J = 0,05 × 220 = 11 kgf/m^2;
- duas curvas de 45°, λ = 2 × 0,15/2 = 0,15 l_e = 7,5D;
- uma curva de 90°, λ = 0,15 l_e = 7,5D;
- uma transformação de diâmetro 0,32 m para uma seção de 0,24 × 0,64 m, com um comprimento de 1,5 m para garantir um ângulo de abertura inferior a 8° (Tab. 4.17):

Projeto de instalações de transporte pneumático

$$J = \left(c_1^2 - c_2^2\right)\frac{K\gamma}{2g} = (60^2 - 30^2)\frac{0,24 \times 1,2}{2g} = 40 \text{ kgf/m}^2,$$

valor que deve ser multiplicado pelo fator $(1 + r_p/K)$, em que K, para o caso, de acordo com a Tab. 5.2, vale 3,5. Nessas condições, a transformação em estudo tem uma perda de carga de $J = 40 \times 1,714 = 69$ kgf/m². A canalização, com 0,32 m de diâmetro, 8 m de condutos e $15D$ de comprimento equivalente das curvas, por sua vez, tem uma perda de carga de:

$$J_{\text{canalização}} = \frac{\lambda_m (l+l_e)c^2}{D2g}\gamma = \frac{0,02\left(1+\dfrac{r_p}{K}\right)(l+l_e)c^2}{D2g} = 309 \text{ kgf/m}^2,$$

a qual, adicionada das perdas da tomada de ar (11 kgf/m²) e da transformação (69 kgf/m²), perfaz um total de 389 kgf/m².

Além dessas perdas, que se verificam por atrito, devemos considerar:

- As perdas por inércia,

$$J_{\text{inércia}} = r_p \frac{c_m^2}{2g}\gamma = 2,5\frac{56,66^2}{2g}1,2 = 491 \text{ kgf/m}^2;$$

- E o desnível de 4 m,

$$J_{\text{desnível}} = r_p H\gamma = 2,5 \times 4 \text{ m} \times 1,2 \text{ kgf/m}^3 = 12 \text{ kgf/m}^2.$$

A canalização entre o separador inercial e o ciclone, por sua vez, inclui:

- Uma retomada de ar arredondada, com material já tendo o r_p reduzido para 1,55, numa velocidade de 35 m/s ($c_m \cong 27$ m/s):

$$J_{\text{inércia}} = r_p \frac{c_m^2}{2g}\gamma = 1,55\frac{27^2}{2g}1,2 = 69 \text{ kgf/m}^2,$$

$$J_{\text{entrada}} = \lambda\frac{c^2}{2g}\gamma\left(1+\frac{r_p}{K}\right) = 0,02\frac{35^2}{2g}1,2\left(1+\frac{1,55}{3,5}\right) = 2,2 \text{ kgf/m}^2.$$

- E um duto reto, de chapa, com 3 m de comprimento e diâmetro de 0,41 m:

$$J_{\text{conduto}} = \frac{\lambda_m l c^2}{D2g}\gamma = \frac{0,02\left(1+\dfrac{1,55}{3,5}\right)3\times 35^2}{0,41 \times 2g}\times 1,2 = 5,3 \text{ kgf/m}^2.$$

A canalização entre o ciclone e os filtros tem um diâmetro 0,52 m, uma velocidade de 22,3 m/s, arrasta uma quantidade de material cuja relação de peso é de apenas r_p = 0,65, e tem um comprimento de 5 m com três curvas de 90°, descarregando o ar com o pó diretamente na parte inferior da bateria de filtros. Nessas condições, podemos calcular a seguinte perda de carga:

$$J = \frac{\lambda\left(1+\frac{r_p}{K}\right)(l+l_e)c^2}{D2g}\gamma = \frac{0,02\left(1+\frac{0,65}{3,3}\right)(5+11,7)22,3^2}{0,52\times 2g}1,2 = 23,4 \text{ kgf/m}^2,$$

$$J_{descarga} = \lambda\frac{c^2}{2g}1,2 = 31 \text{ kgf/m}^2,$$

Para finalizar o cálculo das perdas de cargas, falta apenas determinar aquelas correspondentes aos separadores. No caso do separador inercial, podemos fazer:

$$J_{sep.\ inercial} = K\frac{c^2}{2g}\gamma,$$

em que, sendo a velocidade igual a 30 m/s e tomando K = 1,5, obtemos J = 83 kgf/m^2.

No caso do ciclone, a partir da Eq. [4.19] e fazendo:

$$D = H = L,$$
$$e = h = 2b,$$
$$K = 5 \text{ (valor mínimo)},$$
$$k = 1 \text{ (ciclone com entrada helicoidal)},$$

obtemos:

$$J_{ciclone} = 3,2\frac{c^2}{2g}\gamma = 0,195c^2,$$

de onde temos os valores tabelados da página 232, entre os quais selecionamos 239 kgf/m^2, correspondente à solução de ciclone único, embora de maior perda de carga.

Finalmente, a perda de carga nos filtros de tecido pode ser dada pela Eq. [4.20]:

$$J_{filtro} = K_1 c + K_2 Wc,$$

em que a velocidade c foi selecionada em 1,66 m/min (0,0277 m/s); o coeficiente correspondente ao filtro limpo, K_1 = 50, e o coeficiente correspondente ao pó aderente, K_2 = 37,5; e a carga em pó, W = 2 kg/m^2. De modo que obtemos:

$$J_{filtro} = 208 \text{ kgf/m}^2.$$

A relação de todas as perdas de cargas apropriadas, na ordem em que foram calculadas, constam da Tab. Ex. 5.1.

Projeto de instalações de transporte pneumático

Tabela Ex.5.1		
Elemento	**c (m/s)**	**J (kgf/m²)**
Tomada de ar puro	60	11
Transformação de Ø32 cm para 64 cm x 24 cm	60-30	69
Canalização de Ø32 cm, com 8 m + 2C 45° + 1C 90°	0	302
Inércia, r_p = 2,5	56,66	491
Desnível, r_p = 2,5H = 4 m	60	12
Retomada no separador inercial, r_p = 1,55	35	2,2
Nova inércia, r_p = 1,55	27	69
Canalização de Ø41 cm com 3 m	35	5,3
Canalização de Ø52 cm com 5 m + 3C 90° (r_p = 0,65)	22,3	23,4
Descarga na base dos filtros de manga	22,3	31
Separador inercial	30-4	83
Ciclone único de entrada helicoidal	35	239
Filtros de manga 100 x 2 m x Ø30 cm	0,0277	208
Total		1.545,9

(C = curva.)

- *Ventilador*

O ventilador para a instalação considerada será montado entre o ciclone e a bateria de filtros de manga, na canalização de 52 cm de diâmetro, onde a velocidade do ar, com uma relação em peso de pós de cerca de 0,65, é de 22,3 m/s, deverá apresentar as seguintes condições de funcionamento:

$$V = 16.667 \text{ m}^3/\text{h } (4,63 \text{ m}^3/\text{s});$$

$$\Delta p_t = 1.545,9 \text{ kgf/m}^2.$$

O tipo de ventilador mais aconselhável no caso é o centrífugo de pás radiais, cujas características básicas são:

$$D = 1.520 \text{ mm};$$

$$L = 0{,}225D = 325 \text{ mm};$$

$$c/u_2 = 1{,}2; \quad c = 167{,}4 \text{ m/s} \quad u_2 = 139{,}5 \text{ m/s} \quad N = 1.750 \text{ rpm}$$

Além de ter velocidades compatíveis com as do circuito em que será instalado, esse ventilador apresenta elevado rendimento – superior a 80% –, podendo ser acoplado diretamente a um motor elétrico síncrono de quatro pólos, cujo consumo de potência será:

$$P_m = \frac{V_s \Delta p_t}{75 \eta_t}\left(\frac{10.332 - \frac{\Delta p_t}{2}}{10.332}\right) = \frac{4,63 \text{ m}^3/\text{s} \times 1.546 \text{ kgf/m}^2}{75 \times 0,8} \times 0,9252 = 110,4 \text{ cv}.$$

Entretanto, para atender ao fato de que o consumo de energia desses tipos de compressores não é limitado, ao se modificar por segurança a carga do sistema, a potência do motor a ser adotado deverá ser no mínimo 20% superior (150 cv).

EXEMPLO 5.2

Dimensionar uma instalação de transporte pneumático por simples compressão, para borracha sintética em pedaços, como a esquematizada na Fig. 5.14. As características do material são:
- G_m = 8.000 kgf/h;
- γ_m = 940 kgf/m³;
- d = 25 mm (de forma irregular).

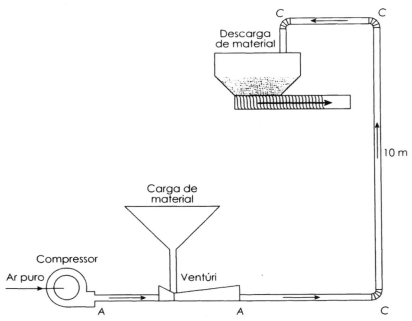

Figura 5.14 Esquema da instalação de transporte pneumático do Exemplo 5.2.

Projeto de instalações de transporte pneumático

O material deve entrar no sistema a partir de uma tulha de carga, por um ventúri. A canalização de transporte é constituída de 16 m de dutos de chapa metálica, com quatro curvas de 90° e um desnível de 10 m, até atingir uma caixa aberta para a atmosfera, de alimentação, de um transportador tipo caracol, que alimenta a prensa de embalagem e pesagem do material transportado.

Solução

- *Diâmetros*

Como o material a transportar tem grande tamanho, a fim de evitar embuchamentos, é importante que a mínima dimensão para passagem das partículas seja de $3d$. Nessas condições, lembrando a seção estrangulada do ventúri – que deve ter praticamente a terça parte da seção da canalização de transporte –, estabeleceremos preliminarmente que o diâmetro mínimo desta seja de 15 cm.

Por outro lado, para deixar bem clara a influência da escolha do diâmetro (e indiretamente da relação em peso, r_p) no consumo de energia da instalação, analisaremos duas soluções. A primeira para o diâmetro preestabelecido como mínimo, 15 cm, e a segunda para um diâmetro aleatório de 20 cm.

- *Velocidades*

De acordo com a Tab. 5.1, as velocidades básicas para elaboração do projeto em estudo, valem:

- velocidade de flutuação, $c_f = 0{,}0045 \sqrt{d_{\mu m} \gamma_m} = 21{,}8$ m/s;
- velocidade do ar, $c_{ar} = 1{,}42 \sqrt{\gamma_m} = 43{,}5$ m/s;
- velocidade do material, $c_m = 43{,}5$ m/s $- 21{,}8$ m/s $= 21{,}7$ m/s.

- *Vazão do ar*

Para a velocidade estabelecida de 43,5 m/s, as vazões do ar para as duas soluções serão:

Solução I

$$V_s = c_{ar} \frac{\pi D_1^2}{4} = 43{,}5 \text{ m/s} \times 0{,}0177 \text{ m}^2 = 0{,}7687 \text{ m}^3/\text{s} \quad (2.767 \text{ m}^3/\text{h}).$$

Solução II

$$V_s = 43{,}5 \text{ m/s} \times 0{,}0314 = 1{,}3666 \text{ m}^3/\text{s} \quad (4.920 \text{ m}^3/\text{h}).$$

- *Relação em peso*

A máxima relação em peso para evitar embuchamentos é dada, para o caso, por:

$$r_p = \frac{7.000}{\gamma_m} = \frac{7.000}{940 \text{ kgf/m}^3} = 7{,}4.$$

Entretanto, com a prefixação dos diâmetros para as duas soluções em estudo, as respectivas relações em peso, na realidade, serão:

Solução I

$$r_p = \frac{G_m}{G_{ar}} = \frac{G_m}{V_s \gamma_{ar}} = \frac{8.000 \text{ kgf/h}}{2.767 \text{ m}^3/\text{h} \times 1,2 \text{ kgf/m}^3} = 2,4.$$

Solução II

$$r_p = \frac{8.000 \text{ kgf/h}}{4.920 \text{ m}^3/\text{h} \times 1,2 \text{ kgf/m}^3} = 1,36.$$

- *Perdas de carga*

1. Aspiração do ventilador (c_{ar} = 43,5 m/s)

   Tela de proteção com área quatro vezes maior do que a da boca de aspiração e com 70% de área livre:

$$c = \frac{43,5 \text{ m/s}}{0,7 \times 4} = 15,5 \text{ m/s}; \qquad J_{\text{aspiração}} = \frac{c^2}{2g}\gamma = 1,5 \frac{15,5^2}{2g} 1,2 = 44,3 \text{ kgf/m}^2.$$

2. Ligação da descarga do ventilador com a canalização de ar puro (c_{ar} = 43,5 m/s):

$$J_{\text{desc. vent.}} = \lambda \frac{c^2}{2g}\gamma = 0,15 \frac{43,5^2}{2g} = 0,15 \times 115,8 = 17,4 \text{ kgf/m}^2.$$

3. Duto de ar puro (c_{ar} = 43,5 m/s):

$$J_{\text{duto de ar puro}} = \frac{\lambda l c^2}{D 2g}\gamma = \frac{0,02 \times 1 \text{ m} \times 43,5^2}{D 2g} 1,2 = \frac{2,32}{D} \text{ kgf/m}^2.$$

4. Inércia do material (c_m = 21,7 m/s):

$$J_{\text{inércia}} = r_p \frac{c_m^2}{2g}\gamma = r_p \frac{21,7^2}{2g} 1,2 = 28,8 r_p \text{ kgf/m}^2.$$

5. Adaptação da saída do ventúri ao duto de transporte (c = 43,5 m/s):

$$J_{\text{adap. saída vent.}} = \lambda \frac{c^2}{2g}\gamma = 0,15 \frac{43,5^2}{2g} 1,2 = 0,15 \times 115,8 = 17,4 \text{ kgf/m}^2.$$

Projeto de instalações de transporte pneumático

6. Canalização de transporte com três curvas de 90° ($c = 43,5$ m/s):

$$J_{\text{canal. transp.}} = \frac{\lambda_m (l + l_e)c^2}{D2g} \gamma,$$

onde:

$$\lambda_m = \lambda_{\text{ar}} \left(1 + \frac{r_p}{K}\right) = 0,03 \left(1 + \frac{r_p}{3,5}\right) \quad \text{(Tab.5.2)};$$

$$l_e = 3 \times 7,5D = 22,5D \quad \text{(Tab. 3.11 - três curvas de } \frac{R}{D} = 2\text{)}.$$

De onde vem:

$$J_{\text{canal. transp.}} = \frac{0,03 \left(1 + \frac{r_p}{3,5}\right)(16 \text{ m} + 22,5D \text{ m})43,5^2}{D2g} 1,2,$$

$$J_{\text{canal. transp.}} = \frac{3,474 \left(1 + \frac{r_p}{3,5}\right)(16 \text{ m} + 22,5D \text{ m})}{D} \text{ kgf/m}^2.$$

7. Desnível ($H = 10$ m):

$$J_{\text{desnível}} = r_p H \gamma = 10 \text{ m} \times 1,2 \text{ kgf/m}^2; \quad r_p = 12 r_p \text{ kgf/m}^2.$$

8. Descarga na caixa superior ($c = 43,5$ m/s):

$$J_{\text{descarga}} = \lambda \frac{c^2}{2g} \gamma = 1 \times \frac{43,5^2}{2g} 1,2 = 115,8 \text{ kgf/m}^2.$$

Um aumento suave no diâmetro da canalização de descarga ($\alpha = 8°$) para duas vezes o seu valor ($c = 10,9$ m/s) poderia reduzir o valor dessa perda para cerca de 50%.

9. Ventúri

De acordo com a Eq. [5.16], a pressão total na saída do vetúri (pressão estática + pressão dinâmica) deve ser igual às perdas de cargas que se verificam a jusante dele até a descarga para o exterior, isto é (Fig. 5.12):

$$\Delta p + \frac{c_2^2}{2g} \gamma = J_4 + J_5 + J_6 + J_7 + J_8,$$

onde:

$$\Delta p = (1-K)\left(\frac{c_1^2}{2g}\gamma - \frac{c_2^2}{2g}\gamma\right).$$

E, como para o nosso caso, $J_8 = \frac{c_2^2}{2g}\gamma$, podemos fazer:

$$(1-K)\left(\frac{c_1^2}{2g}\gamma - \frac{c_2^2}{2g}\gamma\right) = J_4 + J_5 + J_6 + J_7,$$

em que, de acordo com a Tab. 5.1, para um ângulo $\alpha = 8°$, o coeficiente de atrito K vale 0,24; podemos então calcular c_1 e, igualmente, a perda de carga no vetúri:

$$J_{\text{ventúri}} = K\left(\frac{c_1^2}{2g}\gamma - \frac{c_2^2}{2g}\gamma\right) = 0,24\left(\frac{c_1^2}{2g}\gamma - 115,8\right) \text{ kgf/m}^2.$$

Os valores das perdas de cargas e das demais grandezas que fazem parte deste projeto estão resumidos na planilha Ex. 5.2.

	Planilha Ex. 5.2				
		\multicolumn{2}{c}{Solução I}	\multicolumn{2}{c}{Solução II}
Item	Elemento	D=15 cm c (m/s)	r_p=2,40 J(kgf/m²)	D=20 cm c (m/s)	r_p=1,36 J(kgf/m²)
1	Proteção aspiração/ventilador	15,5	44,3	15,5	44,3
2	Ligação descarga/ventilador	43,5	17,4	43,5	17,4
3	Conduto de ar puro	43,5	15,5	43,5	11,6
4	Inércia do material	21,7	69,1	21,7	39,2
5	Adaptação saída/ventúri	43,5	17,4	43,5	17,4
6	Canalização de transporte	43,5	756,4	43,5	494,5
7	Desnível 10 m	43,5	28,8	43,5	16,3
8	Descarga na caixa superior ($\lambda = 1$)	43,5	115,8	43,5	115,8
9	Ventúri	152,1	311,9	128,8	215,8
	Total Δp_t	-	1.376,6	-	972,3

Projeto de instalações de transporte pneumático

A partir dos valores que constam da planilha, podemos dimensionar os ventúris. Assim, para a solução I, devido às pequenas dimensões, optamos pela seção quadrada, de modo que:

$$\Omega_1 = \frac{V_s}{c_1} = \frac{0{,}7687 \text{ m}^3/\text{s}}{152{,}1 \text{ m/s}} = 0{,}0051 \text{ m}^2 \quad (7{,}2 \times 7{,}2 \text{ cm});$$

$$\Omega_2 = \frac{V_s}{c_1} = \frac{0{,}7687 \text{ m}^3/\text{s}}{43{,}5 \text{ m/s}} = 0{,}0177 \text{ m}^2 \quad (13{,}3 \times 13{,}3 \text{ cm}).$$

E o comprimento, para o ângulo de abertura adotado (8°), seria:

$$L = \frac{A_2 - A_1}{2 \tg \frac{\alpha}{2}} = \frac{13{,}3 - 7{,}2 \text{ cm}}{2 \tg 4°} \geq 44 \text{ cm}.$$

Para a solução II, optamos pelo aumento da seção mais prática, em apenas uma dimensão, de modo que obtemos:

$$\Omega_1 = \frac{V_s}{c_1} = \frac{1{,}3666 \text{ m}^3/\text{s}}{128{,}8 \text{ m/s}} = 0{,}0106 \text{ m}^2 \quad (6{,}0 \times 17{,}8 \text{ cm});$$

$$\Omega_2 = \frac{V_s}{c_1} = \frac{1{,}3666 \text{ m}^3/\text{s}}{43{,}5 \text{ m/s}} = 0{,}0314 \text{ m}^2 \quad (17{,}8 \times 17{,}8 \text{ cm}).$$

E o comprimento para o ângulo de abertura de 8° em uma única dimensão (Fig. 5.12) seria dado por:

$$L = \frac{H_2 - H_1}{\tg \alpha} = \frac{17{,}8 - 6{,}0 \text{ cm}}{\tg 8°} \geq 85 \text{ cm}.$$

- *Compressores*

Os compressores a serem usados na instalação em estudo são do tipo centrífugo com pás radiais, e têm as características que seguem.

Solução I
- $V = 2.767 \text{ m}^3/\text{h}$ (0,7686 m³/s);
- $\Delta p_t = 1.376{,}6 \text{ kgf/m}^2$;
- $D = 500 \text{ mm}$;
- $L = 0{,}225D = 112 \text{ mm}$;
- $\dfrac{c}{u_2} = 1{,}2 \quad c = 4{,}04\sqrt{\dfrac{\Delta p_t}{\eta_a}} = 158 \text{ m/s} \quad u_2 = 132 \text{ m/s} \quad N = 5.030 \text{ rpm}.$

Esses compressores apresentam velocidades de aspiração e descarga compatíveis com as do circuito em projeto (~43,5 m/s) e seu rendimento pode ser considerado superior a 80%. Daí vem a potência de acionamento:

$$P_m = \frac{V_s \Delta p_t}{75 \eta_t} \left(\frac{10.332 + \frac{\Delta p_t}{2}}{10.332} \right) = \frac{0,7686 \text{ m}^3/\text{s} \times 1.376,6 \text{ kgf/m}^2}{75 \times 0,8} \times 1,0666 = 18,81 \text{ cv}.$$

Entretanto, para se atender ao fato de que esse tipo de compressor não tem a característica de consumo de potência limitada com o aumento da vazão, a fim de evitar possíveis sobrecargas durante a operação do sistema sob baixas cargas, o motor de acionamento a usar deve ser 20% superior (25 cv).

Solução II

- $V = 4.920 \text{ m}^3/\text{h}$ (1,3667 m^3/s);
- $\Delta p_t = 972,3$ kgf/m^2;
- $D = 615$ mm;
- $L = 0,225 D = 138,4$ mm;
- $\dfrac{c}{u_2} = 1,2 \qquad c = 4,04 \sqrt{\dfrac{\Delta p_t}{\eta_a}} = 132,8 \text{ m/s} \qquad u_2 = 111,8 \text{ m/s} \qquad N = 3.450 \text{ rpm}.$

Tal equipamento tem velocidades de aspiração e descarga, compatíveis com as adotadas para o circuito em projeto (~43,5 m/s), seu rendimento é superior a 80% e a sua rotação de funcionamento permite acoplamento direto a um motor elétrico síncrono de 2 pólos.

A potência desse motor, entretanto, é superior à da solução I, devido à menor relação em peso adotada nesse caso. Com efeito, para essa solução, a potência mecânica de acionamento seria:

$$P_m = \frac{V_s \Delta p_t}{75 \eta_t} \left(\frac{10.332 + \frac{\Delta p_t}{2}}{10.332} \right) = \frac{1,3667 \text{ m}^3/\text{s} \times 972,3 \text{ kgf/m}^2}{75 \times 0,8} = 1,0471 = 23,19 \text{ cv},$$

isto é, cerca de 23,3% superior àquela calculada para a solução I.

Pela mesma razão da solução anterior, essa potência deve ser acrescida de 20%, para atender possíveis variações de carga (30 cv).

Projeto de instalações de transporte pneumático 243

EXEMPLO 5.3

Dimensionar um equipamento móvel para transferência pneumática de cereais, com tomada por aspiração e descarga por compressão (sistema misto). A passagem do circuito de aspiração para o circuito de compressão será feita através de um ciclone, com vedação da diferença de pressão por uma válvula de controle rotativa.

Figura 5.15 Equipamento móvel de transporte pneumático do Exemplo 5.3.

O esquema da instalação é o da Fig. 5.4 e a disposição de seus diversos elementos pode ser vista na Fig. 5.15. Trata-se de equipamento destinado a descarga de navios, transferências de material em engenhos, contêineres ou silos, onde não existam recursos para a descarga natural.

A máquina deverá ter capacidade para transferir o material entre depósitos situados a 25 m um do outro e vencer um desnível de até 10 m. A canalização de transporte será constituída de tubos retos de chapa metálica, com 5 m de comprimento cada um, interligáveis entre si, terminando nos extremos, tanto na aspiração como na descarga, por 5 metros de mangueiras, para facilitar o manuseio da operação.

Dados básicos para os cálculos preliminares:

- cereal – arroz com casca, tipo irrigado;
- $\gamma_m = 16\gamma_{aparente}^{2/3} = 1.140$ kgf/m²;
- $d = 2{,}5$ mm (2.500 μm).

Solução

- *Relação em peso*

Para maior economia de energia, adotaremos como relação em peso o valor máximo recomendado pela Eq. [5.2]:

$$r_p = \frac{7.000}{\gamma_m} = \frac{7.000}{1.140} = 6{,}14.$$

- *Seleção das velocidades*

De acordo com a Tab. 5.1, adotaremos as seguintes velocidades básicas:

- velocidade de flutuação, $c_f = 0{,}0045\sqrt{d_{\mu m}\,\gamma_m} = 7{,}6$ m/s;
- velocidade do ar nas mangueiras, $c_{ar} = 1{,}52\sqrt{\gamma_m} = 51$ m/s;
- velocidade do ar nos tubos de chapa, $c_{ar} = 0{,}91\sqrt{\gamma_m} = 31$ m/s;
- velocidade do material nas mangueiras, $c_m = c_{ar} - c_f = 51 - 7{,}6 = 43{,}4$ m/s;
- velocidade do material nos tubos de chapa, $c_m = c_{ar} - c_f = 31 - 7{,}6 = 23{,}4$ m/s.

- *Dimensionamento*

Começaremos por selecionar uma mangueira comercial de 5 pol de diâmetro (12,7 cm). A seção correspondente seria:

$$\Omega = 0{,}0127 \text{ m}^2.$$

A vazão de ar nas mangueiras — e portanto de todo sistema — seria:

$$V_s = c_{ar}\Omega = 51 \text{ m/s} \times 0{,}0127 \text{ m}^2 = 0{,}6477 \text{ m}^3/\text{s} \ (2.332 \text{ m}^3/\text{h}).$$

De onde podemos calcular:

$$G_{ar} = V_s \cdot \gamma_{ar} = 0{,}6477 \text{ m}^3/\text{s} \times 1{,}2 \text{ kgf/m}^3 = 0{,}7772 \text{ kgf/s} \ (2.798 \text{ kgf/h});$$

$$G_m = r_p \cdot G_{ar} = 6{,}14 \times 0{,}7772 \text{ kgf/s} = 4{,}772 \text{ kgf/s} \ (17.179 \text{ kgf/h}).$$

Esse último valor seria a capacidade de transporte de material do equipamento em projeto ($G_{ar} = 17{,}2$ t/h).

Projeto de instalações de transporte pneumático

Podemos a seguir dimensionar o diâmetro dos dutos de chapa, para obter a velocidade selecionada de 31 m/s:

$$\Omega = \frac{V_s}{c_{ar}} = \frac{0{,}6477 \text{ m}^3/\text{s}}{31 \text{ m/s}} = 0{,}0209 \text{ m}^2 \quad (D = 16{,}3 \text{ cm}).$$

Da mesma forma, podemos definir o ciclone, o qual, para a velocidade de entrada de 31 m/s e vazão de 0,6477 m³/s, deve ter as seguintes dimensões:

$$b \cdot h = b \cdot 2b = 0{,}0209 \text{ m}^2 \qquad b = 10{,}22 \text{ cm} \qquad h = e = 20{,}44 \text{ cm}.$$

E o diâmetro será no mínimo $D = 4b = 40{,}88$ cm, que de acordo com a Eq. [4.18] daria exatamente a vazão de ar prevista.

Por outro lado, para o valor de e igual a 20,44 cm, a seção de saída do ciclone seria 0,0328 m², a qual corresponde a uma velocidade de 19,75 m/s, que seria a velocidade do pequeno circuito de ar puro.

- *Perdas de carga*

As perdas de cargas dos três circuitos envolvidos nesse projeto – o circuito de aspiração (incluindo bocal, mangueira, condutos de chapa e ciclone), o circuito de ar puro (incluindo conduto de chapa, duas curvas, redução de seção mais três curvas) e o circuito de descarga (incluindo condutos de chapa e mangueira) – estão relacionadas a seguir:

$$J_{\text{mangueiras}} = \frac{\lambda_m (l + l_e) c^2}{D 2g} \gamma = \frac{0{,}0551(10 + 9{,}5) 51^2}{0{,}127 \times 2g} 1{,}2 = 1.346{,}4 \text{ kgf/m}^2,$$

onde:

$$\text{bocal } \lambda = 1{,}5 \qquad l_e = \frac{1{,}5}{0{,}02} D = 9{,}5 \text{ m};$$

$$\lambda_m = \lambda \left(1 + \frac{r_p}{K}\right) = 0{,}02 \left(1 + \frac{6{,}14}{3{,}5}\right) = 0{,}0551;$$

$$J_{\text{inércia na aspir.}} = r_p \frac{c_m^2}{2g} \gamma = 6{,}14 \frac{43{,}4^2}{2g} 1{,}2 = 708 \text{ kgf/m}^2;$$

$$J_{\text{condutos}} = \frac{\lambda_m l c^2}{D 2g} \gamma = \frac{0{,}0551 \times 15 \times 31^2}{0{,}163 \times 2g} 1{,}2 = 298{,}3 \text{ kgf/m}^2;$$

$$J_{\text{ciclone}} = K \frac{bh}{k\pi \frac{e^2}{4}} \sqrt[3]{\frac{D^2}{HL}} \frac{c^2}{2g} \gamma = 5 \frac{2}{0{,}5\pi} \frac{c^2}{2g} \gamma = 0{,}39 c^2 = 375 \text{ kgf/m}^2,$$

onde: $bh = 2b^2$; $e = 2b$; $D = H = L$; $K = 5$; $k = 0{,}5$ (ciclone comum);

$$J_{\text{cond. de ar puro}} = \frac{\lambda (l + l_e) c^2}{D 2g} \gamma = \frac{0{,}02(2 + 3) 19{,}75^2}{0{,}2044 \times 2g} 1{,}2 = 9{,}4 \text{ kgf/m}^2,$$

onde:

- as duas curvas têm um comprimento equivalente $l_e=2\times7,5D=15\times0,2044=3$ m;

$$J_{\text{redução+curva+transf.+2 curvas}} = \Sigma\lambda\frac{c^2}{2g}\gamma = (0,02+0,60)\frac{31^2}{2g}1,2 = 37 \text{ kgf/m}^2,$$

onde a redução de seção foi considerada com um ângulo de abertura de 30°, para a qual $\lambda = 0,02$, e a transformação de seção, $\lambda = 0,15$ (Tab. 3.11);

$$J_{\text{inércia na compressão}} = r_p\frac{c_m^2}{2g}\gamma = 6,14\frac{(31-7,6)^2}{2g}1,2 = 206 \text{ kgf/m}^2;$$

$$J_{\text{desnível}} = r_p H\gamma = 1,2\times10 r_p = 12 r_p = 12\times 6,14 = 74 \text{ kgf/m}^2.$$

As perdas de cargas calculadas anteriormente estão resumidas na planilha de cálculo deste exemplo.

Planilha Ex. 5.3			
Elemento	r_p	c (m/s)	J (kgf/m²)
1 – Bocal de aspiração	6,14	51	656
2 – Mangueiras (10 m)	6,14	51	690,4
3 – Inércia na aspiração	6,14	43,4	708
4 – Condutos de chapa (15 m)	6,14	31	298,3
5 – Ciclone comum	-	31	375
6 – Conduto de ar puro (2 m + 2 curvas)	-	19,75	9,4
7 – Redução+1 curva+transformação+2 curvas	-	31	37
8 – Inércia na compressão	6,14	23,4	206
9 – Desnível (10 m)	6,14	-	74
Total			3.054,1

- *Compressor*

O compressor a ser usado nessa instalação será centrífugo, de único estágio, tipo radial, para atender às seguintes condições de funcionamento:

- $Vs = 0,6477$ m³/s (2.332 m³/h);
- $\Delta p_t = 3.054,1$ kgf/m².

Para isso, de acordo com os coeficientes básicos apresentados na Tab. 4.16, esse compressor deverá ter as seguintes características:

Projeto de instalações de transporte pneumático

- $D = 400$ mm;
- $L = 0{,}28D = 112$ mm;
- $c/u_2 = 1{,}2$ $c = 4{,}04\sqrt{\Delta p_t/\eta_a} = 235$ m/s   m/s $u_2 = 196$ m/s $N = 9.356$ rpm;

As velocidades de aspiração e descarga são compatíveis com a velocidade selecionada para os condutos de ligação (31 m/s).

Esse compressor, quando bem construído, poderá ter um rendimento superior a 80%, de modo que podemos calcular a potência do motor elétrico de acionamento considerando a compressão como isométrica, já que a diferença de pressão total é repartida entre a aspiração e a compressão, pela expressão aproximada:

$$P_m = \frac{V_s \Delta p_t}{75\eta_t} = \frac{0{,}6477 \text{ m}^3/\text{s} \times 3.054 \text{ kgf/m}^2}{75 \times 0{,}8} = 33 \text{ cv}.$$

Por outro lado, levando em conta a característica de funcionamento desses compressores, que não apresentam limitação da potência com o aumento da vazão do circuito, adotaremos, a fim de evitar possíveis sobrecargas, um motor de acoplamento com folga de 20% (40 cv).

Observação: apesar dessa folga de 20% adotada para o motor de acoplamento, não é aconselhável ligar este equipamento sem os respectivos condutos de transporte.

É interessante analisar, por outro lado, o desempenho desse equipamento com o aumento da distância de transporte. Como a diferença de pressão criada pelo compressor é a máxima compatível com a rotação adotada, verifica-se que:

- ao se aumentar o comprimento dos condutos de transporte, a perda de carga (item 4 da planilha) também tende a aumentar;
- na impossibilidade do aumento citado, o sistema só se equilibrará compensando-se esse aumento devido à elevação da distância de transporte, com uma redução da perda de carga devido à relação em peso (itens 1, 2, 3, 4, 8 e 9), de modo a manter a diferença de pressão total inalterada.
- a redução da relação em peso, para compensar o aumento da distância de transporte, portanto, resulta numa grande redução da capacidade de transporte do sistema, como se pode notar nos dados a seguir, elaborados a partir da análise numérica da expressão do somatório das perdas de carga:

Distância	r_p	G_m (t/h)
25 m	6,14	17,2
50 m	5,00	14,0
75 m	3,80	10,6
100 m	2,90	8,1

ÍNDICE DOS EXEMPLOS

1.1	Calor liberado pelas pessoas nas condições ambiente normais	9
1.2	Calor liberado pelas pessoas em ambientes a 37 e a 70°C	10
1.3	Quantidade de ar de ventilação para uma serralheria	30
1.4	Quantidade de ar de ventilação para uma fundição	30
1.5	Quantidade de ar de ventilação para um auditório	32
2.1	Aberturas de ventilação por termossifão de um pavilhão industrial	46
2.2	Ventilação natural de um sanitário	47
2.3	Ventilação natural de antecâmaras de proteção contra incêndios	48
2.4	Aberturas para a ventilação natural de um forro	61
2.5	Ventilação natural por termossifão de uma fábrica de calçados	70
3.1	Recuperação da pressão estática em canalizações de ventilação mecânica	105
3.2	Perda de carga em uma canalização de ventilação mecânica	112
3.3	Seleção de um ventilador para uma instalação de ventilação mecânica	121
3.4	Projeto de uma instalação de ventilação mecânica para um conjunto de escritórios	125
3.5	Projeto de uma instalação de ventilação mecânica para um cinema	129
3.6	Projeto da instalação de ventilação mecânica para o complexo industrial da Josapar, em Pelotas (RS	135
4.1	Cálculo de uma câmara gravitacional	163
4.2	Seleção de ciclones para reter partículas de madeira	176
4.3	Cálculo de um ejetor	193
4.4	Seleção do tipo de coletor por meio do diagrama de Sylvan	195
4.5	Projeto de um sistema de ventilação local exaustora para um transportador de cerais	196
4.6	Projeto de um sistema de ventilação local exaustora para uma série de banhos de tratamento de chapas metálicas	201
4.7	Projeto de um sistema de exaustão para um fogão	205
4.8	Projeto de um sistema de exaustão para uma pequena cabine de pintura a pistola	207
5.1	Projeto de um sistema de transporte pneumático por aspiração, com separação seletiva do material, para uma instalação de britagem de granito	229
5.2	Projeto de uma instalação de transporte pneumático por compressão de borracha sintética em pedaços	236
5.3	Dimensionamento de um equipamento móvel para a transferência de cereais, com tomada por aspiração e descarga por compressão (sistema misto)	243

ÍNDICE DAS TABELAS

1.1	Atmosfera padrão da Nasa	5
1.2	Taxas de metabolismo das pessoas segundo a ABNT	7
1.3	Limites de tolerância para exposição ao calor	13
1.4	Limites de tolerância para exposição ao calor em regime de trabalho intermitente	13
1.5	Limites de tolerância para os contaminantes	16
1.5a	Limites de tolerância para os contaminantes (valores provisórios)	21
1.6	Limites de tolerância para as poeiras minerais	23
1.7	Produção de contaminantes em função do tipo de operação	26
1.8	Rações de ar de acordo com a ABNT	31
1.9	Índices de renovação do ar	33
2.1	Pressão dinâmica da velocidade dos ventos	37
2.2	Diferenças de pressões criadas pelo termossifão	39
2.3	Coeficientes de transmissão de calor por condutividade interna de diversos materiais de construção	50
2.4	Coeficientes de condutividade externa do calor	51
2.5	Coeficientes geral de transmissão de calor	53
2.6	Diferenças de temperatura devido à radiação solar	57
2.7	Calor de insolação	60
2.8	Aberturas para a ventilação de forros por termossifão	63
2.9	Espaços para a ventilação de coberturas planas por termossifão	64
3.1	Velocidades recomendadas pela ABNT para instalações de ventilação mecânica geral diluidora	82
3.2	Velocidades recomendadas pela Carrier para instalações de ventilação mecânica geral diluidora	82
3.3	Velocidades recomendadas para bocas de insuflamento	83
3.4	Velocidades recomendadas para bocas de saída	83
3.5	Velocidades terminais recomendadas	87
3.6	Valores de K e de a_e de grades e aerofusos	88
3.7	Coeficientes de atrito das bocas de insuflamento	89
3.8	Bitolas das chapas para a fabricação de dutos de ventilação	94
3.9	Cotas do gabarito para a execução de veias em curvas de dutos de ventilação	98

Índice das tabelas

3.10	Coeficiente de correção das perdas de carga de dutos retangulares	105
3.11	Coeficientes de atrito e comprimentos equivalentes dos acessórios de canalizações de ventilação mecânica	107
3.12	Diâmetro equivalente de um conduto de seção retangular	112
3.13	Coeficiente de atrito das bocas de saída	116
3.14	Coeficiente de atrito dos filtros	117
3.15	Velocidades periféricas de ventiladores e classe de ruído	118
3.16	Características dimensionais de ventiladores tipo Siroco	118
3.17	Características operacionais de ventiladores tipo Siroco	121
3.18	Diferenças de pressões usuais em instalações de ventilação geral diluidora de baixa pressão	123
4.1	Pesos específicos das partículas contaminantes mais comuns	145
4.2	Tamanho médio das partículas contaminantes mais comuns	146
4.3	Granulometria das partículas contaminantes mais comuns	146
4.4	Velocidades de captura em função das condições de geração	147
4.5	Velocidades de captura em função da operação específica	147
4.6	Vazão do ar nos captores	149
4.7	Coeficiente de atrito nos captores	151
4.8	Bitola da chapa dos dutos de ventilação local exaustora em função do diâmetro e da classe do serviço	153
4.9	Velocidade do ar nas canalizações de ventilação local exaustora	154
4.10	Coeficiente de atrito em curvas de canalizações de ventilação local exaustora	157
4.11	Coeficiente de atrito em reuniões de canalizações de ventilação local exaustora	158
4.12	Tipos de escoamento na queda das partículas	162
4.13	Seleção dos ciclones em função de c_{ar} e $d_{\mu m}$	174
4.14	Vazão máxima de um ciclone em função de c_{ar} e D	175
4.15	Seleção do tipo de coletor em função do tamanho da partícula	188
4.16	Características dimensionais e operacionais de ventiladores e compressores tipo *limit load* e tipo radial	190
4.17	Parcela K de perda de carga de ejetores em função do ângulo α	192
5.1	Velocidades recomendadas por Hudson na técnica do transporte pneumático	218
5.2	Correção K do coeficiente de atrito dos condutos de transporte pneumático em função da velocidade	220

ÍNDICE REMISSIVO

A
Ar atmosférico
  composição volumétrica, 2
  composição gravimétrica, 2
  constante R, 1
  massa molecular, 1
  massa específica, 1
  peso específico, 1
  calor específico sob pressão constante, 1
  calor específico sob volume constante, 1
  coeficiente de Poisson, 1
Ar respirável, 1
Ar ambiente, 2
Ambiente salubre, 2
Atmosfera
  pressão, 2
  variação da pressão com a altitude, 3
  variação da temperatura com a altitude, 3
  atmosfera padrão da Nasa, 4
Atividades hiperbáricas, 5
Aberturas de ventilação nos forros, 61
Aerofusos, 84
Avaliação dos contaminantes, 14
Animais poikilotermos, 8
Animais homeotermos, 8

B
Bitolas de chapas, 94-153
Bocas de insuflamento, 83
  tipo aerofusos, 84
  tipo grades, 83
  indução das bocas de insuflamento, 86
  divergência das bocas de insuflamento, 86
    jato ou impulsão das bocas de insuflamento, 86
    queda ou ascensão nas bocas de insuflamento, 88
  difusão ou dispersão nas bocas de insuflamento, 88
  perdas de carga das bocas de insuflamento, 88
Bocas de saída, 115

C
Cálculo
  das perdas de carga em canalizações, 101
  de canalizações de ventilação, 152
  de um ejetor, 191
  de um ventúri, 226
Calor de insolação, 57
Carga térmica ambiente, 68
Câmaras gravitacionais, 159
Câmaras inerciais, 165
Captores, 140
  especiais, 133
  tipos de captores, 141
  velocidade do ar nos captores, 145
  vazão de ar nos captores, 148
  perda de carga dos captores, 149
Capelas, 142
Coifas, 143
Classificação dos sistemas de ventilação, 34
Ciclones, 167
  associados a ventilador (rotoclone), 171
  separação de um (Davies), 172
  perda de carga em um (First), 176
  tipos, 168
  úmidos, 179
Cogumelos, 115
Coeficiente
  de atrito, 107-151
  de transmissão de calor,
    por condutividade interna, 49

    por condutividade externa, 51
    por convecção, 50
  de película, 51
Coletores, 158
  de condensação, 187
  rendimento de um coletor, 158
  tipos, 159
  úmidos, tipo orifício, 180
Conforto térmico de um ambiente, 6
Consolidação das leis do trabalho, 16
Contaminantes
  avaliação, 15
  limites higiênicos admissíveis, 16
Compressores, 224
Compressor Roots, 225

D

Diagrama de Sylvan, 189
Diagrama de Stanton, 102
Diferenças de pressão, 111
Dimensionamento de canalização, 100
Distribuição do ar, 77
Diluição do calor ambiente por termossifão, 65
Diluição ou saturação no transporte pneumático, 217

E

Ejetores, 190-191
Eliminadores de combustão, 186
Eliminadores catalíticos, 186
Equilíbrio homeotérmico, 9

F

Fendas, 143
Filtros
  absorventes, 185
  adsorventes, 185
  de tecidos para ventilação local exaustora, 182
  eletrostáticos, 183
  na ventilação mecânica geral diluidora, 116
Fog, 14
Fórmulas ASHRAE para cálculo de perdas de carga, 102

G

Grau aerotérmico, 3
Grades
  de insuflamento, 83
  de saída e tomada de ar exterior, 115

I

Índice
  de bulbo úmido, 11
  de CO_2, 24
  de renovação do ar, 33
Indução das bocas de insuflamento, 86
Impulsão ou jato, 86
Insolação, 54

L

Lavadores
  de ar, 178
  de espuma, 181
Limites
  higiênicos admissíveis de contaminantes, 16
  de tolerância para exposição ao calor, 13
Leis de funcionamento dos ventiladores centrífugos, 119

M

Metabolismo
  Básico, 6
  humano, 6
  taxas segundo a ABNT, 7
Mist, 14
Misturadores
  mecânicos, 181
  tipo ventúri, 180

P

Partículas
  líquidas (*mist* e *fog*), 14
  sólidas, 14
Perdas de carga nos captores, 149
  em curvas de ventilação local exaustora, 157
  em uniões de ventilação local exaustora, 157

Índice remissivo

no transporte pneumático
em condutos de transporte, 220
em canalizações de ar puro, 221
em separadores (ciclone), 222
na entrada do sistema, 219
no ventúri, 226
por desnível, 220
por inércia do material, 220
Planilha de cálculo de ventilação por termossifão, 73
Poeiras minerais, 23
Pressão parcial do oxigênio no ar, 4
Potência de uma instalação de transporte pneumático, 223
Projeto de uma instalação de transporte pneumático, 229
Proteção contra insolação, 57

R

Ração de ar, 31
Recuperação de pressão estática, 88
Regulação térmica, 8
Relação em peso, 216
Rotoclones, 171
úmidos, 180

S

Seleção de coletores, 188
Sistemas
de transporte pneumático, 214
de ventilação, 34
Superfície do corpo humano, 6

T

Temperatura
efetiva, 11
equivalente em meio seco, 11
radiante média, 11
Termossifão, 38
Tomadas de ar exterior, 115
Torres de enchimento, 179
Transmissão de calor, 49
Transporte pneumático, 213

V

Vazão de ar
nos captores, 148
no transporte pneumático, 219
Ventilação
de minas, 80
local exaustora, 139
mecânica diluidora, 75
natural, 35
Ventiladores
tipo *limit load* e radiais, 190, 224
tipo Siroco, 117
Ventúri, 226
Velocidades
de captura, 145
de flutuação, 153, 160, 218
do ar nas canalizações de ventilação local exaustora, 154
periféricas dos ventiladores e classe de ruído, 118
recomendadas pela ABNT, 82
recomendadas pela Carrier, 82

Bibliografia

(1) Costa, Ennio Cruz da, *Arquitetura ecológica — conforto térmico natural*. Blücher, São Paulo, 1982.
(2) Costa, Ennio Cruz da, *Refrigeração*. Blücher, São Paulo, 1982.
(3) Costa, Ennio Cruz da, *Compressores*. Blücher, São Paulo, 1979.
(4) Costa, Ennio Cruz da, *Física aplicada à construção - conforto térmico*. Blücher, São Paulo, 1978.
(5) Fanger, P. D., *Thermal confort analysis and applications in environmental engineering*, McGraw Hill, 1972.
(6) Gagge et alii, "An effetive temperature scale based on a simple model on human - phisiological regulatory res...", *Transactions ASHRAE* (vol. 77, pt. 1, pp 247), 1964.
(7) Trane, *Air conditioning manual*. Trane Company, La Crosse, EUA, 1976.
(8) Costa, Ennio Cruz da, *Mecânica dos fluidos*. Globo, Porto Alegre, 1973.
(9) Costa, Ennio Cruz da, *Termodinâmica I e II*. Globo, Porto Alegre, 1973.
(10) American Conference of Governamental Industrial Hygienists, *Industrial ventilation*. Michigan, EUA, 1972.
(11) Buffalo Forge Company, *Fan engineering*. Buffalo, NY, EUA, 1970.
(12) Costa, Ennio Cruz da, *Transmissão de calor*. Emma, Porto Alegre, 1967.
(13) American Society of Heating Refrigerating and Air Conditioning Engineers – ASHRAE, *Guide and data book applications*. New York, EUA, 1968.
(14) American Society of Heating Refrigerating and Air Conditioning Engineers – ASHRAE, *Handbook of fundamentals*. New York, EUA, 1967.
(15) Idelcick, I. E., *Memento des perdes de charge*. Eyrolles, Paris, França, 1968.
(16) Carrier Air Conditioning Company, *Handbook of air conditioning system design*. McGraw-Hill, New York, EUA, 1965.
(17) Woods, G., *Woods pratical guide to fan engineering*. Colchester, GB, 1960.
(18) Alden, John L., *Design of industrial exaust systems*. The Industrial Press, New York, EUA, 1948.
(19) Church, Austin H., *Centrifugal pumps and blowers*. John Wiley & Sons Inc., New York, EUA, 1950.
(20) Dalla Valle, J. M., *The industrial environement and its control*. Pitman Publishing Company, New York, EUA, 1948.